SHUILI SHUIDIAN SHIGONG

水利水电施工

2020年第4辑

中国电力建设集团有限公司
中国水力发电工程学会施工专业委员会　主编
全国水利水电施工技术信息网

中国水利水电出版社
www.waterpub.com.cn
·北京·

图书在版编目（CIP）数据

水利水电施工．2020年．第4辑 / 中国电力建设集团有限公司，中国水力发电工程学会施工专业委员会，全国水利水电施工技术信息网主编．-- 北京 ：中国水利水电出版社，2020.12
ISBN 978-7-5170-8499-0

Ⅰ．①水… Ⅱ．①中… ②中… ③全… Ⅲ．①水利水电工程－工程施工－文集 Ⅳ．①TV5-53

中国版本图书馆CIP数据核字(2021)第035717号

书　　名	水利水电施工　2020 年第 4 辑 SHUILI SHUIDIAN SHIGONG　2020 NIAN DI 4 JI
作　　者	中国电力建设集团有限公司 中国水力发电工程学会施工专业委员会　主编 全国水利水电施工技术信息网
出版发行	中国水利水电出版社 （北京市海淀区玉渊潭南路 1 号 D 座　100038） 网址：www.waterpub.com.cn E-mail：sales@waterpub.com.cn 电话：（010）68367658（营销中心）
经　　售	北京科水图书销售中心（零售） 电话：（010）88383994、63202643、68545874 全国各地新华书店和相关出版物销售网点
排　　版	中国水利水电出版社微机排版中心
印　　刷	北京市密东印刷有限公司
规　　格	210mm×285mm　16 开本　8.75 印张　339 千字　4 插页
版　　次	2020 年 12 月第 1 版　2020 年 12 月第 1 次印刷
印　　数	0001—2500 册
定　　价	36.00 元

中国—老挝铁路（以下简称中老铁路）Ⅳ标普亚村1# 隧道工程，由中国水利水电第三工程局有限公司（以下简称水电三局）承建

中老铁路Ⅳ标森村 1# 隧道工程，由水电三局承建

中老铁路Ⅳ标森村 2# 隧道工程，本段由水电三局承建

由水电三局、中国水利水电第十四工程局有限公司（以下简称水电十四局）承建的中老铁路Ⅳ标森村 2# 隧道全线贯通，图为庆典现场

中老铁路Ⅳ标沙拉巴土车站三线大桥，由水电三局承建

中老铁路Ⅳ标沙嫩山 1# 隧道工程，由水电三局承建

由水电三局承建的中老铁路Ⅳ标相嫩 3# 隧道贯通，图为庆典现场

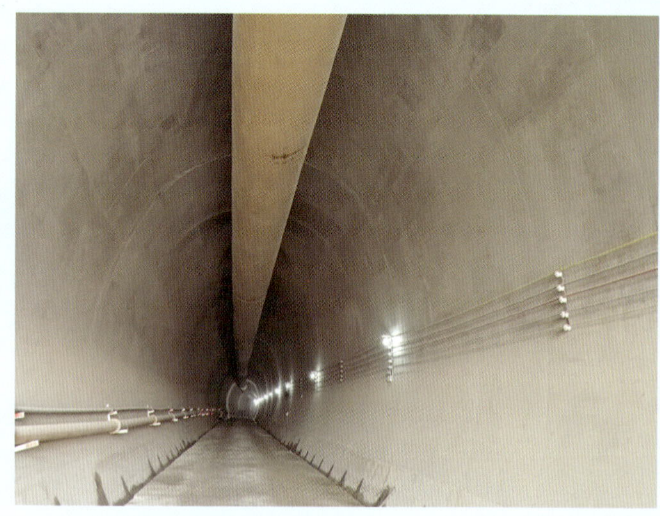

中老铁路Ⅳ标那迷 2# 隧道工程，由水电十四局承建

中老铁路Ⅳ标森村 2# 隧道工程，本段由水电十四局承建

中老铁路Ⅳ标隧道洞内防水工程，由水电十四局承建

中老铁路Ⅳ标楠逢河特大桥，由水电十四局承建

中老铁路Ⅴ标旺门楠松河特大桥，由水电十四局承建

中老铁路Ⅳ标那迷2#道出口洞外标准化布置工程，由水电十四局承建

中老铁路Ⅴ标拉孟山隧道，由水电十四局承建

中老铁路孟卡西楠里河特大桥，由水电十四局承建

中老铁路楠逢河特大桥，由水电十四局承建

中老铁路Ⅴ标朋松楠松河特大桥，由中国水利水电第十工程局有限公司（以下简称水电十局）承建

中老铁路Ⅴ标万荣隧道工程，由水电十局承建

中老铁路Ⅴ标旺门楠松河特大桥，由水电十局承建

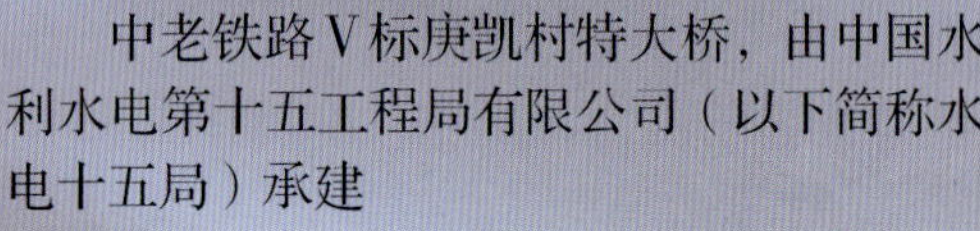

中老铁路Ⅴ标庚凯村特大桥，由中国水利水电第十五工程局有限公司（以下简称水电十五局）承建

中老铁路Ⅴ标会发河特大桥，由水电十五局承建

正在进行桥墩水中施工的中老铁路Ⅴ标楠松河大桥，由水电十五局承建

中老铁路Ⅴ标旺村隧道水沟电缆槽施工，由水电十五局承建

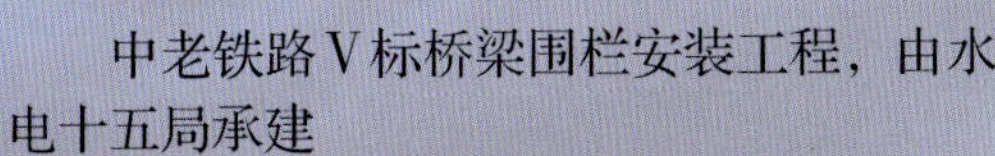

中老铁路Ⅴ标桥梁围栏安装工程，由水电十五局承建

由水电十五局承建的中老铁路Ⅴ标庚凯村隧道，为全线首座贯通隧道，图为隧道贯通后的庆典现场

中老铁路Ⅴ标欣和楠里河特大桥，由水电十五局承建

中老铁路Ⅴ标路基边坡防护工程，由水电十五局承建

本书封面、封底、插页照片均由中国电建中老铁路工程指挥部提供

《水利水电施工》编审委员会

前　言

《水利水电施工》是全国水利水电施工技术信息网的网刊，是全国水利水电施工行业内刊载水利水电工程施工前沿技术、创新科技成果、科技情报资讯和工程建设管理经验的综合性技术刊物。本刊以总结水利水电工程前沿施工技术、推广应用创新科技成果、促进科技情报交流、推动中国水电施工技术和品牌走向世界为宗旨。《水利水电施工》自2008年在北京公开出版发行以来，至2019年年底，已累计编撰发行72期（其中正刊48期，增刊和专辑24期）。刊载文章精彩纷呈，不乏上乘之作，深受行业内广大工程技术人员的欢迎和有关部门的认可。

为进一步提高《水利水电施工》刊物的质量，增强刊物的学术性、可读性、价值性，自2017年起，对刊物进行了版式调整，由杂志型调整为丛书型。调整后的刊物继承和保留了原刊物国际流行大16开本，每辑刊载精美彩页，内文黑白印刷的原貌。

本书为《水利水电施工》2020年第4辑，全书共分5个栏目，分别为：混凝土工程、地基与基础工程、机电与金属结构工程、路桥市政与火电工程、企业经营与项目管理，共刊载各类技术文章和管理文章33篇。

本书可供从事水利水电施工、设计以及有关建筑行业、金属结构制造行业的相关技术人员和企业管理人员学习、借鉴和参考。

编者

2020年10月

目　录

前言

混凝土工程

胶凝材料与混凝土外加剂在中老铁路施工中的适应性研究 …… 陈家湘　胡金欣（1）

浅谈炭质板岩隧道变形特点及控变处理经验 …… 李天恩（5）

适量粉煤灰改善人工砂喷射混凝土性能的研究 …… 于世军　姜建波（9）

顺层偏压不良地质隧道边墙围岩大变形侵限处治方案研究 …… 张鹏升　杨春锋　杜国刚（15）

桥梁混凝土质量缺陷预防及处理 …… 胡金欣（18）

浅埋隧道群全风化 顺层偏压段雨季施工技术研究及应用 …… 黄跃飞　陈　健（22）

软弱围岩隧道快速施工技术研究 …… 秦余顺　严　军（26）

长大隧道斜井反坡排水施工技术 …… 李　宁　杨　超　梁宗磊（29）

全断面准三级配碾压混凝土筑坝技术的创新研究与成功应用 …… 刘元广　周庆国　靳俊杰（35）

地基与基础工程

岩溶发育区钻孔灌注桩混凝土超方原因及防治探究 …… 李　强　庄纪文（39）

水泥搅拌桩在桥梁水中深基坑支挡防渗中的应用 …… 张宝刚　冯　钇　李星月（43）

提高土工布试验检测效率的试验研究 …… 姜建波（46）

污水处理站在中老铁路磨万线施工中的应用 …… 何　凯　张　鹏（50）

机电与金属结构工程

铁路隧道水沟电缆槽自行式液压台车快速施工技术 …… 张国元　柏　林　韩景涛（54）

铁路三跨连续梁一次合龙施工技术 …… 党若弼　杨广安　韩亚军（58）

菱形挂篮在中老铁路三线道岔双箱室连续箱梁施工中的技术应用 …… 毛学章（61）

软弱围岩隧道二次衬砌脱空原因分析及控制措施 …… 李　坤　陈　军（65）

单线铁路隧道软弱围岩短台阶开挖快速施工技术 …………………………… 靳海潮　周　雄（68）
满堂红碗扣式支架支撑体系在磨万铁路双线道岔连续箱梁施工中的技术应用 ……………… 毛学章（72）

路桥市政与火电工程

浅谈无人区铁路工程施工管理 ………………………………………………… 刘千里　曹玉田（76）
浅谈复杂地质条件下铁路隧道下穿公路施工技术 ……………………………………… 周　雄（79）
铁路工程隧道施工超挖超填及超喷管控措施 ………………………………………… 权　力（85）
铁路连续梁临时支座设置及解除技术 ……………………………… 孙新利　陈　伟　李星月（89）
中老铁路楠名河大桥双壁钢围堰设计与施工 ………………………………………… 王建军（92）
中老铁路隧道风险工序变形实时监测预警 ……………………… 吴青瑜　徐有亮　陈家湘（97）
中老铁路隧道围岩监控量测信息化应用 ………………………… 徐　英　孙　敏　宣　斐（101）
物联网技术在连续梁应力监测中的应用 ………………………… 程平均　张鹏升　刘坤乾（104）
中老铁路隧道浅埋偏压顺层地段施工技术 ……………………………………… 吴青瑜（108）

企业经营与项目管理

浅析中老铁路工程组织与管理 …………………………………… 李　斌　李文锐　郑光义（112）
浅谈集中采购在中老铁路项目的实践 ……………………………………… 马保华　曹玉田（116）
国际铁路工程项目经营管理探讨 …………………………………………… 李　斌　杨浩东（119）
国际工程政府指定分包风险管理与控制 …………………………………… 李　斌　李文锐（123）
浅谈中老铁路建设安全管理工作 ………………………………… 石东元　冯永忠　邢家宁（126）

Contents

Preface

Concrete Engineering

Study on adaptability of cementing material and concrete admixture in construction of China-Laos Railway ······ Chen Jiaxiang, Hu Jinxin (1)

Discussion on characteristics and its control mesures of carbonaceous slate tunnel deforming ······ Li Tianen (5)

Study on application fly ash to improving performance of artificial sand shotcrete ······ Yu Shijun, Jiang Jianbo (9)

Study on treatment of large deformation invading limit section of tunnel side wall and surrounding rock under unfavorable geological conditions of bedding bias ······ Zhang Pengsheng, Yang Chunfeng, Du Guogang (15)

Prevention and treatment of bridge concrete quality defects ······ Hu Jinxin (18)

Research and application of construction fully weathered and uneven rock pressure bedding bias section of shallow burial tunnel group in rainy season ······ Huang Yuefei, Chen Jian (22)

Research on rapid construction technology of tunnel under soft rock geological condition ······ Qin Yushun, Yan Jun (26)

Technology of reverse slope drainage in construction inclined shaft of long tunnel ······ Li Ning, Yang Chao, Liang Zonglei (29)

Innovative research and successful application in construction full section quasi-triple grading RCC dam ······ Liu Yuanguang, Zhou Qingguo, Jin Junjie (35)

Foundation and Ground Engineering

Research on causes and prevention of concrete over square in construction bored pile in Karst Area ······ Li Qiang, Zhuang Jiwen (39)

Application of cement mixing pile in retaining and seepage prevention of construction bridge deep foundation ······ Zhang Baogang, Feng Yi, Li Xingyue (43)
Test research of improving test efficiency of Geotextile ······ Jiang Jianbo (46)
Application of sewage treatment station in construction China-Laos Railway Mo Wan Section ······ He Kai, Zhang Peng (50)

Electromechanical and Metal Structure Engineering

Rapid construction technology of cable trench self propelled hydraulic trolley in railway tunnel ditch ······ Zhang Guoyuan, Bo Lin, Han Jingtao (54)
Technology of one time closure construction of railway three-span continuous beam ······ Dang Ruobi, Yang Guang'an, Han Yajun (58)
Application of rhombus hanging basket in construction continuous box girder of double box room of three line turnout in China-Laos Railway ······ Mao Xuezhang (61)
Cause analysis and control measures of secondary lining void in tunnel construction under soft rock environment ······ Li Kun, Chen Jun (65)
Rapid construction technology of short bench excavation in construction single track railway tunnel under weak rock environment ······ Jin Haichao, Zhou Xiong (68)
Application of bowl shaped supporting system in construction of continuous box girder of double track turnout on China-Laos Railway Mo Wan Section ······ Mao Xuezhang (72)

Road & Bridge Engineering, Municipal Engineering and Thermal Power Engineering

Brief discussion of railway construction management in depopulated zone ······ Liu Qianli, Cao Yutian (76)
Construction technology of railway tunnel underpass highway under complex geological conditions ······ Zhou Xiong (79)
Control measures of overbreak, overfilling and over-shotcrete in construction railway tunnel ······ Quan Li (85)
Technology of erecting and dismantling temporary support base of railway continuous beam ······ Sun Xinli, Chen Wei, Li Xingyue (89)
Design and construction of double wall steel cofferdam in China-Laos Railway Nanming River Bridge

……………………………………………………………………………………… Wang Jianjun (92)
Deformation real-time monitoring forecast system in construction tunnel risk process in China-Laos Railway …………………………………… Wu Qingyu, Xu Youliang, Chen Jiaxiang (97)
Application of monitoring and measuring information for tunnel surrounding rock in China-Laos Railway ………………………………………………………………… Xu Ying, Sun Min, Xuan Fei (101)
Application of Internet of Things in monitoring continuous beam stress …………………………………………………… Cheng Pingjun, Zhang Pengsheng, Liu Kunqian (104)
Construction technology of uneven rock pressure bedding bias section of shallow burial tunnel in China-Laos Railway ……………………………………………………………… Wu Qingyu (108)

Enterprise Operation and Project Management

Analysis of construction organization and management of China-Laos Railway ………………………………………………………………… Li Bin, Li Wenrui, Zheng Guangyi (112)
Discussion on practice of centralized purchase in China-Laos Railway Project ……………………………………………………………………………… Ma Baohua, Cao Yutian (116)
Discussion on international railway project management …………………… Li Bin, Yang Haodong (119)
Risk management and control of government designated subcontracting in international project ……………………………………………………………………………… Li Bin, Li Wenrui (123)
Discussion on safety management of China-Laos Railway Construction Project …………………………………………………… Shi Dongyuan, Feng Yongzhong, Xing Jianing (126)

本栏目审稿人：常焕生　毛宇飞

胶凝材料与混凝土外加剂在中老铁路施工中的适应性研究

陈家湘　胡金欣/中国水利水电第十四工程局有限公司

【摘　要】 胶凝材料与混凝土外加剂是预拌混凝土中不可或缺的组分，两者的相容性制约了混凝土材料的工作性能，是混凝土材料研究领域的重要问题。聚羧酸系减水剂是近年来研发应用的第三代高性能减水剂，许多大型工程，如地铁、高铁等都已普遍推广使用，其具有掺量低、减水率高、坍落度损失慢、对环境无污染等优点，但因其与混凝土胶凝材料之间的适应性，应根据不同的施工环境和工程要求，合理控制。本文基于混凝土材料科学理论和外加剂作用机理，结合中老铁路施工过程中，使用聚羧酸等外加剂时出现的一些与胶凝材料适应性较差的问题，着重分析了影响胶凝材料与混凝土外加剂适应性的因素，提出了通过适应性试验等手段解决胶凝材料和混凝土外加剂适应性问题的相关措施及建议。

【关键词】 混凝土　胶凝材料　外加剂　适应性试验

1　引言

《铁路混凝土工程施工质量验收标准》（TB 10424—2010）6.1.6条规定：减水剂应选用质量稳定的产品，减水剂与水泥及掺合料之间应具有良好的相容性。当不同功能的多种外加剂复合使用时，外加剂之间以及外加剂与水泥之间应有良好的适应性。外加剂适应性问题通常是指在混凝土生产过程中胶凝材料与外加剂出现不良反应，造成拌和后的混凝土工作性能和其他性能出现问题的现象。外加剂能提高新拌混凝土的工作性能，改善施工环境，提高硬化混凝土的力学性能和耐久性，同时可节约水泥、降低成本、加快施工速度。但工程施工经验表明，并非所有胶凝材料与混凝土外加剂之间都适用，两者的适应性，应根据不同的施工环境和工程要求，合理控制。

2　胶凝材料与外加剂适应性的表现形式

在中老铁路施工中，使用的胶凝材料主要有水泥和粉煤灰两种，外加剂主要有聚羧酸高性能减水剂、低碱液态速凝剂、引气剂、防腐剂等。

在高性能混凝土预拌和施工中往往会出现混凝土外加剂与水泥适应性较差的现象。这就类似青霉素不适应某些病人会出现过敏或其他异常反应一样。这种现象尤其易发生在低水胶比、实际用水量少的高性能混凝土的拌和物中。在相同配比下，同掺量同品种的混凝土外加剂往往由于水泥品种不一样，其应用效果有较大差别。同样一种混凝土外加剂在一种水泥的应用中效果较好，而在另一种水泥的应用中出现较大差别，甚至出现相反效果，出现质量事故。

一般情况下，混凝土外加剂适应性较差会出现以下几种表现形式：新拌混凝土的搅拌过程中出现异常凝结（速凝、假凝）；新拌混凝土坍落度损失快；混凝土泌水、离析、分层现象严重；新拌混凝土坍落度在不影响其他性能的前提下很难提高；硬化混凝土强度明显下降；混凝土收缩加大，抗渗、耐久性下降；大体积混凝土中缓凝效果不明显，出现温差裂缝。

3　影响胶凝材料与混凝土外加剂适应性的因素

从以往混凝土施工中可以了解到，影响胶凝材料与混凝土外加剂适应性的因素主要体现在以下几个方面。

3.1 混凝土外加剂掺量与掺加工艺

(1) 混凝土外加剂最佳掺量。对于某一水泥、某一配比的混凝土而言，任何混凝土外加剂都存在一个最佳掺量，即在最佳掺量时，混凝土外加剂的性能会出现拐点。外加剂的最佳掺量是获得最好的技术、经济效果的重要因素，其最佳掺量是根据试验、混凝土配比确定的，故在混凝土外加剂大掺量或低掺量（相对最佳掺量而言）往往会出现截然不同、意想不到的效果，如坍落度损失快慢、泌水量大小、缓凝与促凝等。

(2) 混凝土外加剂掺加工艺（先掺法与后掺法）。凡进行过混凝土外加剂研究的工作者及进行过大量混凝土外加剂的应用试验的人员都应赞同：后掺法的混凝土的工作性能优于先掺法的混凝土，而且达到同样效果，后掺法的掺量往往更小，这可能与混凝土外加剂与水泥颗粒的吸附与分散有关。

3.2 搅拌时间与搅拌速度

混凝土搅拌时间会影响混凝土的含气量及混凝土外加剂对混凝土的分散效果、凝结时间，从而影响混凝土的工作性能和硬化混凝土的力学性能和耐久性。搅拌机搅拌剪切速度过快，会破坏水泥浆中的胶体结构，破坏水泥颗粒表面形成的双电层膜，使混凝土凝结时间、坍落度损失、泌水量都受到较大影响。

3.3 混凝土外加剂品种的影响

(1) 官能团、分子结构等。混凝土外加剂中所含不同的官能团如-OH、-COOH、$-CH_2$、$-SO_3$ 等对水泥颗粒影响不同，外加剂的分子量、形状都会影响混凝土外加剂的性能。混凝土外加剂是阴离子表面活性剂还是阳离子表面活性剂或是非离子表面活性剂，水泥中的 C_3A、C_4AF、C_3S、f-CaO 等吸附分散效果不相同，也直接影响水泥中 SO_4^{2-} 的溶解度，从而导致混凝土外加剂与水泥适应性的问题。

(2) 其他因素。混凝土外加剂中碱含量高，对混凝土早期强度有利，但新拌混凝土坍落度损失快。有些外加剂引气量过大，而且气泡不均匀、不封闭。气泡大导致新拌混凝土坍落度损失快，而且使硬化混凝土抗渗、抗冻、耐久性等性能下降。

3.4 水泥

由于地材及生产工艺不尽相同，老挝境内各水泥厂生产的水泥化学组成成分差异较大，且各厂自身水泥组分波动造成外加剂与水泥的适应性不稳定。经前期大量的试验结果证明，主要和水泥矿物成分（石膏掺量、C_3A 含量、碱含量等因素）与比表面积有关。水泥在生产过程中往往采用立窑、回转窑干法和湿法生产，使水泥矿物组分晶相状态细度石膏形态发生不同程度的变化，从而导致了混凝土外加剂与水泥适应性问题的产生。同时，水泥比表面积过大，水化速度快，需水量大，保水性好，但其坍落度损失快，而且水泥过细，混凝土收缩大，含气量下降，降低了混凝土的抗渗、抗冻、耐久性。

3.5 掺合料

通常掺粉煤灰或磨细矿渣有利于新拌混凝土的流动性，而且使其坍落度损失减缓。试验证明具有一定活性的水硬性材料或自硬性材料，如硅灰、磨细矿渣粉、粉煤灰等在满足一定的技术要求条件下与外加剂同掺，不但节约水泥，改善混凝土工作性，提高混凝土强度，还能改善外加剂对水泥的适应性。

3.6 温度、湿度

由于温度高，水泥水化速度加快，而且混凝土表面水分蒸发加快，混凝土内游离水通过毛细管源源不断地补充到混凝土表面。这样，一方面水泥水化加快；另一方面混凝土游离水大量被蒸发而减少，从而使新拌混凝土坍落度损失加快。而且某些混凝土外加剂的缓凝效果在30℃以上作用大大降低。如有机酸在高温下对 C_3S 缓凝效果大大降低。醇酮酯在高温下，对 C_3S 的缓凝效果较好。因此，在高温下，大多需要提高混凝土外加剂的掺量以防止水分蒸发。

施工中配比虽然看似是设计问题，但其对混凝土外加剂与水泥适应性的影响很大。试验表明，砂率过高会使混凝土拌合物流动性降低，保塑性降低，坍落度损失加快。在混凝土配比中，石子的形状吸水量级配也严重影响混凝土的施工性、保水性、黏聚性、流动性、保塑性、可密实成型性。在试验中 W/C（水灰比）降低用以提高混凝土的强度，而在低 W/C 下，有一最佳单位用水量，在最佳单位用水量条件下，混凝土外加剂对水泥混凝土的各项性能能充分发挥出来，使混凝土拌合物的保水性能、保塑性等工作性状态得以改善，更重要的是保证了 SO_4^{2-} 水泥在水化时，石膏有足够的溶解用水，从而保证了石膏的浓度，使其与水泥适应性得到了改善。

4 解决混凝土外加剂适应性问题的措施

4.1 适应性试验

在应用某一品种混凝土外加剂之前，一定要做混凝土外加剂与水泥适应性试验。按《混凝土外加剂应用技术规范》（GB 50119—2013）正确地选择和应用混凝土外加剂。

4.2 改变混凝土外加剂的掺加工艺

采用后掺或滞水法或少量多次掺加的工艺。这种方法的效果较好。这就需要改变混凝土输送车的某些装置。若在搅拌运输车上安装配套的后掺或多次参加混凝土外加剂的仪器装置，那么混凝土外加剂与水泥适应性差的问题便可大大改善。

4.3 适当增加或减少混凝土外加剂的掺量

外加剂对胶凝材料有一个最佳掺量，对不同品种的水泥、不同胶凝材料组合后的最佳掺量也不同，水泥中的混合材料掺量过大也对外加剂的适应性不利。外加剂与胶凝材料的最佳掺量最终结果应以混凝土配合比试验为准，并在材料波动时通过试验做出相应的调整。

4.4 适当调整混凝土外加剂的配方

适当调整混凝土外加剂的配方，能减少混凝土外加剂对石膏溶解度的影响，并能提高石膏的溶解度，有效地控制 SO_4^{2-} 的浓度。能产生该效果的物质有 HCl、H_2SO_4、HNO_3 及其盐类硅氟酸钠、NaF、NaCl。特别是对硬石膏作调凝剂的水泥，更应注意减少或不用木钙、糖钙这类使石膏溶解度降低的物质。在混凝土外加剂中使用反应性高分子物质，并适应复配相应的保水、缓凝、保塑组分。

4.5 混凝土配比调整

调整混凝土配比，根据不同工程及设计要求调整好施工配比。混凝土外加剂只能使配比较合理的混凝土性能得到改善，却不能使配比不合理且质量差的混凝土性能得到改善。在严重泌水的混凝土中适量掺加部分掺合料或适当提高砂率或适当降低单位用水量。在混凝土坍落度损失率较高的混凝土中，适当增加混凝土外加剂掺量，使其初始坍落度 $S_0 \geqslant 200$mm，这样有助于提高石膏的溶解度，防止水分蒸发过快、混凝土拌合物中游离水严重不足的现象产生。

4.6 调整掺合料掺量

在喷混凝土的水泥、砂、石、减水剂材料不变的前提下掺加部分粉煤灰取代水泥可有效改善外加剂与胶凝材料的适应性，从而改善混凝土拌合物的各项性能，且对 1d 强度也有大致相同或略有提高的效果。由于各粉煤灰厂的生产工艺不同、相应的各项参数的控制也波动较大。在粉煤灰与外加剂的适应性影响因素中主要取决于粉煤灰的细度和需水量比。细度大的粉煤灰对混凝土性能有副作用，粉煤灰品质不能仅以细度为指标。粉煤灰种类对混凝土性能的影响见表 1。

表 1　　粉煤灰种类对混凝土性能的影响

水泥种类	粉煤灰		育才减水剂掺量/%	育才速凝剂掺量/%	凝结时间/(min：s)		抗压强度/MPa
	种类	掺量/%			初凝	终凝	1d
老挝万荣二厂水泥	未掺粉煤灰		0.7	6	3：10	7：02	10.8
	睿昂粉煤灰	10			3：05	6：13	12.2
		15			3：25	5：26	12.6
	洪砂粉煤灰	10			2：40	5：39	13.2
		15			2：09	5：20	12.5
老挝工业水泥	未掺粉煤灰		0.7	6	4：11	8：16	12.8
	睿昂粉煤灰	10			3：56	8：46	13.4
		15			3：43	8：24	12.2
	洪砂粉煤灰	10			4：07	8：46	12.1
		15			3：56	8：34	11.9
老挝吉象水泥	未掺粉煤灰		0.7	6	3：17	7：19	11.4
	睿昂粉煤灰	10			3：11	8：07	12.6
		15			3：19	8：14	12.6
	洪砂粉煤灰	10			3：09	7：48	11.9
		15			3：03	7：50	10.9

从试验成果可以看出，掺入 10%～15%的粉煤灰取代水泥后，喷射混凝土的初、终凝时间均能满足 5min 和 10min 的凝结要求，而且与原未掺粉煤灰的相比，混凝土的和易性（可喷性）有明显提高。

另外，还可以通过保证砂、石质量，原材料用量准确、通过设计与试配，确定合理的配合比，必要时需进行适当调整、注意水泥的出厂及进货时间、保证施工质量等综合措施进行两者的适应性控制。

5 结语

胶凝材料与混凝土外加剂的适应性问题，是一个系统工程，需要水泥厂、粉煤灰厂等胶凝材料厂家、外加剂厂和混凝土生产企业共同合力才可解决。在中老铁路，由于地处国外，水泥、粉煤灰等胶凝材料厂家可选择的余地较小，其生产质量与国内的胶材生产商相比有较大的差距，而改进其生产工艺及流程，从理论到现实均有很大困难以至于不可能实现。这就要求施工人员在本着一切从实际出发的原则，在水泥、粉煤灰物理化学性能基本不变的前提下，在外加剂迁就胶凝材料的原则下进行混凝土各项性能的调试，满足胶凝材料与外加剂的适应性。

浅谈炭质板岩隧道变形特点及控变处理经验

李天恩/中国水利水电第三工程局有限公司

【摘　要】 炭质板岩隧道的控变防变工作是软弱围岩施工的控制重点。本文结合磨万铁路达隆1＃隧道炭质板岩变形规律，结合现场采取的控变防变措施，总结出了适用于炭质板岩隧道的控变措施和施工工法，从而实现控制隧道围岩变形，确保施工安全的目的。

【关键词】 炭质板岩　隧道变形　控变处理　数据分析

1　概述

炭质板岩隧道施工一直是铁路项目施工中的难点，尤其是炭质板岩的变形控制更是隧道施工中的重点。有效地控制软岩变形不但能够降低施工风险，还可以降低软岩预留变形量，减少开挖、支护时间，降低混凝土超填超耗，达到提质、增效、降耗的目的。本文结合磨万铁路达隆1＃隧道炭质板岩变形规律，在进行大量数据统计分析的基础上，结合现场采取的控变措施，对炭质板岩的变形规律和控变处理措施进行了总结，并探索出适合炭质板岩隧道的开挖工法。

新建磨万铁路第Ⅳ标段达隆1＃隧道位于老挝琅勃拉邦省香恩县境内，隧道全长6023m，分进口、横洞、斜井、出口四个工区施工。隧道地质情况较为复杂，整体属构造剥蚀中山地貌，地形起伏较大。受区域构造及琅勃拉邦地质缝合带影响，断层较为发育，洞身发育有达隆向斜、达隆背斜、达隆断层、班龙断层等。地下水以基岩裂隙水为主，局部为岩溶水。不良地质为顺层偏压和岩溶，受构造影响岩体节理裂隙较发育。

已开挖段揭示的围岩以灰黑色炭质板岩为主，呈薄层状，层厚10～15mm，较破碎，岩层走向基本垂直于隧道轴线，节理裂隙发育，局部地段有渗水。新开挖围岩遇水极易风化、泥化，且完整性极差，具有很强的膨胀性。开挖爆破后围岩应力重新分布，导致在开挖时，隧道岩层膨胀所产生侧压力和开挖后地应力均较大，容易产生侧向水平大变形；内部围岩在开挖后，风化速度较快，且遇水易软化，导致钢支撑拱脚处承载力逐渐变弱，加之岩层内部应力释放后空气进入加剧围岩风化速度，致使隧道变形持续时间长，变形量大。横洞大里程工区和出口工区开挖过程中均发生多次较大变形，局部变形较大导致初支侵限换拱。

2　炭质板岩变形特点

2.1　无支护状态变形特点

掌子面围岩开挖后，新暴露的围岩自稳能力极差，初期会出现局部掉块现象，暴露超过2h会伴有局部片状大块岩层剥落，若岩层暴露超过3h则会出现沿着节理大面积滑塌现象，开挖面越大，滑塌现象越严重。下台阶开挖立架后，上台阶拱架背后围岩会逐渐剥落形成空洞，若暴露时间过长会造成边墙背后围岩溜塌（见图1）。

图1　边墙溜塌形成空腔

2.2　有支护状态变形特点

开挖工法选用新奥法，上台阶开挖后采用I18拱架支护，间距60cm，初支喷射混凝土厚度为25cm，拱脚打设4.5m长砂浆锁脚锚杆，钢架与锚杆采用ϕ22螺纹钢L筋焊接，焊缝饱满牢固，拱架间埋设监控量测点进行围岩变形观测。通过大量监测数据统计分析发现，炭质板岩开挖支护后，由于围岩内应力缓慢释放，但在拱架支护约束条件下前 3～5d 内变形不大，当拱架受力达到一定程度后，隧道初支开始逐渐变形收敛，伴有轻微拱顶沉降，支护 10d 左右后变形逐渐增大，此时若未采取措施控制变形则变形将会加剧，日均收敛能达到 8～10mm；下台阶开挖时还会发生一次突变，突变量一般会达到 15～20mm，下台阶支护后变形还会持续一段时间，通常下台阶收敛变形较上台阶收敛变形要大很多，日均收敛能达到 20～30mm，若不及时封闭成环或采取控变措施，收敛变形将会一直存在，达到拱架受力极限后则会引起局部溜塌，连锁反应下将会在很短时间内引发大面积坍塌事故（见图 2）。

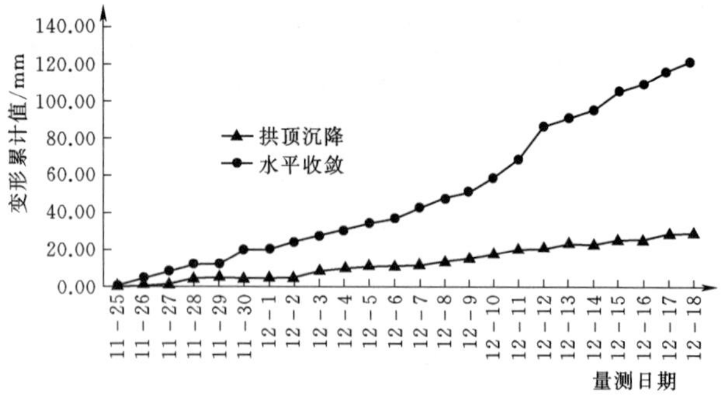

图 2　炭质板岩开挖后有支护状态围岩变形趋势

3　炭质板岩控变处理措施

炭质板岩具有收敛变形量大、持续时间长和变形速率突变的特点，因此在施作该类围岩时应重点做好防变控变。隧道施工常用的控变措施主要有增加锁脚、注浆加固、加设临时支撑、采用短台阶法施工等。

3.1　案例一：达隆 1＃隧道横洞 DK199＋705～DK199＋715 段变形处理

该段上台阶开挖支护 1 周后，通过监控量测数据发现隧道连续多天出现变形预警，日均收敛变形 5mm 以上。现场根据施工经验首先检查变形段的拱架锁脚施作是否牢固，并增设双排锁脚锚杆进行加固。采取加密锁脚措施后，变形逐渐得到控制。2019 年 11 月 8—11 日下台阶开挖出现较大变形，但在下台阶支护完成后收敛变形依然存在。11 月 15—16 日连续两天收敛变形报红色预警，现场果断采取措施暂停掌子面施工，对上下台阶拱架再次进行加固，但加固效果不明显，变形未得到有效控制（见图 3）。

现场将变形情况上报项目部总工，总工安排对变形较大部位的断面进行扫描测量（见图 4），通过测量断面数据发现，在隧道开挖预留变形量 25cm 的基础上，拱顶预留沉降量仍有 20cm，右边墙及拱腰部位预留变形

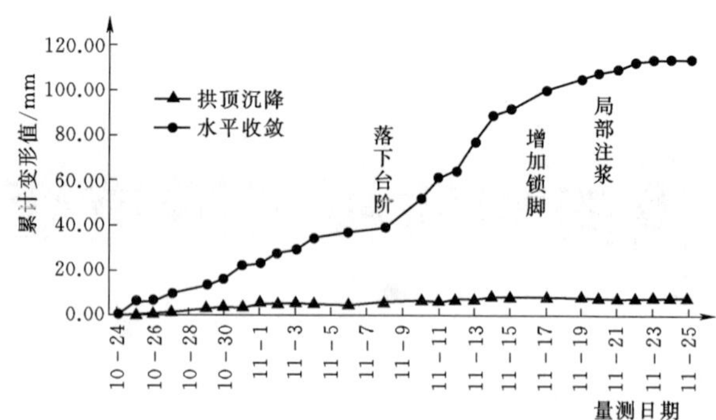

图 3　达隆 1＃隧道横洞 DK199＋710 断面变形曲线图

量剩余 1～10cm 不等，在监控量测数据相互印证下，确定隧道右边墙及拱腰部位为主要收敛变形区域。按照项目总工要求，现场对右边墙及拱腰部位进行局部注浆加固，采用 ϕ42 钢花管，其长度为 4.5m，间距为 1.2m，注浆后 1～2d 变形基本趋于稳定，后续连续观测多日无预警，无较大变形。

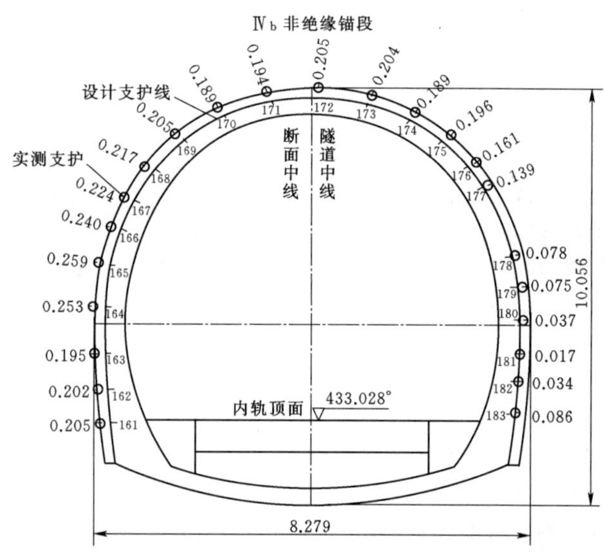

图 4　达隆 1＃隧道横洞 DK199＋708 初支测量断面（单位：m）

3.2　案例二：达隆 1＃隧道出口 DK202＋975 断面控变处理

监测数据显示，该段开挖支护 3d 后收敛变形开始增大，持续收敛一周仍无放缓趋势，为控制变形，现场采取了增设双排锁脚锚杆的措施控制变形，锁脚增设后变形得到控制。12 月 11 日下台阶开挖再次发生突变报警，12 日单日收敛变形达 15mm，两日累计收敛 25mm（见图 5）。为控制变形，现场再次对变形段锁脚进行加固处理，变形趋势稍有放缓。为防止变形过大导致隧道被侵入限界造成欠控，现场精心组织，加快了仰拱施工进度，于 12 月 16 日完成该段仰拱浇筑，仰拱封闭成环后变形得到有效控制，逐渐趋于稳定。

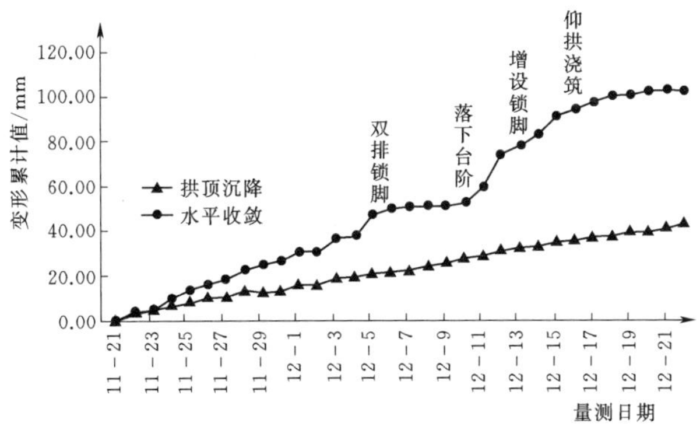

图5　达隆1#隧道出口DK202+975变形曲线图

3.3　案例三：达隆1#横洞大里程DK199+750断面控变处理

监测数据显示，达隆1#横洞大里程DK199+750断面开挖支护后前10d基本无变形，10d后变形稍有增大，20d后落下台阶时发生收敛突变（见图6），埋设下台阶收敛测点后监测发现边墙部位发生剧烈收敛，连续多日收敛10mm以上。为防止发生不安全事故，现场暂停掌子面施工，于12月8日增设临时横撑、斜撑，并对变形段全环注浆。注浆后变形趋势放缓，连续多日无预警，后续仅仰拱开挖当日发生一次黄色预警，至仰拱封闭变形已趋于稳定。该断面下台阶累计收敛135mm，由于采取措施及时，该部位未发生侵限（见图7）。

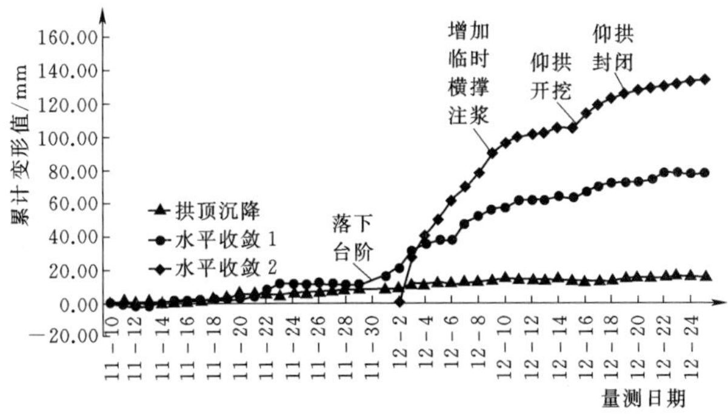

图6　达隆1#隧道横洞DK199+750变形曲线图

通过案例一的控变处理过程，炭质板岩在变形初期采取增设锁脚锚杆措施可以控制初期变形，但控制周期不长，在有其他施工干扰的情况下（如爆破震动或下导开挖），围岩收敛和锁脚加固的平衡状态很容易被打破。一旦平衡状态被打破则收敛变形情况更为剧烈，此时再次采取加固锁脚的措施对控制收敛变形的作用效果有限，需采取更加有效的注浆措施才能再次控制变形。注浆时宜采用ϕ42的钢花管，长度4.5m，间距1.2m。同时，注浆应根据实际变形情况对存在变形的部位注浆才能取得更好的注浆效果，这样既能快速控制变形，也能避免材料和工效的浪费。

图7　软岩变形后的临时横撑及临时斜撑措施

通过案例二的控变处理过程，在围岩收敛初期，如果不采取措施控制变形，仅依靠围岩的自稳能力是无法达到变形稳定的。炭质板岩与其他围岩变形过程的不同之处在于炭质板岩的变形持续时间较长，发现围岩存在变形时应及时采取措施控制变形。同时，应合理组织施工，缩短从开挖到封闭成环的时间，及时快速进行初支闭环也是控制炭质板岩变形的有效措施。

通过案例三的控变处理过程，炭质板岩在开挖断面较大时，下部变形更为剧烈，临空面越大，底部受力越大。在进行下台阶施工时应确保上部结构稳定，逐榀开挖，及时支护。下台阶开挖分左右先后，发生较大变形时应果断采取强硬措施控制变形，否则极易造成生产安全事故。临时横撑和临时斜撑虽然会影响施工，但在控制变形方面的效果比较明显，与径向注浆措施结合起来使用可以有效控制软岩变形。同时，变形得到控制后应及时使初支封闭成环。

4　适用于炭质板岩的开挖工法

根据炭质板岩变形特点，参考软弱围岩快速施工技术，项目部将炭质板岩隧道的开挖工法改进为短台阶施工工艺（见图8），上台阶长度控制在3～5m，中台阶4～6m，下台阶与仰拱同步跟进。第一循环上台阶、中左台阶和下右台阶同时开挖，第二循环上台阶、中右台阶和下左台阶同步开挖，每循环开挖时间约为18h，进尺1.2～2m，两天三循环进尺3.6～6m，月进尺能够达到54～90m，大大提高了软弱围岩的开挖工效，在能够确保安全的前提下加快了施工循环，降低了炭质板岩变形量，缩短开挖～初支闭环时间，有效地解决了炭质板岩软岩变形难题。

5　结语

炭质板岩隧道收敛变形大，持续时间长，因此在进

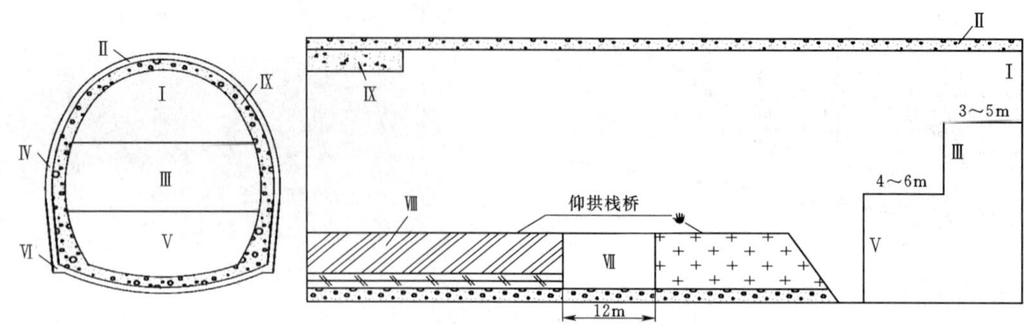

图8 炭质板岩短台阶施工工法

Ⅰ—上台阶开挖；Ⅱ—上台阶初期支护；Ⅲ—中台阶开挖；Ⅳ—中台阶初期支护；Ⅴ—下台阶及仰拱开挖；Ⅵ—下台阶及仰拱初期支护；Ⅶ—仰拱虚渣清理；Ⅷ—仰拱二衬及填充混凝土；Ⅸ—拱墙二次衬砌混凝土

行该类隧道施工时应选用合适的开挖工法。按照“短进尺、快支护、早封闭”原则，将炭质板岩软岩变形控制在防变阶段，避免在发生变形后的控变处理投入，在发现围岩条件极差时应先封闭、再支护，避免炭质板岩在空气中暴露时间过长而造成溜塌；在控变处理上要执行“早发现、早处理、先加固、后注浆”原则，尽可能将软岩变形控制在早期，将变形控制在一定范围内，避免出现炭质板岩软岩大变形情况，给后续施工造成不良影响；当发现炭质板岩有软岩大变形的趋势时，应果断采取强硬措施控制变形，避免发生生产安全事故。

参考文献

[1] 周建富. 浅析软弱围岩快速施工技术 [J]. 西部探矿工程，2000 (67)：98-100.

[2] 张启军. 软弱围岩快速施工技术及管理 [J]. 石家庄铁道大学学报：自然科学版，2014 (S1)：55-58.

适量粉煤灰改善人工砂喷射混凝土性能的研究

于世军　姜建波/中国水利水电第三工程局有限公司勘测设计研究院

【摘　要】本文依托新建中老铁路工程项目，利用粉煤灰的“微集料填充效应”和“火山灰效应”，掺用在混凝土中改善其拌合物性能；开展了粉煤灰在人工砂喷射混凝土中的掺量、改善性能、工程应用效果和技术经济性等方面的试验研究，提出了粉煤灰适宜掺量的建议，为喷射混凝土配合比设计开启新思路，为喷射混凝土施工提供了新技术路径。

【关键词】适量　粉煤灰　改善 人工砂喷射混凝土性能　研究

1　引言

粉煤灰在普通混凝土和砂浆中的应用已较为广泛，且技术成熟，但在喷射混凝土中的应用则较少。这是因为支护工程要求喷射混凝土须快速凝结形成较高的早期强度《岩石锚杆与喷射混凝土支护工程技术规范》(GB 50086—2015) 要求 1d 抗压强度不小于 8.0MPa，以达到安全支护的目的。然而，混凝土掺入粉煤灰后，其常温条件下水化速率减缓，被粉煤灰取代的那部分水泥早期强度得不到应有的补偿，因而影响了混凝土的早期强度的发展，且早期强度随粉煤灰掺量增加而降低，这与支护工程要求其具有较高早期强度的目的相矛盾。因此，传统喷射混凝土配合比设计技术思路和技术标准均不考虑和要求掺用粉煤灰。

当下，随着混凝土工程施工技术实践的不断进步和对掺用粉煤灰混凝土性能的深入认识，在传统喷射混凝土配合比中掺用粉煤灰改善其性能被逐渐考虑进来，这是粉煤灰混凝土应用技术的进步。

本文所述依托新建中老铁路工程 MWZQ-Ⅳ标、MWZQ-Ⅴ标项目，隧道工程占该管段总长的 49.1%，支护用喷射混凝土约 70 万 m^3。所用人工砂，因料源、生产工艺和设备、质量控制水平等因素限制，存在细度模数较粗、粒形和级配较差、石粉含量不稳定等缺陷。按现行标准，采用传统方法进行喷射混凝土配合比设计难以满足拌合物和易性和湿喷施工质量要求，易造成离析堵管，管道不利于存在有输送、喷射回弹率高等缺点。因此，有必要采取技术措施对配合比进行优化设计。其措施为：在现有原材料条件下，借鉴粉煤灰在普通混凝土中的性能，利用粉煤灰微集料填充效应改善人工砂粒形差、级配不良和石粉含量不稳定的质量缺陷；利用粉煤灰形态微珠减水效应，改善喷射混凝土拌合物和易性，进而优化硬化后混凝土内部孔隙结构，提高其密实性；利用粉煤灰火山灰效应，即粉煤灰的主要活性成分 SiO_2 与水泥水化产生的 $Ca(OH)_2$ 之间的二次反应，以及喷射混凝土速凝剂（如碱金属离子等）对粉煤灰潜在活性的激发生成具有一定强度的水化硅酸钙 C-S-H 物质，以补偿部分因速凝剂对喷射混凝土带来的中后期强度损失为目的，开展了以适量粉煤灰改善人工砂喷射混凝土性能的试验研究，使配合比设计最终达到满足湿喷施工和易性，减少回弹率，提高工程质量和技术经济性的目的。

考虑粉煤灰品质和掺量对喷射混凝土早期强度发展的影响，配合比设计采用低掺量、适当降低水胶比（在水泥基水灰比基础上）的方法；综合考虑在满足设计和施工要求，确保工程质量的前提下，基本不增加混凝土自身成本，满足其经济合理性。通过室内混凝土配合比优化设计试验和现场湿喷工艺试验，经取样检验，所检性能指标满足设计和施工质量要求。

2　试验研究及工程应用

2.1　室内试验

2.1.1　原材料

(1) 水泥：老挝水泥工业有限公司生产的 P·O42.5 水泥。

(2) 粉煤灰：老挝睿昂 VKEC 粉煤灰厂的 F 类/Ⅱ级灰。

(3) 拌和用水为饮用水。

(4) 减水剂：上海三瑞高分子材料股份有限公司的 VIVID-500 聚羧酸高性能减水剂。

(5) 速凝剂：石家庄市长安育才建材有限公司的 GK-3B 液体速凝剂。

(6) 粗骨料：老挝普坤碎石厂的 5～10mm 碎石。

(7) 细骨料：老挝友安人工砂。

2.1.2 试验仪器设备及方法

(1) 试验仪器：人工砂、水泥和混凝土试验常规仪器设备。

(2) 试验方法如下：

1) 人工砂颗粒级配分析等试验，按《建设用砂》(GB/T 14684—2011) 标准测定。

2) 掺粉煤灰胶凝材料标准稠度用水量、凝结时间、安定性试验，按《水泥标准稠度用水量、凝结时间、安定性检验方法》(GB/T 1346—2011) 测定。

3) 掺速凝剂不同粉煤灰掺量的净浆凝结时间试验和掺速凝剂不同粉煤灰掺量的砂浆性能试验，分别参照《喷射混凝土用速凝剂》(JC 477—2005) 和《喷射混凝土用速凝剂》(GB/T 35159—2017) 的方法测定。

4) 掺粉煤灰改善人工砂喷射混凝土性能试验，按《普通混凝土拌合物性能试验方法标准》(GB/T 50080—2016) 和《普通混凝土力学性能试验方法标准》(GB/T 50081—2002) 测定。

2.1.3 试验结果及分析

(1) 友安人工砂颗粒级配分析等试验结果见表 1。

表 1　友安人工砂颗粒级配分析等试验结果

粒径/mm	分计筛余/%		累计筛余/%		累计平均值/%		粗砂Ⅰ区范围	备注
4.75	0.4	0.4	0.4	0.4	0	10	0	亚甲蓝试验 *MB* 值：1.2g/kg；石粉含量(<0.075mm)：8.3%
2.36	25.8	24.6	26.2	25.0	26	35	5	
1.18	27.6	27.0	53.8	52.0	53	65	35	
0.60	15.8	16.2	69.6	68.2	69	85	71	
0.30	13.6	14.2	83.2	82.4	83	95	80	
0.15	7.4	7.6	90.6	90.0	90	97	85	
<0.15	9.4	10.0	100.0	100.0	100	100	100	
细度模数			3.23	3.17	3.2	—	—	

由表 1 可知：该人工砂细度模数为粗砂，属Ⅰ区范围，其控制粒径 0.600mm 筛档的累计筛余量略超出标准的上限范围；亚甲蓝试验 *MB* 值表明小于 0.075mm 的颗粒是以石粉为主，含量为 8.3%。

(2) 掺粉煤灰胶凝材料标准稠度用水量、凝结时间、安定性试验结果见表 2。

表 2　掺粉煤灰胶凝材料标准稠度用水量、凝结时间、安定性试验结果

胶凝材料			拌和用水量/mL	标准稠度用水量/%	凝结时间				安定性			
水泥	粉煤灰				初凝/(min：s)		终凝/(min：s)		沸煮前雷氏夹指针距离 *A*/mm	沸煮后雷氏夹指针距离 *C*/mm	增加距离 *C*－*A*/mm	
用量/g	掺量/%	用量/g			历时	初凝之差	历时	终凝之差			单值	平均值
500	0	0	142	28.4	2：14	0：00	3：05	0：00	11.5	12.0	0.5	0.5
									12.5	13.0	0.5	
475	5	25	147	29.4	2：43	0：29	3：28	0：23	10.0	10.5	0.5	0.5
									12.0	12.5	0.5	
450	10	50	150	30.0	2：50	0：36	3：43	0：38	11.5	11.5	0.0	0.0
									12.0	12.0	0.0	
425	15	75	155	31.0	3：08	0：54	4：04	0：59	10.0	10.0	0.0	0.0
									10.0	10.0	0.0	

表2试验表明，标准稠度用水量随粉煤灰掺量的增加而增加，在0%～15%掺量范围内，每增加5%，用水量增加约1%，即相应需水量增加约5mL/500g。

标准稠度净浆凝结时间随粉煤灰掺量的增加而延长；与水泥标准稠度净浆凝结时间相比，其掺量从5%增至15%时，初凝和终凝时间相应延长30～60s。

净浆安定性雷氏夹膨胀增加距离随粉煤灰掺量的增加而减小；当掺量为5%时膨胀量与水泥净浆相同，当掺量增至10%和15%时，膨胀量均为零，说明掺入适量粉煤灰后有利于胶凝材料净浆硬化后的体积稳定。

（3）掺速凝剂不同粉煤灰掺量的净浆凝结时间试验结果见表3。

表3　掺速凝剂不同粉煤灰掺量的净浆凝结时间试验结果

胶凝材料			速凝剂		用水量/g	凝结时间				备注
水泥	粉煤灰		掺量/%	用量/g		初凝/(min：s)		终凝/(min：s)		
用量/g	掺量/%	用量/g				历时	初凝之差	历时	终凝之差	
400	0	0	6	24	148.8	3：20	0：00	9：26	0：00	厂家推荐掺量：4%～6%
380	5	20	6	24	148.8	4：40	1：20	9：50	0：24	
360	10	40	6	24	148.8	5：10	1：50	10：20	0：54	
340	15	60	6	24	148.8	5：20	2：00	11：20	1：54	

表3试验表明，在相同速凝剂掺量条件下，不同粉煤灰掺量的净浆凝结时间随其掺量增加而延长。其中，水泥净浆和粉煤灰掺量为5%的净浆初凝时间均满足《喷射混凝土用速凝剂》（JC 477—2005）标准不大于5min的要求；掺量为10%和15%的净浆，初凝时间分别略大于该标准；水泥净浆和掺粉煤灰净浆的终凝时间均满足该标准不大于12min的要求。

净浆凝结时间差表明，粉煤灰掺量从5%增至15%时，初凝延长幅度由大变小，终凝延长幅度则由小变大，说明在试验范围内，增加粉煤灰掺量对净浆终凝时间的影响大于对初凝时间的影响。

（4）掺速凝剂不同粉煤灰掺量的砂浆性能试验结果见表4。

表4　掺速凝剂不同粉煤灰掺量的砂浆性能试验结果

胶凝材料		基准砂浆（不掺速凝剂）		受检砂浆（掺速凝剂，掺量：6%）					28d抗压强度比/%	90d抗压强度保留率/%
		28d		1d	28d		90d			
水泥比例/%	粉煤灰比例/%	抗压强度/MPa	掺粉煤灰与不掺粉煤灰抗压强度比/%	抗压强度/MPa	抗压强度/MPa	掺粉煤灰与不掺粉煤灰抗压强度比/%	抗压强度/MPa	掺粉煤灰与不掺粉煤灰抗压强度比/%		
100	0	47.8	100	11.9	25.6	100	27.5	100	54	58
95	5	45.4	95	—	25.8	101	28.2	103	57	62
90	10	42.0	88	—	29.6	116	30.4	111	70	72
85	15	38.3	80	—	31.8	124	35.4	129	83	92

注　1. 基准砂浆为不掺速凝剂的砂浆，受检砂浆为掺速凝剂的砂浆；基准砂浆和受检砂浆均采用相同规律的粉煤灰（F）掺量。
2. 28d抗压强度比是受检砂浆28d抗压强度与基准砂浆28d抗压强度之比；90d抗压强度保留率是受检砂浆90d抗压强度与基准砂浆28d抗压强度之比。

由表4试验可知：

1）受检砂浆1d抗压强度11.9MPa满足《喷射混凝土用速凝剂》（GB/T 35159—2017）不小于7.0MPa的要求；受检砂浆28d和90d的抗压强度均相应低于基准砂浆28d的抗压强度。

2）掺粉煤灰与不掺抗压强度比表明，基准砂浆28d抗压强度随粉煤灰掺量增加而减小，受检砂浆28d和90d的抗压强度均随粉煤灰掺量的增加而增大。

3）28d抗压强度比和90d抗压强度保留率表明，两者均低于100%，说明速凝剂对受检砂浆28d和90d的抗压强度均有不同程度的损失影响。其中，掺5%的粉煤灰和不掺粉煤灰时，28d抗压强度比和90d

抗压强度保留率均不满足《喷射混凝土用速凝剂》(GB/T 35159—2017)中有碱速凝剂不小于70%的标准要求;掺10%和15%的粉煤灰时均满足该标准要求,且数据显示随粉煤灰掺量增加而增长,说明受检砂浆掺粉煤灰后强度损失更小,且损失随掺量的增加而逐渐减小,掺量越高对中后期抗压强度补偿越多。

综上所述,内掺粉煤灰,对基准砂浆28d抗压强度有抑制降低影响,掺量越多则降低越多;而受检砂浆28d和90d因速凝剂对强度损失的影响抗压强度均相应低于基准砂浆28d的抗压强度,但粉煤灰二次水化和速凝剂对粉煤灰活性的激发使其强度增长较水泥砂浆更多更快。掺适量粉煤灰可部分弥补因速凝剂对砂浆中后期抗压强度造成的损失,在试验范围内,掺量越高补偿越多。

(5)掺粉煤灰改善人工砂喷射混凝土性能的试验。该试验以C20水泥基人工砂喷射混凝土理论配合比为基准,保持水胶比不变,拟选三个不同粉煤灰掺量,采用内掺法,粉煤灰用量分别为胶凝材料质量的5%、10%、15%。经试拌,混凝土和易性均较好,分别成型不同龄期的抗压强度试件,养护至规定龄期分别进行测试,试验结果见表5。

表5　掺粉煤灰人工砂喷射混凝土抗压强度

粉煤灰掺量/%	抗压强度/MPa							备注
	基准喷射混凝土			受检喷射混凝土				
	7d	28d	90d	1d	7d	28d	90d	
0	47.3	54.0	56.1	16.4	24.9	28.8	35.3	
5	50.5	56.9	63.6	14.3	26.3	29.4	35.7	
10	48.1	58.8	65.5	14.0	25.2	32.6	37.3	
15	45.9	54.6	64.2	12.7	22.8	31.2	38.6	

注　基准喷射混凝土为不掺速凝剂的人工砂喷射混凝土,受检喷射混凝土为掺速凝剂(掺量5%)的人工砂喷射混凝土;不同粉煤灰掺量分别掺加到基准喷射混凝土和受检喷射混凝土中。

由表5试验可知,受检喷射混凝土1d抗压强度均满足《岩土锚杆与喷射混凝土支护工程技术规范》(GB 50086—2015)不低于8MPa的要求;相同龄期下,受检喷射混凝土的抗压强度均相应低于基准喷射混凝土的抗压强度。

受检喷射混凝土1d和7d与基准喷射混凝土7d抗压强度均随粉煤灰掺量的增加而降低;28d和90d抗压强度掺粉煤灰的均高于不掺的,但28d抗压强度仍呈现随粉煤灰掺量增加而有所降低的趋势,说明90d前粉煤灰掺量仍是影响强度增长的主要因素。具体分析如下:

1)粉煤灰掺量对人工砂喷射混凝土抗压强度的影响。

根据表5试验结果,考察粉煤灰掺量对人工砂喷射混凝土抗压强度的影响,是以基准和受检喷射混凝土分别在相同龄期下掺粉煤灰与不掺的抗压强度之比进行分析的,计算结果见表6。

表6　粉煤灰掺量对人工砂喷射混凝土抗压强度的影响

粉煤灰掺量/%	相同龄期下的掺粉煤灰与不掺抗压强度之比/%							备注
	基准喷射混凝土			受检喷射混凝土				
	7d	28d	90d	1d	7d	28d	90d	
0	100	100	100	100	100	100	100	考察粉煤灰掺量对人工砂喷射混凝土抗压强度的影响
5	107	105	113	87	106	102	101	
10	102	109	117	85	101	113	106	
15	97	101	114	77	92	108	109	

表6显示,受检喷射混凝土1d和7d与基准喷射混凝土7d掺粉煤灰与不掺的抗压强度之比均随粉煤灰掺量的增加而降低。其中,1d抗压强度比均低于100%,7d在粉煤灰掺量增至15%时抗压强度比最低,说明粉煤灰掺量越大对喷射混凝土早期水化速率减缓影响越大,且对1d的影响尤为显著。这一点也可从前述不同粉煤灰掺量的净浆凝结时间所揭示的规律中得到印证。因此,尽管表5受检喷射混凝土1d抗压强度均满足规范不低于8MPa的要求,但仍建议在掺粉煤灰喷射混凝土配合比设计时予以重视,这是基于岩土工程支护对喷射混凝土要求具有较高早期强度的规定;7d粉煤灰掺量低于15%时抗压强度比均高于不掺的,这也许与粉煤灰

的微集料填充效应，改善水泥颗粒微级配和填充细骨料颗粒空隙，使喷射混凝土结构更为密实有关。但其抗压强度比总体趋势表现为随粉煤灰掺量的增加而降低，仍说明粉煤灰的掺入对喷射混凝土早期水化速率有减缓抑制作用或因超出其适量范围有关。

28d 和 90d 抗压强度比均高于不掺粉煤灰的，说明粉煤灰对喷射混凝土中后期的抗压强度增长贡献明显。但受检 28d 与基准 28d 和 90d 抗压强度总体表现随粉煤灰掺量提高而降低的趋势，说明粉煤灰掺量仍是影响强度增长的主要因素；而受检喷射混凝土 90d 抗压强度随粉煤灰掺量的增加而增加，则是粉煤灰二次水化和速凝剂对粉煤灰活性激发共同作用的结果，也说明对于设计长龄期（大于 28d）的喷射混凝土可考虑适当提高粉煤灰掺量。

2）速凝剂与粉煤灰对人工砂喷射混凝土抗压强度的综合影响。

根据表 5 试验结果，考察速凝剂与粉煤灰对人工砂喷射混凝土抗压强度的综合影响，是以基准喷射混凝土 28d 不掺粉煤灰的抗压强度为基准，其他基准和受检喷射混凝土的抗压强度分别与之相比的比值进行分析的，计算结果见表 7。

表 7　　速凝剂与粉煤灰对喷射混凝土抗压强度的综合影响

粉煤灰掺量/%	各龄期抗压强度与基准 28d 不掺粉煤灰的抗压强度之比/%							备注
	基准喷射混凝土			受检喷射混凝土				
	7d	28d	90d	1d	7d	28d	90d	
0	88	100	104	30	46	53	65	综合考察速凝剂与粉煤灰对人工砂喷射混凝土抗压强度的影响
5	94	105	118	26	49	54	66	
10	89	109	121	26	47	60	69	
15	85	101	119	24	42	58	71	

表 7 显示，相同龄期，受检喷射混凝土抗压强度比均低于基准喷射混凝土抗压强度比，说明速凝剂对喷射混凝土的抗压强度均有不同程度的损失影响；受检喷射混凝土 28d 、90d 抗压强度比掺粉煤灰均高于不掺的，说明粉煤灰具有部分补偿因速凝剂添加对喷射混凝土中后期强度损失的作用。

受检喷射混凝土的抗压强度，28d 粉煤灰掺量为 10%时最高，90d 粉煤灰掺量为 15%时最高，说明对于设计抗压强度龄期为 28d 的喷射混凝土内掺粉煤灰不宜过高，对于设计龄期 90d 或更长龄期的则可考虑内掺更多粉煤灰，以充分利用粉煤灰对混凝土后期强度的贡献，其最佳掺量应根据设计和粉煤灰品质，通过试验确定。

2.2　现场工艺试验及工程应用

现场工艺试验，采用相同设计强度等级的不掺粉煤灰天然砂湿法喷射混凝土配合比和经过优化后的掺 10%粉煤灰人工砂湿法喷射混凝土配合比进行回弹率等性能试验，以对比两种配合比的适用性和喷护效果，并分别喷混凝土大板取试件进行抗压强度试验，以验证适量粉煤灰改善人工砂喷射混凝土性能后配合比是否满足设计和施工质量要求，试验结果见表 8。

表 8　　喷射混凝土回弹率及抗压强度试验

配合比类别	部位及试验结果							
	喷射部位	混凝土方量/m^3	喷射面积/m^2	预设喷射厚度/cm	回弹率/%	历时/(h：min)	抗压强度/MPa	
							1d	28d
天然砂湿法喷射混凝土（不掺粉煤灰）	隧道拱部	10.0	36	22（分两层）	22	00：34	11.4	28.5
人工砂湿法喷射混凝土（掺 10%粉煤灰）	隧道拱部	10.0	39	22（分两层）	14	00：31	12.7	31.1

试验表明，掺 10%粉煤灰人工砂喷射混凝土输送管路堵塞的概率较少，拌合物黏聚性更好，回弹率比不掺粉煤灰天然砂喷射混凝土相对降低 8%左右，提高了混凝土的利用率和喷护施工效率，同时也利于保证工程质量。依据试验结论，即使不考虑两种喷射混凝土配合比的单价因素（本工程人工砂 85 元/m^3，天然砂 150 元/m^3，配合比综合单价天然砂的略高于人工砂），也不考虑喷护效率的提高所产生的效益，管段内隧道喷射混凝土约 70 万 m^3，仅回弹率降低，即相当于节约 5.6 万 m^3的喷射混凝土，因此对工程所产生的技术和经济效益是显著的。

工程应用中，经对管段内 2018 年 4—6 月期间施工的该喷射混凝土喷大板取试件 405 组检验分析，其抗压强度最大值 34.8MPa，最小值 25.9MPa，平均值 28.5MPa，标准差 1.48MPa，离差系数 0.05，合格率 100.0%，保证率 99.0%，检测结果满足设计和标准要求。

3 结语

人工砂喷射混凝土配合比设计掺用适量粉煤灰，利用粉煤灰效应改善人工砂质量缺陷，进而改善混凝土拌合物和易性，利于管道输送，减少喷射回弹率，提高施工效率和工程质量。鉴于粉煤灰对混凝土早期强度发展有减缓影响，在喷射混凝土中的掺量应根据其品质，在满足设计和施工质量的前提下，通过试验选择适宜掺量。喷射混凝土掺用适量粉煤灰，能弥补部分因速凝剂添加带来的中后期强度损失，并具有提高其体积稳定性、降低温度开裂风险、抑制碱骨料反应、增强其耐久性能等诸多益处。建议对设计龄期较长的混凝土或使用部位如隧道工程的进、出口边坡和路基工程的边坡支护，因其防护面为正坡，喷射回弹率较少，可考虑高掺粉煤灰；以改善混凝土和易性为目的的，也可考虑外掺适量粉煤灰。

适量粉煤灰改善人工砂喷射混凝土性能的研究在该工程成功应用，为隧道工程喷射混凝土配合比设计开启新思路，为隧道工程喷射混凝土的施工提供了新技术途径，为其他优质矿物掺合料在喷射混凝土中应用提供了有益的借鉴和参考。

顺层偏压不良地质隧道边墙围岩大变形侵限处治方案研究

张鹏升　杨春锋　杜国刚/中国水利水电第十五工程局有限公司

【摘　要】本文以新建磨万铁路旺门村1#隧道为例，介绍了因顺层偏压不良地质情况引起的隧道边墙围岩大变形和初支侵限的原因分析和工程技术处理方案。

【关键词】隧道　顺层偏压　围岩变形初支侵限　回填反压　临时支撑　注浆加固　换拱

1 引言

新建磨万铁路旺门村1#隧道围岩以砂岩为主，采用两台阶钻爆法开挖。在施工过程中，上台阶开挖掌子面至二衬之间有42m围岩发生大变形，造成隧道左侧边墙初支喷射混凝土发生开裂和变形侵限；右侧边墙基本稳定，拱顶受挤压后向上发生明显位移。为了防止变形进一步加大造成坍塌，采用了对仰拱及时进行回填反压、增加临时横向支撑以减少边墙变形等措施，待变形基本稳定后，采用注浆加固和换拱的处理方案，收到了较好的效果，为以后隧道施工中出现类似情况的处理提供了借鉴方法和经验。

2 设计情况

新建磨万铁路旺门村1#隧道全长1983m，起讫里程DK299＋850～DK301＋833。在施工过程中，DK300＋466～DK300＋416段发生围岩大变形和初支侵限，该段埋深约40m，围岩为砂岩、泥岩夹石英砂岩，弱风化，砂岩、石英砂岩为灰黄、深灰、棕黄色等杂色，细粒结构，中厚层状，钙、泥质胶结，节理裂隙发育；泥岩为棕黄、棕红色，泥质结构，中～薄层状构造，线路左侧存在顺层偏压。

DK300＋466～DK300＋416段设计围岩级别为Ⅴ级，采用Ⅴ$_{c}$型复合式衬砌，设置拱墙I16型钢架加强支护，钢架间距1m，拱部采用ϕ42小导管超前支护，环向间距0.4m，每环27根，纵向间距3m，单根长4.5m（见图1）。

3 围岩变形侵限情况

旺门村1#隧道从出口采用上下台阶钻爆法单向掘进，当2019年4月30日上台阶掌子面开挖至DK300＋406时，发现42m初支发生围岩大变形、初支侵限和喷射混凝土开裂，当时仰拱施工到DK300＋466，二衬施工到DK300＋514。围岩大变形段为DK300＋424～DK300＋466，该段线路左侧边墙混凝土开裂并明显侵限，拱顶上移，线路左侧A、B单元钢架（A单元钢架为拱顶钢架）连接位置有一条纵向裂缝，DK300＋465、DK300＋455线路左侧边墙初期支护出现竖向裂缝，裂缝最大宽度约为8cm。右侧边墙稳定。

据监控量测数据显示，从2019年4月10—30日期间，发生大变形段左侧边墙累计水平收敛375mm，右侧边墙累计水平收敛10.8mm，其中DK300＋429～DK300＋439段累计拱顶上抬55mm。

4 原因分析

隧道围岩发生变形和初支侵限后，掌子面暂停掘进，邀请专家到现场察看、分析原因和制定处理方案，分析原因具体如下：DK300＋466～DK300＋416岩性为三叠系砂岩、泥岩夹石英砂岩，岩质较软，易风化剥落。岩层整体节理裂隙发育，岩体破碎，软硬不均，稳定性差。掌子面潮湿，初支局部渗水。该段有一组贯穿性节理，产状为N40°E/70°NW，节理走向与线路横断面夹角约为66°，视倾角68°，倾向线路右侧，左侧存在顺层节理面。另外，该段地形左高右低，地形存在左侧偏压。当左侧围岩位移后，压迫拱顶向上位移。因此，

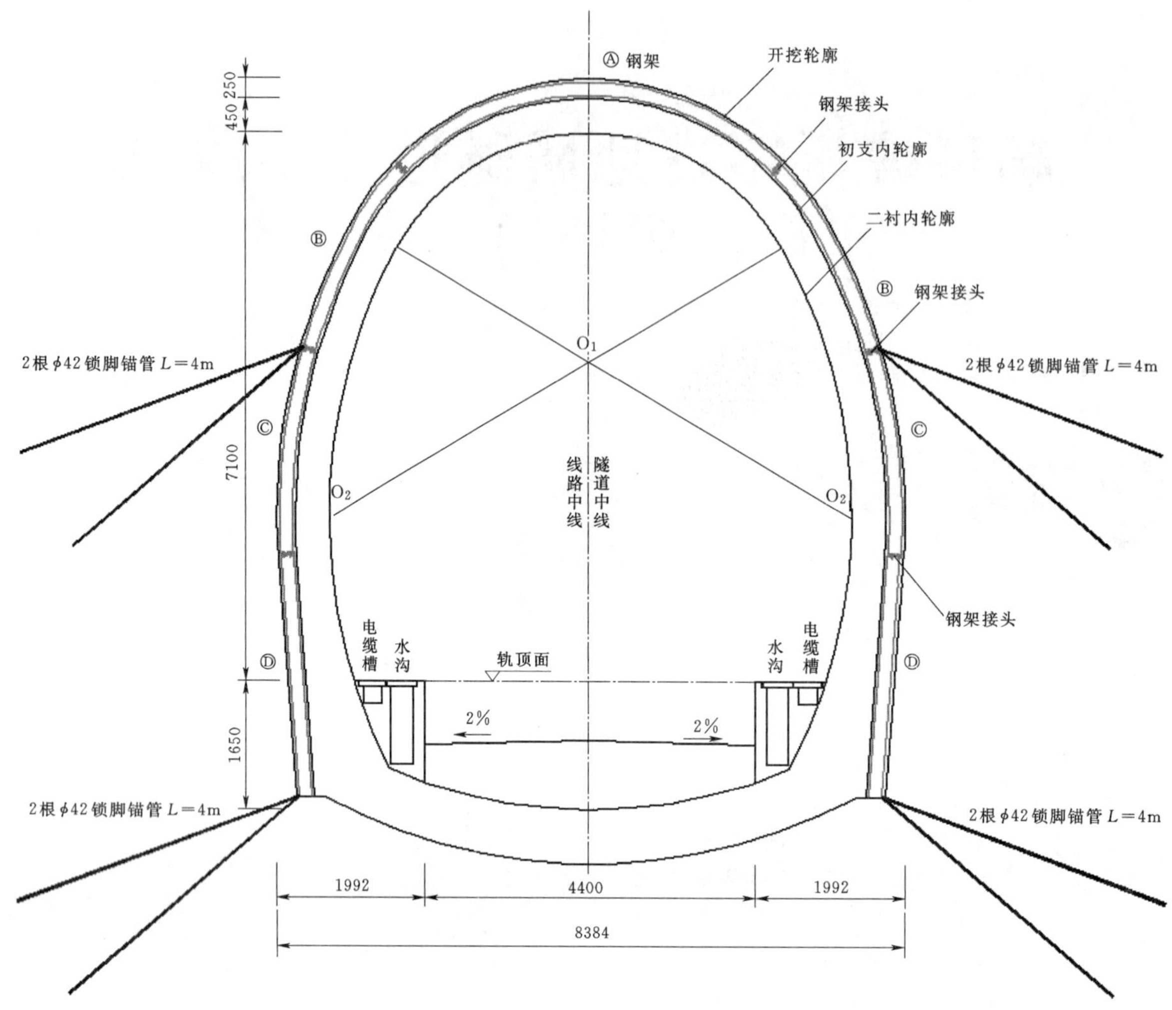

图1 铁路单线有砟隧道Ⅴ级围岩Ⅴa型复合式衬砌断面图（单位：mm）

围岩左侧存在顺层节理面、地形左侧偏压、围岩破碎以及稳定性差是造成该段围岩发生大变形和初支侵限的主要原因。

5 处理方案

根据隧道左侧边墙初支侵限原因分析，为保证一次处理彻底、不留隐患和处理过程中的施工安全，采取了以下综合处理措施：

（1）立即暂停掌子面掘进，对掌子面进行喷浆封闭。

（2）采用碎石对侵限变形段进行反压回填，限制左侧围岩变形加剧和坍塌，并形成工作台阶，以利于处理施工。

（3）回填反压完成后，为防止变形范围继续扩大和确保施工安全，DK300＋416～DK300＋466 段拱脚增设临时横撑，在拱顶单元钢架两端增加临时横撑，横撑之间设纵向连接钢筋，上下两排横撑间距同初期支护钢架间距逐榀设置，临时支撑采用 I20 工字钢。

（4）上下横撑设置完毕后，对 DK300＋420～DK300＋470 段线路左侧边墙及左侧拱部范围采用 ϕ42 钢花管径向注浆，间距为 1.0m×1.0m，钢花管单根长 4.5m，注浆采用水泥浆（水灰比 0.8～1.0），注浆压力 0.5～0.8MPa。为确保注浆效果，注浆应逐步加压或间歇、反复注浆。

（5）注浆加固完成后，开始换拱，拆换拱部和左边墙侵限的拱架，右边墙拱架未侵限无须拆换。拆换时，按先拱部、后边墙的顺序逐榀拆换侵限变形段的初期支护，钢架上下台阶脚均设置锁脚锚管并注浆。拆换过程中应注意检查径向注浆效果，若注浆不密实应采用 ϕ42 钢花管径向补注浆。DK300＋420～DK300＋466 段设计仰拱无拱架，处理时增设仰拱钢架，使拱架成环。仰拱钢架采用 I16 工字钢，钢架间距同拱墙初期支护钢架间距。从反压回填到换拱完成整个处理的过程中，加强围岩水平收敛和拱顶位移的监控量测，确保施工安全。初支变形侵限处理见图 2。

图2　初支变形侵限处理

6　施工顺序

发现围岩变形后，在确保人员和设备安全的前提下，及时采用碎石进行回填反压，限制变形进一步发展，并加强监控量测。待围岩变形基本趋于稳定后，增加上下双排横向临时横撑，然后注浆加固围岩。最后凿除侵限部分的喷射混凝土和围岩，拆换钢架，每次拆换一榀钢架。在处理过程中，要实施监控量测，发现异常立即撤出。处理施工顺序如下：反压回填→设置上下横向临时支撑→测量并标识初支侵限部位→在拆换拱架接头处打设 $\phi42$ 锁脚锚管→围岩注浆加固→凿除侵限初支混凝土→拆除拱顶A单元钢架和左侧B、C单元钢架→凿除侵限岩体→复测→安装钢拱架、纵向连接钢筋、钢筋网片→打设锁脚锚管→复喷混凝土→拆换下一榀钢架。

7　施工注意事项

发现围岩变形和初支侵限后，人员、设备立即撤离至洞外或二衬已经施工完成的安全地段。及时通知建设单位、设计代表、监理工程师一起到现场勘察，共同分析原因和确定处理方案。及时安排测量人员采用全站仪测量初支完成段的拱顶沉降和水平收敛，测量时人员和仪器要位于二衬已经施工完成的安全地段。在保证安全的前提下，及时采用碎石将已经开挖的仰拱和下台阶部分进行回填，限制变形加剧。然后，根据确定的各方共同确定的方案和顺序进行处理。

按照处理方案将上下横撑、注浆加固完成后，变形侵限段已基本安全，开始换拱作业。换拱必须采用从洞外向洞内逐榀换拱的方式，严禁一次换多榀拱架，每换拱一次要封闭成环，然后才能换下一榀，按此顺序向洞内推进。

拆换拱架前，拱架切割点以上需要保留的拱架必须先行采用注浆锁脚锚管锁定，再凿除侵限的喷射混凝土和围岩。拆除采用风镐进行凿除，严禁爆破拆除，避免对原初支及围岩造成扰动。凿除侵限围岩及换拱时，注意要根据围岩变形程度预留沉降量，建议沉降量至少不小于10cm，防止因为忘记设置预留沉降量而造成处理完成后初支二次侵限。侵限部分的喷射混凝土、围岩以及预留沉降量部分凿除后，及时初喷4cm厚的混凝土封闭围岩。新换的钢架接头为受力薄弱环节，接头连接钢板孔眼无法对正致使螺栓无法连接时，可焊接连接，并采用加劲钢板补强焊接。拱架安装后，对于钢架与围岩之间的空隙采用混凝土垫块楔紧，使钢架承受围岩压力，抵抗围岩变形。

在整个处理过程中要用到施工台架。在制作台架时，要考虑反压回填高度以及换拱操作方便，并且作业台架四周做好临边防护。已经拆换下来的拱架已经严重变形，不得再使用。施工过程中，做好临时排水系统，严禁渗水长时间浸泡拱脚。

从发现围岩变形侵限到处理完成，整个施工过程中要加强围岩监控量测，监控量测是保证处理过程人员安全的重要举措。换拱前，对换拱段落进行加密监控量测观测点；换拱过程中，进行跟班监测；换拱完成后，及时埋设监控量测点并及时测量读取初始数据。根据观测数据进行分析并绘制变化曲线，根据曲线预判围岩变形趋势，并将监测结果和预判变形趋势反馈至施工现场，指导安全施工。

8　结语

在隧道开挖过程中，发现初期支护边墙发生明显变形时，人员、设备应迅速撤离，并在围岩监控量测指导和保证安全的前提下及时回填碎石或石渣进行反压，限制围岩进一步变形引起坍塌造成处理难度增加。然后，加强围岩监控量测，掌握围岩变形情况和趋势，联系设计人员察看现场，分析变形原因，针对性地制定处理方案。

桥梁混凝土质量缺陷预防及处理

胡金欣/中国水利水电第十四工程局有限公司

【摘　要】 随着我国基础设施建设的快速发展，大型建设项目众多，混凝土是最基本和用量最大的基础材料之一，也是工程建设质量控制的重点、难点。混凝土质量的好坏直接影响到建筑工程主体结构的安全性、耐久性和使用功能。本文通过中老铁路现场工作实践，总结、分析了混凝土产生质量缺陷的原因，从混凝土的原材料控制、拌和、运输到施工工艺提高等方面提出了具体的解决方法，对已出现的质量缺陷问题提出了补救措施。

【关键词】 混凝土　质量问题　控制　施工措施

1　引言

随着我国基础设施建设的快速发展，建筑业作为国家的支柱产业始终离不开混凝土。铁路建设工程规模大、建设周期长、使用功能要求高，各专业之间多工序交叉作业影响较大，使得工程建设管理变得十分复杂，对工程质量的管控难度富有挑战性，尤其在混凝土施工质量管理方面表现更加突出。混凝土质量问题主要表现在两个方面：其一是混凝土的内在质量，主要体现是强度不足和构造裂缝；其二是混凝土外观质量，主要表现为蜂窝麻面、色泽不一致，钢模水锈附于混凝土表面、混凝土表面光泽不好、气泡较明显，混凝土表面裂纹等质量问题。通过中老铁路施工现场存在的混凝土质量缺陷问题认真剖析了产生质量缺陷的原因，下面对混凝土缺陷产生的原因和预防措施进行了简单的阐述。

2　工程概况

中国水利水电第十四工程局有限公司施工的范围为DK225＋220～DK261＋585，线路全长37.4km。其中桥梁12座，总长度5.521km，共180个墩台，包括24个T型桥台、139个圆端形实心墩、17个圆端形空心桥墩，最高墩39.5m。

铁路沿线气候属热带、亚热带季风气候。全年明显地分为两个季节：5—10月为雨季，11月至次年4月为旱季。年平均气温为20～26℃，1月气温较低，月平均气温为10～20℃；5月气温最高，月平均气温为20～29℃。最低温一般在0℃以上，最高温为40℃。

3　混凝土质量缺陷原因分析

3.1　混凝土内在质量问题

（1）混凝土强度不足。原材料质量不合格，导致混凝土强度不足，如水泥不合格、骨料强度不足、级配不满足要求、含泥量不满足要求等；混凝土配合比选取不合理，导致混凝土和易性差而泌水、泌浆，露砂露石等，影响混凝土强度；施工过程中混凝土振捣不规范，过振或者漏振，导致混凝土内部不密实，影响混凝土强度。

（2）构造裂缝。构造裂缝产生的主要原因是温度应力。由于混凝土内的水泥在水化反应中发散出大量热量，使混凝土升温，并与外部气温形成一定温差，从而产生温度应力。其大小与温差有关，并直接影响到混凝土的开裂及裂缝宽度。

3.2　混凝土外观质量问题产生的原因

（1）冷缝。冷缝产生的原因大多是由于混凝土供应不足、运输不畅或泵送时堵管等原因，以至于混凝土浇筑不连续，第一次浇筑的混凝土已经达到初凝，从而造成冷缝。

（2）裂缝。裂缝产生的原因主要有混凝土的收缩、温度应力、混凝土材料及配合比不当、养护不到位等原因。

1）混凝土的收缩。收缩是混凝土的一个主要特性，对混凝土的性能有很大影响。由于收缩而产生的微观裂缝一旦发展则有可能引起机构物的开裂、变形甚至破坏。

2）温度应力。混凝土内的水泥在水化反应中发散出大量热量，使混凝土升温，并与外部气温形成一定温差，从而产生温度应力。其大小与温差有关，并直接影响到混凝土的开裂及裂缝宽度。

3）配筋不足。配筋间距大、配筋率小的混凝土结构开裂多，无筋混凝土比有筋混凝土开裂多。钢筋的位置要正确，保护层过大或过小都可能导致混凝土开裂。

4）混凝土材料及配合比。配合比设计不当直接影响混凝土的抗拉强度，是造成混凝土开裂不可忽视的原因。配合比不当指水泥用量过大、水灰比大、含砂率不适当、骨料种类不佳、选用外加剂不当等，这几个因素是互相关联的。

5）养护条件。养护是使混凝土正常硬化的重要手段。养护条件对裂缝的出现有着关键的影响。在标准养护条件下，混凝土硬化正常，不会开裂，但只适用于试块或是工厂的预制件生产，现场施工中不可能拥有这种条件。现场混凝土养护越接近标准条件，混凝土开裂可能性就越小。

(3) 蜂窝麻面和气泡。蜂窝麻面和气泡产生的原因有混凝土配合比不当、混凝土和易性较差、产生离析泌水、分层厚度较大、不合理使用脱模剂等原因。

1）混凝土配合比不当，水泥用量过大，混凝土过于黏稠，振捣时气泡很难排出。

2）由于混凝土和易性较差，产生离析、泌水。为了防止混凝土分层，混凝土入模后不敢充分振捣，大量的气泡排不出来，也会导致硬化混凝土结构表面出现蜂窝麻面。

3）往往浇筑厚度都偏高，由于气泡行程过长，即使振捣时间达到规程要求，气泡也不能完全排出。

4）不合理使用脱模剂是造成硬化混凝土结构表面蜂窝麻面的主要原因之一。

(4) 花脸。混凝土表面“花脸”主要原因有浇筑时间不一致、模板清理不到位、采用养护膜或塑料布与混凝土密贴产生化学反应所致。

4 混凝土质量通病预防措施

4.1 模板的制作和安装

墩台模板采用定型大块钢模板，墩台模板委托专业模板厂设计，通过强度、刚度及稳定验算审核后进行模板加工制作，本工程模板设计全部采用拉杆设计，在施工时确保模板变形满足验标要求。为了便于吊装和墩台的整体线形美观，模板采用分节制造加工，考虑桥墩模板的通用性，桥墩除墩帽外均按照标准节段和调整节段加工制作，其中标准节每节高度控制为 2m，钢板幅宽不足 2m 时需要采用拼接方式，拼接头应采用铣刨工艺，调整节段根据墩台高度在桥墩底部配置 1m、0.5m 高度的模板进行调整。

模板安装前要采用砂轮除锈打磨光滑，不少于 2 遍，并涂刷脱模剂；模板安装前对承台顶面墩身部位凿毛处理，并将渣土清理干净；模板安装时测量人员首先在承台面上放出墩身立模线，并埋设钢筋头以保证模板准确定位，模板接缝间粘贴一层双面胶以防止漏浆，模板之间用 8.8 级高强螺栓连接牢固。模板拼装完成后的偏差要满足以下要求：模板前后左右距中心的偏差控制在 10mm，表面平整度控制在 3mm，相邻模板错台控制在 1mm。

4.2 混凝土的拌制

(1) 原材料。原材料质量的波动对混凝土产品的质量影响特别大。

水泥：应选择同一厂家供应的同一品牌优质水泥。制作混凝土试件观察色泽、润滑度、细腻度。经试验比较，最后选用 P·O42.5 优质硅酸盐水泥。

粗骨料：选用碎石，粒径控制在 5～31.5mm，并严格控制级配和粉尘含量，根据当地石料场生产情况，宜采取二次级配，碎石进场验收还要检查其颜色变化，岩脉量控制在 3%以下。

细骨料：选用中砂，细度模量为 2.6～2.9，2.5mm 筛孔累积筛余量不得大于 15%，0.315mm 筛孔累计筛余量在 85%～92%之间。同时严格控制含泥量，含泥结块粉细砂严禁使用。

外加剂：选用缓凝、早强、引气量小、掺量少的高效外加剂，不致因外加剂掺量大而引起混凝土浇筑产生浮浆，影响外观色差。要通过试验选择与水泥相容的最佳外加剂。

掺合料：掺用适量的粉煤灰能提高混凝土的和易性，减少混凝土外表气泡。粉煤灰要求经磨细加工达到一级灰标准。

(2) 混凝土配合比设计。根据设计要求桥梁墩台身混凝土主要为 C30，水胶比不大于 0.50，最小胶凝材料用量为 300kg/m^3，电通量小于 1200C，混凝土入模前含气量不小于 2%。

1）计算配制强度。

$$f_{cu,0} \geqslant (f_{cu,k} + 1.645\sigma) = 38.2\text{MPa}$$

2）计算水胶比。

$$W/B = \alpha_a \times f_b / (f_{cu,0} + \alpha_a \times \alpha_b \times f_b) = 0.58$$

新建铁路磨丁至万象段线施工Ⅳ标Ⅱ分部 C30 混凝土配合比设计。依据《铁路混凝土工程施工质量验收标准》（TB 10424—2018）中第 6.3.5 条，表 6.3.5 混凝土的最大水胶比和最小胶材用量规定：最大水胶比和最小胶材用量分别为 0.50、300kg/m^3；且参照《普通混凝土配合比设计规程》（JGJ 55—2011）、《铁路混凝土》（TB/T 3275—2018）和《铁路桥涵工程施工质量验收标准》（TB 10415—2003）等相关技术规范、标准，同时结合实际现场施工条件和经验选取基准混凝土水胶比为0.45。

3）确定单位用水量。按照《普通混凝土配合比设计规程》（JGJ 55—2011）查表，采用石家庄市长安育才建材有限公司GK-3000聚羧酸高性能减水剂（掺量为1.0%），GK-9_A引气剂；经试拌，混凝土用水量m_w=162kg/m^3，可满足混凝土施工和易性的要求。

4）计算胶材用量和减水剂用量。水泥用量占总胶材用量的70%，粉煤灰用量占总胶材用量的30%。

水泥用量：m_c=252kg/m^3，粉煤灰用量：m_f=108kg/m^3。

减水剂用量：m_w=3.6kg/m^3，引气剂用量：m_y=1.44kg/m^3。

5）采用质量法分别计算砂、碎石用量。通过假定混凝土容重为2380kg/m^3，选取砂率为44%，最终计算砂m_s=818kg/m^3，5～10mm碎石用量为260kg/m^3，10～20mm碎石用量为468kg/m^3，16～31.5mm碎石用量为312kg/m^3。

基准配合比为：水泥∶粉煤灰∶砂∶碎石∶减水剂∶引气剂∶水=252∶108∶818∶1040∶3.60∶1.44∶162。

6）根据选取的基准配合比进行试验并进行数据分析，各项数据满足标准设计要求则理论配合比为水泥∶粉煤灰∶砂∶碎石∶减水剂∶引气剂∶水=252∶108∶818∶1040∶3.60∶1.44∶162。

（3）坍落度。坍落度的选择要根据施工方法确定，通常采用的有吊罐法和泵送法两种方法。

根据《混凝土泵送技术规程》（JGJ/T 10—2011），坍落度与混凝土的泵送高度有关。一般30m以下取120～140mm，30～40m之间取140～160mm；60m～100m取160～180mm，100m以上取180～200mm（均指入模时坍落度）。坍落度经时损失值可根据施工经验确定，无施工经验时，应通过试验确定。采用吊罐法施工时，坍落度一般控制在160～220mm。坍落度过大，混凝土容易产生沉陷裂缝。

（4）砂率。砂率是混凝土中“砂”的质量与“砂和石”总质量之比。砂子细了要降低砂率，砂子粗了反而要提高砂率。因为砂子越细，砂子的表面积越大，需要包裹砂子的水泥用量越大，所以要降低砂率，才能保证混凝土的强度及和易性，反之，砂子粗了要提高砂率来保证混凝土的和易性。

砂率值一般取30～45，在满足施工条件的情况下，砂率应是越小越好。高砂率的混凝土，因砂子小，石子大，在振捣时混凝土表面产生厚厚的一层浮浆，并发生泌水，容易产生表面收缩裂缝。

（5）水泥用量。高标号混凝土水泥用量大，为350～500kg，水泥用量过大会使混凝土表面产生龟裂，且非常严重。高标号混凝土施工的一大误区是强度依靠增加水泥用量来获得。解决的方法是加粉煤灰及矿粉。粉煤灰的掺加有等量取代法与超量取代法两种，建议采用超量取代法。每方混凝土掺量为70～80kg。水泥用量多，则水化热大，易产生温度应力裂缝，此外，水泥用量过大，其泌水严重，特别对于墩身等垂直浇注的结构，表现得更为突出，泌水造成墩身表面出现翻砂、麻面、无光泽。

4.3 钢筋施工

施工时容易出现钢筋加工尺寸、绑扎间距、数量、保护层与设计不符，从而发生质量问题。

墩身钢筋施工时，要严格按照设计图纸施工，确保钢筋绑扎的间距、数量以及设计保护层。

墩身钢筋统一由钢筋厂下料加工，运至施工现场绑扎安装，钢筋的加工严格按照现行标准和规范施工，墩身钢筋的保护层必须符合图纸设计要求，并且不小于4cm，保护层偏差不得大于10mm。

墩身钢筋的绑扎采用胎具样架控制，确保钢筋位置准确，满足设计保护层要求，一个墩柱钢筋样架不少于两层，一层布置在承台顶面以上50cm范围之内，另一个布置在承台顶面以上4～5m，具体位置根据预埋钢筋的长短适当调整，钢筋样架固定在钢管脚手架上，样架的支架要单独搭设，不得与施工脚手架连接，要求固定支架必须稳固可靠，确保样架不会偏离。然后依次绑扎墩身箍筋和分布筋。

墩身钢筋绑扎完后要在钢筋周围绑扎混凝土垫块，每平方米不少于4个，确保钢筋在模板中的准确位置和保护层厚度。

4.4 混凝土浇筑及振捣

混凝土入模时应该注意，混凝土下落自由落差不得大于2.0m，为防止混凝土落速过快而离析，要在串筒、溜管内设置减速叶片，这样可同时防止对已浇筑完毕的混凝土产生过大的冲击，形成空洞。严格采用薄层法浇筑，分层厚度不得大于30cm。混凝土振捣要均匀充分，但不能过振。一般每个插入点振捣时间控制在20～25s之间，使被振动部位的混凝土成一水平面，混凝土表面不下沉且不再出现气泡为止，插入深度以伸入下层5～10cm为宜。

4.5 拆模

为保护墩身表面不受损伤，拆模时间应在混凝土浇完3d以后拆模（混凝土强度大于5.0MPa）。拆模后，立即用与墩柱混凝土同配合比混凝土砂浆堵塞拉杆螺栓孔，并进行封口表面处理。拆模时，禁止在混凝土与模板缝内撬开模板或模脱开时模板掉落擦伤混凝土表面。

4.6 混凝土的养护

混凝土的养护通常采用洒水养护和保湿养护。在墩柱养生时，主要采用塑料薄膜包裹养护。养生时，如直接采用塑料薄膜缠包于混凝土上，环境高温及混凝土水化热的影响，薄膜与混凝土表面发生粘连现象，混凝土容易产生“花脸”。所以在养生时，不能使混凝土与缠包物表面发生接触，其方法是先用方木包角，再用无纺布缠包，外面再用厚一点的薄膜包缠，以达到保湿目的。养生中，避免冷水直接冲洗混凝土面，而是采用喷雾水枪对无纺布喷水保湿。保湿养生期，一般控制在14～28d。

5 结语

在中老铁路桥墩台施工过程中，将每个关键工序细化为技术控制要点，把可量化的要点进行量化控制，并整理归纳成外观控制管理卡，主要包括混凝土浇筑时的入模温度、分层厚度、振捣深度、振捣时间、养护措施、养护时间、拆模时间等，施工人员很方便的对照技术要点进行逐一控制，在混凝土外观方面得到了明显改善。这套精细化外观控制技术能够很容易被各层次施工技术人员掌握，在中老铁路建设项目中得到了广泛应用。

参考文献

[1] 陈飞达. 混凝土外观缺陷成因及预防措施 [J]. 山东工业技术，2018 (5)：108.

[2] 邓畅坚. 桥梁混凝土的外观质量缺陷及处理方法 [J]. 广东建材，2008 (8)：40-41.

浅埋隧道群全风化-顺层偏压段雨季施工技术研究及应用

黄跃飞　陈　健/中国水利水电第十工程局有限公司

【摘　要】本文结合雨季基淘山浅埋隧道群全风化、顺层偏压变形段施工实例，采取增加反压回填、锁脚锚管、钢横撑、径向注浆和监控量测、数据分析等施工措施，最终有效地控制了全风化围岩变形。通过对其施工措施应用的研究，为后续的隧道开挖支护提供了施工依据，提高了隧道施工风险控制能力。

【关键词】浅埋隧道群　雨季施工　反压回填　钢横撑　径向注浆

1　工程概况

基淘山村隧道设计为旅客列车速度160km/h单线隧道，进口里程DK263+160，出口里程DK263+943，全长783m，分设1#隧道、2#隧道、3#隧道，隧道最大埋深85m。工程区域属剥蚀、溶蚀低山丘陵地貌。D1K263+841～D1K263+875段通过三叠系（T）砂岩、泥岩、页岩夹煤线，全风化，节理裂隙发育，围岩稳定性差。该段右侧存在顺层偏压，地表水为山间水，水量随季节变化，地下水为岩溶水及裂隙水，水量一般。该段埋深约为25～31m，围岩级别为Ⅴ级。掌子面有渗水。

现场由D1K263+750处明洞段往大里程方向施工，上台阶掌子面里程D1K263+871，下台阶掌子面里程D1K263+852，仰拱二衬里程D1K263+841，拱墙二衬里程D1K263+828。仰拱步距30m，二衬步距30m。采用三台阶开挖。掌子面围岩级别为Ⅴ级，设计采用V_a型复合式衬砌，拱墙设I16型钢架，间距1.0m/榀，拱部设ϕ42小导管超前支护，环向间距0.4m，纵向每3m一环，每环27根，单根长4.5m，拱部采用ϕ25组合式中空锚杆，边墙采用ϕ25砂浆锚杆，单根长3m，环向间距1.2m，纵向间距1.0m，仰拱为C35钢筋混凝土，拱部及边墙为C35钢筋混凝土，仰拱填充为C20钢筋混凝土，主筋为双层HPB400 ϕ20螺纹钢。

2　施工技术分析及应用

2.1　现场情况分析

D1K263+847～D1K263+857段线路左侧拱腰及边墙局部初期支护变形大，导致初期支护结构侵限，拱顶累计沉降值最大处侵限3.9cm。

隧道全风化、顺层偏压段的施工中，有效控制围岩变形一直是施工难点。根据超前地质预报和现场围岩揭露情况，及时开展围岩变形风险控制工作，采取正确的施工措施，防止施工中围岩变形给隧道施工带来安全隐患，才能安全稳步推进施工。

雨季基淘山浅埋隧道全风化、顺层偏压段施工中围岩发生收敛。根据施工记录，该段开挖揭示围岩为砂岩、泥岩、页岩，呈褐黄色，差异风化严重，层间结合力差；强风化带中分布有较大范围的全风化带透镜体，呈土夹碎石、角砾状，围岩软硬不均，潮湿，局部渗水，地下水不发育；开挖后围岩应力重新分布，原有的岩体平衡状态遭到破坏，隧道开挖期间正值雨季，地下水位有所抬升，地表水汇聚下渗，围岩被外来水浸泡后吸水膨胀，洞周围岩压力增大，造成左侧拱腰及边墙局部初期支护变形较大。

鉴于洞内左侧边墙已经出现收敛，应首先对施工期间监控量测数据进行分析，快速封闭已有支护体系，保证洞内安全，再采取后续补强措施。

6月7日开始，受持续强降雨影响，覆盖层土体吸水饱和，地下水位上升，洞周土体吸水膨胀，更兼偏压，致使左侧钢支撑受侧压力增大，最终导致收敛加剧。6月8日开始加密对洞内监控量测测量，至6月22日最大累积变形达到10cm，监控量测发出红色预警。

2.2　施工措施

（1）对洞顶沿洞轴线进行勘察，确认洞顶覆盖层无积水位置，且无明显地表拉裂现象。勘察结果显示洞顶无变化，排除地表水渗漏对该不良地质段的影响。对D1K263+841～D1K263+875段在变形较大的接头位置增加监控量测点的埋设（见图1）。

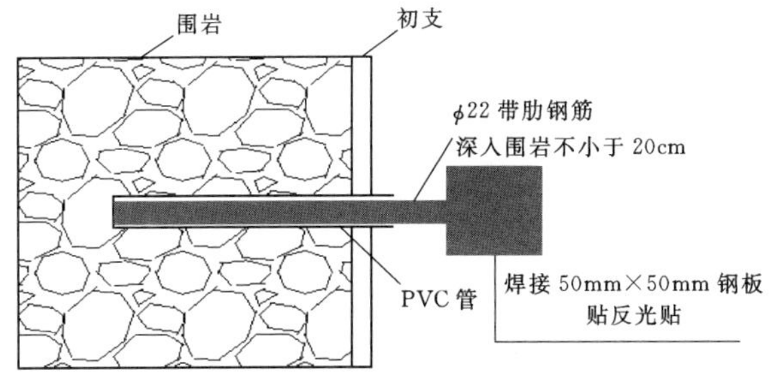

图1　监控量测点埋设示意图

（2）为保证人员进洞作业的安全，首先对变形位置采取加固措施。加固步骤如下：①对D1K263+841～D1K263+852段下台阶钢支撑C、D单元接头处增设锁脚锚管，锁脚锚管采用ϕ42小导管，两根锁脚锚管分别水平向下20°、40°，锁脚锚管内注砂浆。对初支浸润处钻孔引排渗水，排水管采用ϕ50 PVC花管包裹土工布，深度3m；②缩短仰拱步距（浇筑D1K263+828～D1K263+840段12m仰拱，且增设了仰拱钢架闭环）。对该段下台阶采取洞外运渣反压回填至钢拱架D单元接头处（见图3），反压回填土顶面铺设单层20cm×20cm钢筋网，采用C25喷射混凝土封闭，并采用工18工字钢按间距1m设置临时仰拱，临时抵抗洞周边侧压力。在上述两个步骤完成后，继续加密监测，根据监控量测数据反馈分析得知变形未得到有效控制（见图2）。D1K263+845～D1K263+850左侧初支出现纵、环向裂缝，连续观测2d，裂缝未进一步发展。

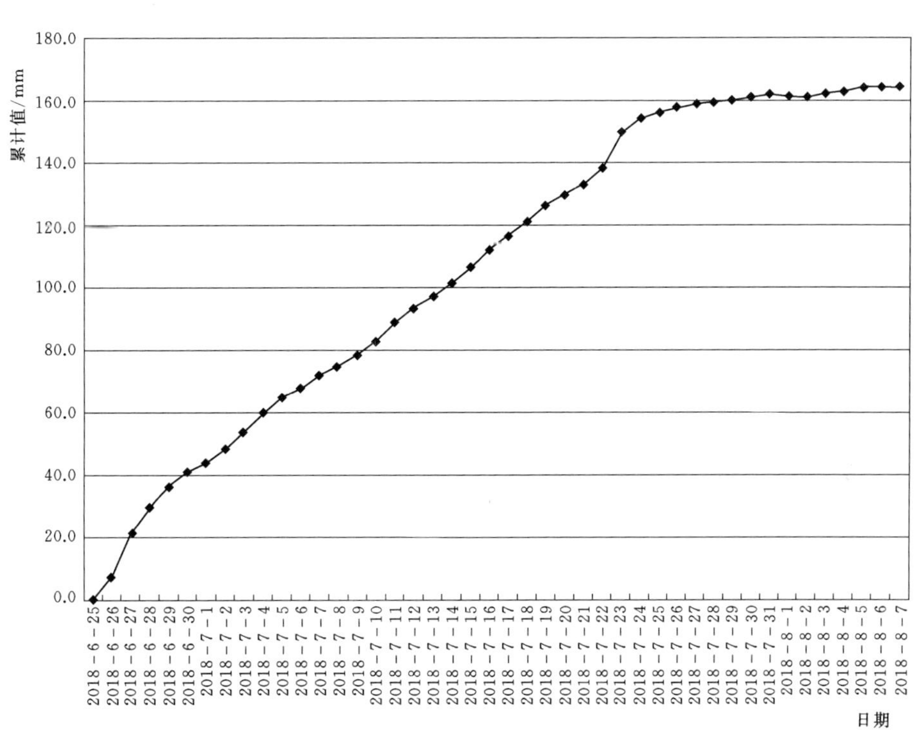

图2　累计收敛-时间曲线图

（3）确认洞内能保证施工安全后，再次开始对下台阶至掌子面采取再次加强支护。对D1K263+841～D1K263+875段增设双层横撑，横撑采用工18工字钢，上下间距2m，横撑顺轴线方向及垂直方向采用工18工字钢连接，形成“井”字架，并落地至反压回填面，工字钢基础设40cm×40cm钢垫板，防止下沉。再次对几日内监控量测数据收集分析，结果为：观测收敛变形日均1mm/d，钢横撑横向弯曲变形2cm后趋于稳定。

（4）由于加固过程中连日降雨，洞周围岩在雨水浸泡后稳定性继续变差，经过现场分析决定对D1K263+841～D1K263+875段进行补打注浆管进行径向渗透注浆，并且将靠近钢架的注浆管焊接在钢架上，作为锁脚锚管使用，进一步增加钢架的稳定性。注浆管采用ϕ42小导管加工成钢花管，长3m，间距1m，梅花形布置，注浆压力终压为1MPa。注浆期间随时监测钢架变形情况，防止注浆压力过高导致钢架失稳。完成径向注浆后，继续观测3d，洞周无收敛，确认可保证仰拱开挖施工安全，开始准备下一步施工，施工措施步骤见图3。

（5）初支加固完成后，开始进行仰拱开挖，支护增强措施采用对仰拱增设钢架闭合。开挖中采用钢横撑逐榀拆除、逐榀开挖的方式。开挖至基底高程后马上对基地进行承载力实验，若地基承载力满足要求则马上对开挖完成的钢架进行闭环，随后喷混封闭；若地基承载力

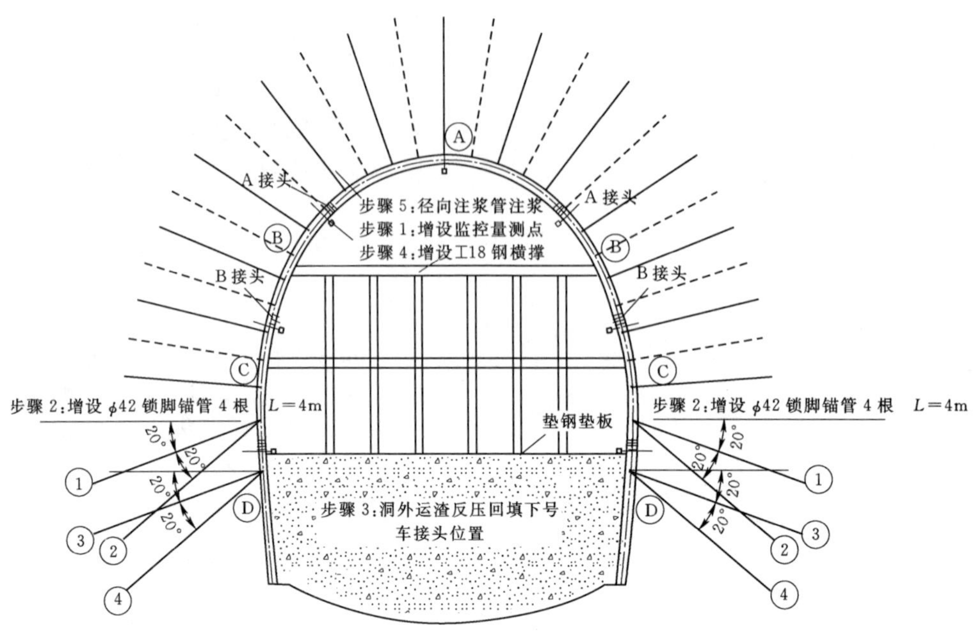

图3 施工措施步骤示意图

不足马上对基地进行混凝土换填，然后对钢架进行闭环，及时喷混封闭。待水平收敛趋于稳定后拆除钢横撑。因之前洞周存在收敛变形，且在前面施工步骤中仍有降水，为减少基面暴露时间，故在施工中保证安全的同时加快每个步骤的施工，保证每个工序无缝衔接。仰拱开挖闭环完成4榀至桩号D1K263+845，为防止仰拱暴露面过长，随即停止仰拱基底开挖，先施工D1K263+841～D1K263+844段仰拱及仰拱填充结构，仰拱主筋由双层单排增设为双层双排。富水段散水汇集引排，增设排水盲管，将渗水集中引排至泄水孔。完成该段仰拱及仰拱填充混凝土浇筑后才能保证后续仰拱封闭的施工安全。

(6) D1K263+841～D1K263+844段仰拱及仰拱填充混凝土在强度达到70%后，开始继续开挖仰拱，施工措施同第五条，开挖3m后再次浇筑仰拱及仰拱填充。仰拱闭环至D1K263+848，仰拱及仰拱填充浇筑至D1K263+847。停止仰拱开挖，准备施工D1K263+841～D1K263+847段二衬。

(7) 根据设计规范要求，二衬的施作条件为初期支护在趋于稳定后方可施作。基于监控量测数据分析，D1K263+841～D1K263+847段初支变形稳定，具备施作二衬条件。及时施作完二次衬砌混凝土后，在D1K263+844、D1K263+847分别设置一组监控量测点，监测洞周围岩变形情况，连续监测7d后，数据反映无变形，结构正常。证明以上处理措施可以安全、有效地控制洞周的围岩变形。

(8) 按照以上步骤施工，每3m浇筑一次仰拱及仰拱填充，每6m浇筑一次二衬，直至安全通过不良地质段。

3 安全、质量控制

(1) 初期支护侵限若需拆换，应逐榀分单元拆换，更换前在需更换钢架上下提前加设锁脚锚管，施作方式同上。拆换段及未开挖段Ⅴ级围岩施工应按施工图要求设置逃生管道，以保证安全。

(2) 径向注浆加固实施过程中，应特别注意注浆前后支护变形的量测，防止塌方，确保施工安全。注浆加固后应沿线路纵向间隔5m取芯观察注浆是否饱满，否则应补注浆。

(3) 二衬施作条件为初期支护变形稳定或累计变形达到规定数值后施作。保证初支面与二衬密贴，严防二衬背后脱空。

(4) 未开挖段应注意加强监控量测，并应根据已开挖段监控量测结果适当加大预留变形量，防止变形侵限，确保施工安全。

(5) 软弱围岩浅埋暗挖隧道施工应该严格按照“管超前、严注浆、短开挖、强支护、快封闭、勤量测”十八字方针原则组织施工，并且加大预留沉降量。隧道开挖必须随挖随护，保证钢架基础牢固，钢架接头、锁脚锚管、系统锚杆、钢架之间纵向连接钢筋应严格按照设计要求施作。

(6) 加强超前地质预报工作，若揭示地质条件变化，或监控量测出现异常，应提前采取处理措施。

4 结语

基淘山隧道浅埋、全风化、顺层偏压段雨季施工通过加强监控量测，根据监测数据指导施工，并且提前采取相应的加强支护措施，开挖短进尺、快封闭、强支护，成功控制了周边围岩变形，安全通过不良地质段，但是在施工过程中还存在较多不足。

（1）应加强超前地质预报工作。超前地质预测预报是隧道动态设计施工的重要内容，是保证隧道施工安全、质量和工期的基础。根据隧道的长度、水文地质、工程地质情况制定地质预测预报计划，并纳入施工工序，按正常工序进行组织管理，做到有疑必探，先探后掘。

（2）应加强地质素描工作。开挖后立即进行工程地质、水文地质状况的观察和记录，并且进行地质素描，对地质变化和重要地段要有详细记录。初期支护完成后进行喷混表面裂缝及其发展、渗水、变形的观察和记录。

（3）监测数据指导施工的前瞻性不足。隧道施工中应严格按照监控量测流程指导施工，隧道开挖12小时内及时埋设监控量测点并读取初始读数，随后按照规定项目及频次对围岩进行监控量测并对当日量测数据进行回归分析，根据分析结果反馈的变形速率是否逐渐下降，变形趋于稳定或总变形达到规定数值后及时施作二次衬砌。若变形速率未逐渐下降则应根据现场情况及时修改支护参数加强初期支护，并紧跟仰拱及衬砌的施作。

（4）前期施工组织中对不良地质段的施工准备不足。基淘山隧道位于低山、丘陵地段，岩溶发育，且该段埋深只有25～31m，隧道开挖时台阶过长，应采用短台阶法开挖，加上洞挖期间雨水较多，导致了收敛变形。应尽量缩短台阶长度，及时跟进仰拱、二衬。加强支护措施，保证掌子面10m范围内初支成环。快循环施工，减少围岩暴露时间，初支面提前预留泄水孔，减少雨水对围岩的浸泡。以此达到控制收敛变形的目的。

（5）处理过程中的不足。钢横撑拆除过早，虽然是在水平收敛趋于稳定后拆除的，但最稳妥的应该是在仰拱及仰拱填充混凝土浇筑完成后拆除。竖向支撑应随下部开挖接长，未及时注浆，下部钢架底脚应增设锁脚锚管。

（6）钢架预留沉降量偏小。该段钢架施工预留沉降量为15cm，实测预留沉降量为13cm，降雨后周边围岩产生收敛变形，造成初支侵限，后期处理中存在很大风险，建议后续类似围岩施工中增大预留沉降量，按照25～30cm的经验值预留。

综上所述，浅埋、全风化、顺层偏压段围岩遇水膨胀、失水收缩、变形量大、变形速度快、围岩扰动范围大等特殊性质导致的洞周围岩收敛变形，对施工造成很大难度和风险。作者认为，首先，通过加强超前地质预报工作，加强地质素描，加强对监控量测数据分析，通过分析数据来指导施工，施工中充分做到“管超前、严注浆、短开挖、强支护、快封闭、勤量测”；其次，合理选择进行支护的最佳时机及形式，根据围岩确定增加仰拱及增加仰拱的时间和方法；最后，若发生收敛变形，综合各施工要素以确定辅助施工方法及补强措施，是能够达到有效地预防和控制围岩变形，并提高隧道施工风险控制能力的目的。

软弱围岩隧道快速施工技术研究

秦余顺　严　军/中国水利水电第十工程局有限公司

【摘　要】本文基于中老铁路那单—芬果群隧区隧道施工，分析隧道软弱围岩变形及破坏特征，研究软弱围岩隧道微台阶带仰拱一次开挖法的快速施工技术，在此技术基础上总结软弱围岩隧道快速施工的若干施工经验。

【关键词】铁路隧道　软弱围岩　快速施工　微台阶

1　引言

软弱围岩由于其强度低、稳定性差、变形持续时间长等特点，在隧道施工中常引起大变形、崩塌等破坏现象，导致初支结构强烈变形甚至破坏，严重影响隧道施工和运营安全，是隧道建设的主要难题之一。软弱围岩隧道快速施工是指在满足隧道围岩自身稳定性要求的基础上，同时满足工程工期的要求。"管超前、严注浆、短开挖、强支护、快封闭、勤量测"是软弱围岩隧道安全快速施工的指导方针，运用"微台阶带仰拱一次开挖"是该软岩隧道群安全快速施工的基本方法。

2　工程背景

由中国水利水电第十工程局有限公司承建的中老铁路5标段，线路全长38.6km，隧道总长12.568km，隧道占比为32.56%。其中那单—芬果隧道群共4座隧道，长度分别为：那单村隧道长1276m，纳道村隧道3477m，芬果村1#隧道2410m，芬果村2#隧道1872m。隧道位于夫冯山断层下盘，岩性主要为三叠系砂岩、泥岩、页岩夹煤线，偶夹薄煤层，以Ⅳ、Ⅴ级软弱围岩为主。隧道群最大埋深201m，最小埋深3m。开挖断面为66m^2，采用钻爆法施工。地下水发育，隧道最大涌水量为7800m^3/d。软岩带围岩稳定性差，基底泥化严重，在地下水作用下，强度迅速减弱，在施工中不断发生拱部塌方、边墙溜塌、支护变形、衬砌开裂等现象，导致施工工序复杂，进度缓慢，对施工造成严重不利影响。

3　软岩变形及破坏特征

通过对该隧道群围岩变形实际观测及特征分析，软岩变形特征主要包括以下几点：

（1）软岩变形破坏形式多样。围岩强度较差在隧道开挖过程中存在不同的破坏形式。开挖支护不当容易造成初支倾斜、混凝土开裂、拱顶塌落、溜塌等问题。

（2）软岩强度低，易发生大变形。通过现场监测数据可以发现，在未采取控制措施的软岩区开挖后围岩累计收敛都在20cm左右，地表沉降数据达到了30cm以上，变形值已经造成了初支变形和侵限。

（3）软岩变形速度快。隧道开挖后围岩的压力在短时间内增加到最大值，围岩蠕变变形非常明显，变形以稳定速率持续增长直至破坏。极易导致塌方崩溃或初支初应力过大造成破坏。

（4）软岩变形破坏范围大。隧道软弱围岩变形主要分布在掌子面前后较大的范围内，且变形的持续时间较长，常常在隧道开挖很长时间之后，其变形仍然在增大。当对围岩采取支护的时机不合理及不当的支护措施会造成变形区不断加大。

（5）软岩的各向异性不明显。岩体的各向异性主要是由于结构面的方向性引起的，而软岩由于岩质软、岩体破碎，从而导致其各向异性不明显。围岩软硬不均且极破碎，局部围岩极坚硬，传统开挖耗时长。

4　软岩隧道变形基本原理及控制方法

4.1　软弱围岩变形原理

软弱围岩大变形是围岩地应力、施工干扰和地下水活动等共同作用下岩体发生的一种破坏现象，隧道开挖后引起洞周边围岩应力重新分布，若其应力超过了岩石的屈服强度，围岩将会发生塑性变形，围岩的自稳能力将会丧失或部分丧失，变形得不到有效约束，将导致塑性变形破坏，严重时会使开挖初期支护遭到破坏。

4.2 大变形控制方法

根据软弱围岩大变形所揭示的机理得知，隧道开挖引起的应力重新分布是其应力超过岩石的屈服强度所致，因而要采取相对应的措施来提高围岩的自承能力，即超前注浆预支护，减少围岩的暴露时间，是软弱围岩大变形控制的主要手段，总结为“预支护、快挖、快支、快闭合”的软岩隧道快速施工准则。

（1）预支护。在开挖前，针对开挖后预计的变形实态，事前采取的控制变形的对策、预支护的目的是控制掌子面前方先行位移和挤出位移，主要手段是超前大管棚注浆预支护、双层小导管超前注浆预支护等。

（2）快挖。根据隧道断面大小选择合理的开挖方法，采取短台阶法或超短台阶法进行快速掘进的对策，以控制开挖进尺及分部距离，尽快形成初期支护工作面，为快速形成支护约束提供条件。

（3）快支。采用型钢拱架做支撑，充分利用初期支护快速约束围岩变形，以达到快速控制初期位移速度及最终位移值的目的。

（4）快闭合。快速闭合成环是隧道结构受力条件最好的状态，主要包括两个方面含义，其一是指初期支护的快速成环封闭，也是最有效的和最快的；其二是指二次衬砌的快速封闭，也就是说要尽快形成二次衬砌结构，使仰拱和拱墙衬砌紧随开挖工作面，以控制收敛距离以及控制位移收敛时间。

运用“微台阶带仰拱一次开挖”是软岩隧道安全快速施工的有效方法。微台阶带仰拱一次开挖是在结合微台阶法快速施工的优势和初支尽早封闭的浅埋暗挖法原理，组织研究了下台阶和仰拱同步施工工法和工序组织，以及配套工装，将结构快速封闭成环的理念落到了实处，有效控制了围岩变形并且大大提高了施工效率，形成了软弱围岩快速施工工法。

5 软岩隧道快速施工工艺

5.1 施工流程

（1）仰拱与上下台阶同步开挖。采用自制组合式开挖台架，下台阶设主台架，上台阶副台架为活动式轻型台架。由此形成微台阶开挖工况，台阶长度一般为3～5m，上下台阶高度为：上台阶3.5m，下台阶5.5m，仰拱开挖深度0.6m（指墙脚以下）。上下台阶与仰拱同时起爆。

（2）上台阶扒渣。采用PC220挖机将上台阶渣土扒至下台阶与仰拱，为上台阶形成超前支护及初支工作平台。

（3）上台阶立拱架及超前支护，下台阶出渣。在上台阶形成的工作平台上进行超前支护（支护类型和规格）及初支拱架安装（钢架类型及间距），同时在钢架底部打锁脚锚管，同时渣车及装载机进行下台阶出渣作业。注意仰拱区域虚渣暂不清理，留作施工通道。

（4）下台阶立拱架，上下台阶依次喷混支护。上下台阶渣土运走后，进行下台阶拱架安装，并在钢架底部打设锁脚锚管，拱架安装完成后依次对上下台阶进行喷混支护，混凝土标号为C25，厚度为内4cm外3cm加钢拱架厚度。

（5）仰拱补挖出渣。上下台阶喷混支护完成后进行仰拱补挖出渣。

（6）仰拱成环。仰拱补挖出渣完成后及时安装仰拱拱架，并进行喷混支护，快速形成闭环。

（7）仰拱回填，形成道路，进行下一循环。仰拱成环后，采用虚渣对仰拱进行回填，形成道路，进行下一循环施工。

5.2 技术特点

与台阶法相比，下台阶与仰拱一次开挖及时封闭成环，其成环时间短，回归“新奥法”的理念施工，确保了掌子面不易出现“关门”塌方事故。开挖及时封闭具有下列特点：

（1）施工空间大，方便机械化施工，可以多作业面平行作业。部分软岩或土质地段可以采用挖机直接开挖，功效较高。

（2）在地质条件发生变化时，便于灵活、及时的转换施工工序，调整施工方法。

（3）能适应不同跨度和多种断面形式，初期支护工序操作便捷。

（4）当围岩变形较大或突变时，在保证安全和满足净空要求的前提下，及时封闭成环，有效防止了关门塌方事故。

（5）仰拱与掌子面同时开挖爆破，减少后期仰拱开挖爆破对围岩的扰动。

（6）仰拱施工时无须钻眼爆破，减少对掌子面开挖工序的干扰。

（7）仰拱与下台阶初支拱架一次性安装到位，确保了钢架之间连接的质量。

6 软岩隧道快速施工总结

6.1 切实做好超前地质预报

隧道超前地质预报是确保软弱围岩隧道施工安全的重要手段。在软弱围岩区修建隧道，由于不良地质发育的不确定性，在施工中进行超前地质预测预报工作，可进一步查清因前期地质勘察工作的局限而难以探查的、隐伏的重大地质问题，能够提前了解开挖面前方围岩的地质情况，并在施工中有针对性地采取预防措施，能够有效地控制突泥、涌水、涌砂、塌方等地质灾害的发生，从而避免或减少由此造成人员及设备的损伤等。

6.2 根据围岩应力特征及变形规律确定开挖断面和进尺

围岩失稳破坏是围岩应力和变形调整的结果。由于坚硬围岩强度高、变形小，围岩失稳破坏对施工影响不大。在软弱围岩中，必须充分考虑围岩应力和变形的调整。因此，在软弱围岩隧道施工中，根据围岩应力调整的特点及其变形规律，合理选择开挖断面和开挖进尺，确定台阶的数量、高度、长度等，是软岩隧道安全快速施工的基础。

6.3 加强超前支护

根据软弱围岩的变形规律，隧道前方软弱围岩已开始大范围变形。如果不采取超前支护措施，隧道前端将发生较大变形，这部分变形不能通过隧道后面的支护或加固措施来控制。因此，超前支护是软岩隧道开挖变形控制的关键，也是软岩安全快速施工的基础。

6.4 提高机械化施工程度，减少单工序的作业时间

在矿山法隧道施工中，采用如多臂钻孔台车、湿喷机械手、自行式长栈桥等机械设备，可使钻孔、喷混、安装拱架的时间减少50%以上，使施工速度明显加快，同时确保施工质量。

6.5 优化设计、精细化管理

为进一步优化复杂地质条件下设计与施工的深度融合，探索掌子面支护参数快速调整机制，形成了“岩变我变”的快速反应。在确保安全的前提下，为软岩快速施工提供了强有力的技术支撑，有效加快了施工进度。

6.6 强化监控量测

量测频率根据监测数据的变化情况而定，见表1。

表1　按距开挖面距离确定的监控量测频率表

监控量测断面距开挖面距离/m	监控量测频率
$(0\sim1)B$	2次/d
$(1\sim2)B$	1次/d
$(2\sim5)B$	1次/(2～3d)
$>5B$	1次/(7d)

注　B 为隧道开挖宽度。

必测项目监控量测频率应根据测点距开挖面的距离及位移速度分别按表2确定。由测点距开挖面的距离决定的监控量测频率和位移速度决定的监控量测频率之中，原则上采用较高的频率值。出现异常情况或不良地质时，增大监控量测频率。详见表2。

表2　按位移速度确定的监控量测频率

位移速度/(mm/d)	监控量测频率
≥5	2次/d
1～5	1次/d
0.5～1	1次/(2～3d)
0.2～0.5	1次/(3d)
<0.2	1次/(7d)

拱顶下沉及净空水平收敛量测频率从表2中根据变形速度和距开挖工作面距离选择一个较高的量测频率。

地表下沉量测的频率从表1中根据变形速度和距开挖工作面距离选择一个量测频率。

7 结语

在铁路隧道施工过程中，尽量采用各工序平行作业方式，减少关键工序独立占用循环时间，合理安排各个工序的顺序，抓好工序衔接和平行穿插作业，充分发挥各机械的效能，以达到总体施工的快速掘进，保证隧道施工达到技术及质量标准，确保整个施工过程的可靠性、安全性及实用性，使隧道工程能够安全快速施工。

参考文献

[1] 周建福. 浅析软弱围岩隧道快速施工技术 [J]. 西部探矿工程，2000 (67)：98-100.

[2] 雷军. 5号斜井软硬岩交替地段快速施工技术研究 [J]. 铁道标准设计，2005 (9)：99-100.

[3] 刘金林. 乌鞘岭特长隧道软岩地段快速施工技术 [J]. 铁道建筑技术，2004 (3)：11-12.

长大隧道斜井反坡排水施工技术

李　宁　杨　超　梁宗磊/中国水利水电第十四工程局有限公司

【摘　要】 在隧道斜井反坡段施工时，洞内经常因掌子面及拱脚长期积水，影响施工进度工期，并存在一定的安全质量隐患。针对这一难题，本文结合中老铁路森村2#隧道斜井与拉孟山隧道斜井段的设计、施工和实施效果，总结了隧道大坡度反坡排水的难点和工作要求，通过排水量计算分析，并以此为依据对防排水方案进行了编制。在大反坡坡率、遭遇长时间强降雨施工过程中，及时调整反坡排水方案，既降低了安全风险，又有效节省经济成本，从而保证了隧道顺利施工。

【关键词】 隧道斜井　大反坡坡率　泵站分级　设备管线

1　引言

中老铁路森村2#隧道及拉孟山隧道斜井段处于老挝岩溶发育区，地下水以岩溶水为主，受季节性降雨影响较大。洞内裂隙水发育、掌子面渗水比较大，尤其5—10月段为雨季，洞内掌子面渗水更加显著，不仅增加了施工困难，而且也对现场反坡排水实施策划增加了难度。

国内学者对隧道反坡排水做了大量的研究与探讨，在反坡排水泵站分类专用电表、专用水表等方面也取得了很大的成就。由于单线隧道施工面比较窄，不易于集水箱的安放，故在浇筑仰拱时中间预留1m×2.5m的集水井，两侧分别通两个槽与侧沟相连，上面使用钢板遮盖，这样可以定时抽排，阻止侧沟的水倒流至仰拱初支端头。

本文主要针对正洞仰拱端头及侧沟泄水孔引排于集水井的施工原理，对辅助坑道斜井及平导的施工方案较少。本文结合拉孟山隧道斜井段，探讨如何有效合理的布置泵站位置及水泵型号大小的选择，以及备用水泵管线及其人员的配置，专用电表及专用水表的有效安放，遇到突发涌水时，如何策划相应的抽排水应急方案。

2　工程概况

2.1　水文及工程地质

中老铁路森村2#隧道与拉孟山隧道位于琅勃拉邦缝合带及其影响带，兰坪—思茅地块和南海印支地块接合部，属特提斯—喜马拉雅构造域，是古特提斯洋域分布的主体地带，总体上由大小不一的地块和微地块缝合、拼接而成。其为地壳板块运动的结合部，次级构造发育，正断层、逆断层、平移断层、逆冲断层、向斜、背斜等地质构造发育。地表水主要以楠逢河、会巴孟河、会塞考河、槽谷溪沟水、鱼塘水、水田水为主，流量随季节及降雨量而变，其流速一般，水量受大气降水控制，部分沿基岩裂隙下渗补给地下水。主要为第四系孔隙潜水、基岩裂隙水及岩溶水。土层孔隙潜水主要赋存于沟槽土体内，砂及碎石类土为富水层，黏性土内水量不大。基岩裂隙水主要储存在三叠系砂岩中，其富水性受岩性及裂隙发育程度的控制，泥岩为相对隔水层。二叠系灰岩、白云质灰岩含较丰富岩溶水，推测隧道洞身处于岩溶垂直渗流带和季节变动带。地下水主要接受大气降水及地表水的补给。

2.2　工程重难点

中老铁路森村2#隧道是全线重难点工程之一，反坡排水又是全线难度最大、反坡排水高差最大的工点（森村2#隧道斜井工点），隧道全长1642m，反坡排水高差达到150.999m。斜井转正洞大小里程同时施工，森村2#隧道斜井设计正常涌水量为5000m^3/d，最大涌水量为8400m^3/d；小里程反坡段为1506m^3/d，顺坡段为6657m^3/d，大里程设计最大涌水量为6000m^3/d。

拉孟山隧道斜井大里程段共1514m为10‰反坡排水，反坡排水施工高差为15.20m，斜井小里程正洞为6‰的反坡，长度630m，反坡施工高差为3.78m。拉孟山隧道斜井为9.5%的反坡，共468m；0.3%的反坡，共70m，累计反坡施工高差为44.64m，斜井转正洞大小里程同时施工，其中大里程突发涌水共26次，平均涌水量为 8000m^3/d，最大涌水量为 14000m^3/d，小里程最大涌水量为 36453m^3/d，斜井最大涌水量为 32303m^3/d。

难点是由于拉孟山地质复杂，存在岩溶发育，涌水、突水、突泥等地质灾害风险洞内施工安全隐患较大，影响掌子面开挖施工。老挝嘎西县位于上寮和中寮结合部，年降雨量达 3000mm，且雨季时间长达 6.5 个月（5 月至 11 月中旬），嘎西县气候特点具有雨大、风大、雨季时间长等特点，雨季当地的电力设施尤显薄弱，长时间的雨季给生产组织带来较大影响。

3 洞内反坡排水总体方案

洞内施工掘进方向为下坡施工时，洞内水向工作面汇集，为防止施工掌子面水积存过深，长时间浸泡影响隧道围岩的稳定性，危及隧道施工的机械设备及施工人员的安全，从而影响正常的施工生产，需要及时进行抽排。

3.1 反坡排水方法选择

洞内反坡排水必须采用机械抽排方式，主要有两种：

（1）小集水井抽排水。隧道较短、线路坡度较缓时，分段开挖反坡水沟，在分段处挖集水井，每个集水井处设一台抽水机，把水抽至最后一段反坡，最后一个抽水机把水排到洞外或顺坡点，最后由顺坡水沟排至洞外。

（2）长距离集水井抽排水。隧道较长、涌水量较大时，结合附属洞室位置设置泵站。掌子面积水用移动式潜水泵抽到最近泵站集水井内，再经泵站主抽水机排到洞口或顺坡点排水沟排到洞外。

按照以上原则同时结合本隧道反坡排水距离、坡度及涌水量情况拟定使用长距离泵站（集水井）抽排水法进行反坡排水，见图 1。

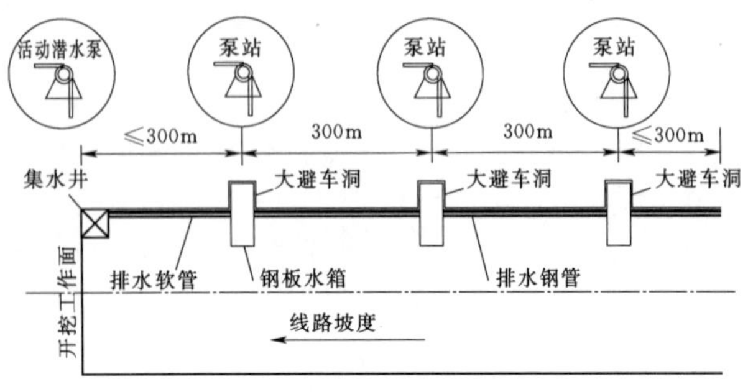

图 1　反坡排水平面图

3.2 抽水设备选型

隧道反坡排水段应根据距离、坡度、水量和设备情况布置管路和泵站，根据隧道长度分一次或分段接力排出洞外。

掌子面积水采用移动式潜水泵抽排至就近泵站集水井内；泵站集水井容量按 3min 设计涌水量设计；掌子面临时集水井根据汇水段水量大小而定。

工作水泵按照使用 1 台，备用 1 台原则配置，同等型号水泵配备数量较多时根据实际情况减少水泵备用数量。

（1）泵站级数确定。根据隧道反坡高差及拟定水泵额定扬程确定，其计算公式见式（1）。

$$m=(L\times Z)/(h\times r) \tag{1}$$

式中：m 为泵站级数；L 为反坡抽水长度，m；Z 为隧道排水坡度；h 为水泵扬程，m；r 为压力折减系数，取值 0.8。

（2）抽水设备数量确定。根据隧道最大涌水量及拟定水泵额定流量确定，其计算公式见式（2）。

$$n=V/(v\times 24\times a) \tag{2}$$

式中：n 为水泵数量；V 为隧道最大涌水量，m^3/d；v 为水泵额定流量，m^3/h；a 为流量折减系数，取值 0.85。

（3）排水管径确定。根据隧道最大涌水量确定，其计算公式见式（3）。

$$r=\sqrt{\frac{V}{3600\times q\times \pi}} \tag{3}$$

式中：r 为水管直径，m；V 为隧道最大涌水量，m^3/d；q 为流速，取 2m/s。

3.3 隧道反坡排水施工设计

根据长距离集水井抽排水法，隧道较长、涌水量较大时，结合正洞段按照间距 600～800m 分段在大避车洞位置设置集水箱。掌子面积水及仰拱端头积水用移动式潜水泵抽到最近集水箱内，再经分级泵站主抽水机逐级抽排到洞口或顺坡点排水沟排到洞外。

3.3.1 拉孟山隧道斜井大里程反坡排水

拉孟山隧道斜井大里程段反坡排水长度 1514m，高差 15.20m，常涌水量约为 8155m^3/d（339.8m^3/h），此涌水量为根据反坡排水强度平均折算，考虑隧道内阶段性涌水并不平均的特点，抽水设备能力配置计算按最大涌水量考虑，取值为 14000m^3/d(583.33m^3/h)。

（1）抽水机配置。按最大涌水量考虑排水能力，选用大流量、低扬程抽水机，设备分阶段投入。拟定排水设备 WQ150－25－22 型水泵，电机功率 22kW，流量 150m^3/h，扬程 25m；WQ100－25－15 型污水泵，流量 100m^3/h，扬程 25m，功率 15kW；设备 WQ100－25－11 型污水泵，流量 100m^3/h，扬程 25m，功率 11kW；WQ100－10－7.5 型潜水泵，流量 80m^3/h，扬程 10m，功率 7.5kW。

掌子面处活动泵站选用 WQ100－10－7.5 型潜水泵，排水能力为 100m^3/h，数量根据掌子面的水量配备，施工中不少于6台。

(2) 泵站级数。采用式 (1) 计算得知 $m=0.98$，故在施工中设1级泵站。

(3) 水仓布置及容量。根据本段高差及拟定水泵排水量，泵站集水井容量按3min最大涌水量考虑，本段洞身设置1个集水井，设置于仰拱侧沟边旁。

$12232.5\div24\div60\times1\approx8.5(\mathrm{m}^3)$。

设计水仓尺寸4m×2m×1.5m，容量12m³。水仓用5mm厚钢板焊制。

(4) 抽水机数量。抽水机数量：$n=V/(v\times24\times a)$。式中：V为洞内涌水量，取$V=12232.5\mathrm{m}^3/\mathrm{d}$；$v$为抽水机排水量，$v=100\mathrm{m}^3/\mathrm{h}$；$a$为流量折减系数，取$a=0.85$；$n=5.87$，即泵站需配置6台抽水机。

(5) 排水管路直径。排水管采用4排抽水管，分别为2排ϕ150钢管，2排ϕ125钢管，2台7.5kW的共用一根ϕ150管，1台11kW与1台15kW共用一根ϕ150管，流速按4m/s计算，每小时过水量计算如下：$3.14\times0.075\times0.075\times4\times3600\times2+3.14\times0.065\times0.065\times4\times3600=890.8\mathrm{m}^3/\mathrm{h}$，大于最大涌水量$Q=583.33\mathrm{m}^3/\mathrm{h}$，排水管满足要求。

3.3.2 拉孟山隧道斜井小里程段反坡排水

(1) 抽水机配型：抽水机选用WQ100-25-15型污水泵，流量100m³/h，扬程25m，功率15kW；设备WQ100-25-11型污水泵，流量100m³/h，扬程25m，功率11kW。

(2) 泵站级数：$m=0.91$，在施工中设1级泵站。

(3) 集水井布置与容量。根据本段高差及拟定水泵排水量，泵站集水井容量按1min最大涌水量考虑，本段洞身设置1个集水井，设置于仰拱侧沟边旁。

$5468\div24\div60\times1\approx4.5(\mathrm{m}^3)$。

设计水仓尺寸3m×2m×1.5m，容量9m³。水仓用5mm厚钢板焊制。

(4) 抽水机数量：$n=1.60$，即需配置2台抽水机。

(5) 排水管路直径：ϕ150钢管，布置2排管线，流量约为254.34m³/h，大于151.88m³/h，排水管满足要求。

3.3.3 拉孟山隧道斜井反坡排水

斜井排水系统既需要满足斜井本身开挖过程的排水，同时又承担正洞开挖过程的排水，根据设计图中预测的正洞涌水量及斜井开挖过程中的实际涌水量数据进行泵站排水设备配型，排水量统计见表1。

表1　斜井泵站排水量统计表

序号	位　置	正常涌水量/(m³/d)	最大涌水量/(m³/d)	最大涌水量/(m³/h)
1	拉孟山隧道斜井小里程	2774	3645	151.88
2	拉孟山隧道斜井大里程	8155	14000	583.33
3	拉孟山斜井	1100	3230	134.58
合计		12029	20875	869.79

由于斜井洞身涌水量较小，所以在洞身开挖期间只需在掌子面附近设置横向截水沟和集水井，在集水井内放置抽水机将水排出洞外。根据目前实测斜井涌水量数据，同时考虑涌水量继续增加及突发大量涌水的情况，拟定在泵站内设置“三级”排水设施（见图2）。

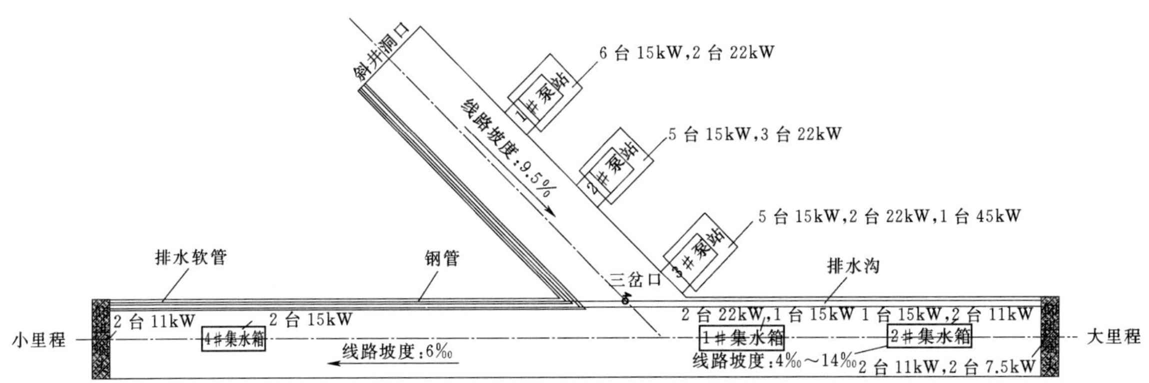

图2　“三级”排水设施设置图

第一级排水满足目前洞内涌水抽排要求，配置1台IS150-125-40型离心泵（流量200m³/h，扬程50m，电机功率45kW）和配置2台WQ150-25-22型水泵（电机功率22kW，流量150m³/h，扬程25m），5台WQ100-25-15型水泵（电机功率15kW，流量100m³/h，扬程25m）。配2排排水管线，1排ϕ200钢管，1排ϕ150钢管。

第二级排水配置3台WQ150-25-22型水泵（电机功率22kW，流量150m³/h，扬程25m）、5台WQ100-25-15型水泵，2排ϕ200钢管。

第三级排水配置2台WQ150-25-22型水泵（电机功率22kW，流量150m³/h，扬程25m）、6台WQ100-

25－15 型水泵，2 排 ϕ200 钢管。

2＃泵站配置 1 台 WQ150－25－22 型水泵，3＃泵站配置 1 台 WQ100－25－15 型水泵分别用于截流抽排。

泵站集水井根据 3min 最大涌水量布置，经计算集水井尺寸为 4m×3m×2.5m（长×宽×高），储水量容量 $30m^3$。

3.4 长距离大反坡排水施工设计

森村 2＃隧道斜井长 1642m，纵向设置 0.3%和 9.2%的反坡，累计高差 150.99m，洞内斜井最大涌水量为 $8400m^3/d(350m^3/h)$。经综合考虑拟定在斜井设置 3 个泵站，单级泵站排水高差约为 45m。泵站布置位置为洞身 2 级，分别布置于 XDK0＋850、XDK0＋810 位置。井底 1 级布置于三岔口开挖水仓 XDK0＋040 处。泵站内布置高扬程、大流量水泵进行抽排。

（1）临时排水系统。贯通之前实测斜井最大涌水量为 $11200m^3/d$（$466m^3/h$），临时排水系统机械配置参照此数值计算，即前段（XDK1＋642～XDK1＋094.5）。在掌子面附近设置横向截水沟和集水井，集水井内放置水泵将水排出洞外。

水泵选用 2 台 IS125－100－315 型水泵（电机功率 110kW，流量 $200m^3/h$，扬程 125m），考虑流量损失按水泵额定流量的 0.85 倍考虑实际排水量，经计算实际排水量为 $489.6m^3/h$，配 2 排排水管线，排水管线采用 ϕ150 钢管。

（2）泵站排水系统。斜井排水系统既需要满足斜井本身开挖过程的排水，同时又承担正洞开挖过程的排水，根据设计图中预测的正洞涌水量及斜井开挖过程中的实际涌水量数据进行泵站排水设备配型，排水量统计详见表 2。

表 2　　斜井泵站排水量统计表

序号	名称	正常涌水量/(m^3/d)	最大涌水量/(m^3/d)	备注
1	斜井小里程段	5430	8163	含顺坡排水段 1500m 涌水量
2	斜井大里程段	4000	6000	
3	斜井	5000	8400	
合计		14430	22563	

根据实测斜井施工段总涌水量数据，同时考虑涌水量继续增加及突发大量涌水的情况，拟定在泵站内设置“二级”排水设施（见图 3）。

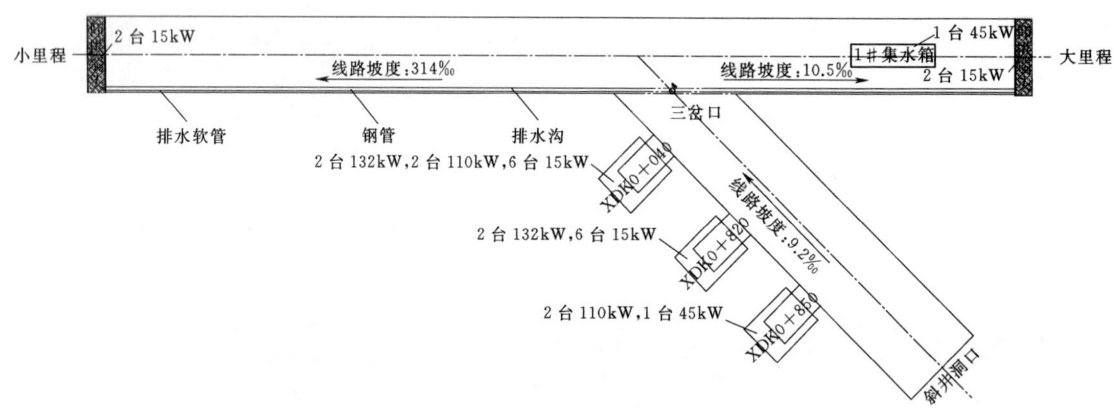

图 3　“二级”排水设施设置图

第一级排水 1＃井底泵站配置 2 台 DM155－30X6 型水泵（电机功率 132kW，流量 $155m^3/h$，扬程 180m），2 台 IS125－100－315 型水泵（电机功率 110kW，流量 $200m^3/h$，扬程 125m），配置 2 排 ϕ150 钢管，2 排 ϕ200 钢管。

第二级排水 2＃泵站配置 2 台 DM155－30X6 型水泵（电机功率 132kW，流量 $155m^3/h$，扬程 180m），2 台 IS125－100－315 型水泵（电机功率 110kW，流量 $200m^3/h$，扬程 125m），配置 2 排 ϕ150 钢管，2 排 ϕ200 钢管。

井底 1＃泵站配置 6 台 WQ100－25－15 型水泵（电机功率 15kW，流量 $100m^3/h$，扬程 25m），2＃泵站配置 1 台 IS150－125－400 型水泵（电机功率 45kW，流量 $200m^3/h$，扬程 50m），6 台 WQ100－25－15 型水泵（电机功率 15kW，流量 $100m^3/h$，扬程 25m），分别用于截流抽排。

泵站集水井根据 3min 最大涌水量布置，斜井井底 1＃泵站经计算集水井尺寸为 5m×6m×3m（长×宽×高），储水量容量 $90m^3$，斜井 2＃中级泵站经计算集水井尺寸为 4m×6m×3m（长×宽×高），储水量容量 $72m^3$。正洞中转集水箱经计算集水井尺寸为 5m×2m×2.5m（长×宽×高），储水量容量 $25m^3$。洞内管线及泵站集水井布置详见图4。

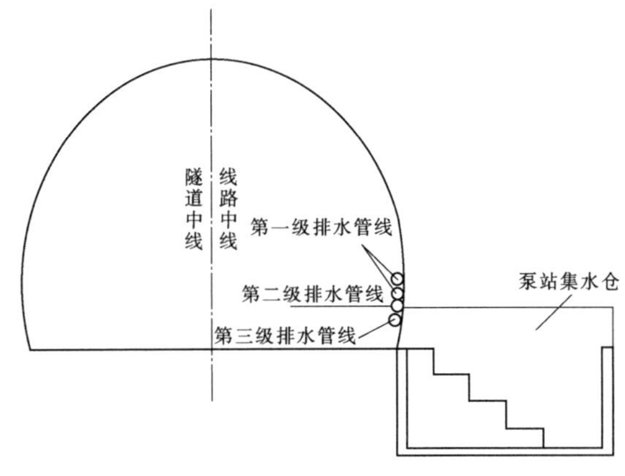

图4　洞内管线及水仓布置图

4　隧道突水、突泥事故应急救援预案

为体现保护人员安全优先，防止和控制事故蔓延，保护正常施工，同时体现事故损失控制、预防为主、常备不懈、统一指挥、高效协调以及持续改进的思想，最大限度地减少和降低隧道突水、突泥事故可能产生的事故后果，极大限度保障作业人员生命财产安全，制定隧道突水、突泥事故应急救援预案。

4.1　应急组织机构

成立隧道突水、突泥事故应急救援领导小组，对发生隧道突水、突泥事故的处理统一领导、统一调动，是隧道突水、突泥事故应急救援现场的最高指挥机构，领导小组由组长、副组长以及各应急小组组成。应急救援领导小组下设办公室，办公室设在项目经理部安全质量部，负责日常管理工作。

4.2　应急排水方案

发生隧道突水突泥事故后，由于洞内掌子面水量较大，现场两根排污管抽排不及时，为了应急抽排水，可将洞内风管临时改装成排污管抽到洞外，这样不仅可以降低安全风险，还可以有效节省经济成本。

4.3　应急原则

(1) 快速反应原则。事故处置要坚持一个“快”字，做到反应快、报告快、处置快。事故单位必须在第一时间向项目部办公室或向项目部领导直接报告，同时迅速报警，指挥中心领导要尽快到达事故地点。

(2) 先期处置原则。一旦发生事故，应立即启动先期处置应急预案，迅速采取有效措施，尽可能地控制事态发展，以减少人员伤亡和财产损失。

(3) 统一指挥原则。发生重、特大事故后，由指挥中心全面负责内部的统一指挥、统一调度，并配合、服从上级有关部门对重、特大事故的统一指挥，保证处置工作的统一高效。

(4) 协调作战原则。项目部各部门在指挥中心的统一领导指挥下，按照各自职责，密切协作，相互配合，共同做好事故的应急处置和抢险救援工作。

5　结语

(1) 综上所述，隧道反坡排水，重点是泵站的分级，合理的泵站分级不仅可以有效地抽排水，优化电表及管线，泵站数量过多不仅增加成本，而且安全隐患较大。其次是专用水表的配置，使用电磁流量计，这个不会因为污水淤泥及砂石而导致读码无显示，只要有水通过都会感应到相应的读码，而且在情况需要时可以归零。

(2) 抽排水设备的配置，抽排水设备要能满足最大的抽排水能力需要，还要有一定的备用能力，某个水泵一旦出现故障，可以及时启用备用水泵，保证不间断抽水。每个泵站都配置一个相应的备用水泵，要专人进行监管，定时进行井内清淤，这样可以较好的保护水泵，同时也可以降低洞内用电及施工安全隐患。

(3) 应急抽排水可以适当地把洞内风管临时改装成排污管，不仅可以及时排除洞内积水，还可以有效地节约成本。

参考文献

[1]　李升平. 反坡排水设计与施工 [J]. 建筑，2007 (14)：24-25，18.

[2]　潘龙. 一套长大隧道反坡排水设计方法 [J]. 铁道建筑技术，2016 (5)：68-70，81.

[3]　霍永强. 南平隧道斜井反坡排水设计与施工 [J]. 价值工程，2016，35 (6)：94-96.

[4]　李方东. 基于涌水量预估和动态监测的公路隧道长距离反坡排水施工技术及其应用 [J]. 隧道建设，2015，35 (12)：1321-1330.

[5]　李占先. 公路隧道长距离反坡排水及其优化技术 [J]. 铁道建筑技术，2015 (12)：59-63.

[6]　薄飞. 云桂铁路小寨隧道反坡施工排水技术研究 [D]. 成都：西南交通大学，2014.

[7]　毛本庆. 西康铁路秦岭隧道Ⅰ线 TBM 施工反坡排水方案设计与实施 [J]. 公路隧道，2013 (4)：50-52.

[8]　王静. 格咪底隧道进口反坡排水设计与施工 [J]. 内江科技，2011，32 (6)：105，80.

[9]　张胜. 乌鞘岭隧道6号斜井工区反坡排水设计与施工 [J]. 铁道标准设计，2005 (9)：106-108.

[10]　李升平，张小花，杨罗飞. 乌鞘岭隧道6号斜井工区反坡排水设计与施工 [J]. 铁道建筑技术，2004 (S1)：39-42，6.

[11] 廖君. 铁路隧道斜井反坡排水技术原理及施工方案[J]. 建材与装饰，2016 (49)：252-253.

[12] 陈奇. 铁路隧道斜井反坡排水的技术问题探讨 [J]. 中华民居（下旬刊)，2014 (5)：270-271.

[13] 杨森森. 高原特长隧道快速施工及机械配套技术研究 [D]. 北京：北京交通大学，2012.

[14] 谷崇建. 铁路隧道涌水反坡排水的施工技术 [J]. 建设科技，2016 (16)：155-156.

[15] 林占平. 铁路隧道反坡排水技术研究 [J]. 建材与装饰，2017 (49)：225.

全断面准三级配碾压混凝土筑坝技术的创新研究与成功应用

刘元广　周庆国　靳俊杰/中国水利水电第十一工程局有限公司

【摘　要】在国内，碾压混凝土大坝一般上游区域采用二级配碾压混凝土（最大粒径为40mm）作为坝体防渗区，坝体内部采用三级配碾压混凝土。在国外，尽管有部分碾压混凝土大坝也采用了全断面碾压混凝土，但混凝土配合比胶凝材料用量在200kg/m³以上。由赞比亚国家电力公司自筹资金15%、中国进出口银行和中国工商银行共同融资85%的赞比亚下凯富峡水电站大坝（坝高130.5m）上游不设置二级配防渗区域，成功采用了全断面准三级配和胶凝材料用量控制在200kg/m³以下的高掺粉煤灰碾压混凝土筑坝技术，在国内和国外尚属首例。

【关键词】全断面　准三级配　碾压混凝土大坝　快速施工

1　工程简介

赞比亚是非洲南部的一个内陆国家，属于典型的亚热带大陆性气候，4—8月为冷干季、天气干冷，9—10月为热干季、干燥炎热，11月至次年3月为雨季、潮湿多雨。

下凯富峡水电站位于赞比亚共和国赞比西河左岸一级支流凯富河上，下距凯富河与赞比西河交汇处55km。水电站主要功能为引水式发电，水库正常蓄水位579m，死水位530m，总利用水头173.3m，电站总装机5×150MW。水库总库容0.83亿m³，有效库容0.61亿m³。

拦河大坝为碾压混凝土重力坝，坝顶高程为581m，坝基高程为450.5m，最大坝高130.5m；坝顶全长374.5m，从左向右依次为左岸非溢流坝段（7段）、河床溢流坝段（4段）和右岸非溢流坝段（8段），共计19个坝段。大坝上游高程530m以下为1∶0.2斜坡面、以上为铅直面，大坝下游高程569.5m以下为1∶0.75斜坡面、以上为铅直面，坝顶宽度为8m。

2　大坝碾压混凝土入仓方案

2.1　大坝碾压混凝土施工难点

大坝碾压混凝土总量为130万m³，平均仓面面积约为10000m²，坝体底部仓面面积约为4000m²，坝体顶部仓面面积为2500m²；坝体中部仓面面积较大，其中高程460～535m的仓面面积均大于10000m²，高程470～510m的仓面面积为13000～14000m²。

根据下凯富峡水电站项目的总体工期要求，大坝碾压混凝土浇筑施工的总工期为15个月，考虑到雨季降雨等因素影响，有效工期为13个月，月平均浇筑强度为10万m³/月，远大于国外同等规模大坝月平均浇筑强度50000m³/月。因此，大坝施工的重点和难点就是解决碾压混凝土快速施工问题。国外不同规模大坝碾压混凝土浇筑月平均强度统计情况见图1。

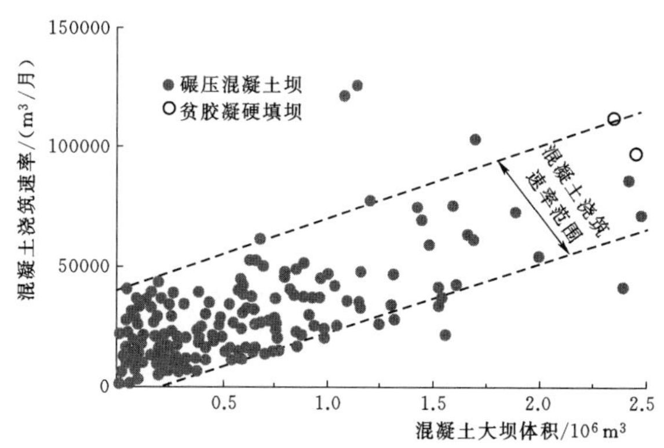

图1　不同规模大坝碾压混凝土浇筑月平均强度统计情况

2.2　全皮带机系统入仓和布料方案

下凯富峡水电站位于凯富威河最后峡谷处，大坝两岸山高坡陡、地势险峻，坝址上下游缺乏可供道路布置的平缓地形。综合大坝浇筑强度需要，并经技术经济论证，最终选择全皮带机系统入仓和布料方案作为本工程碾压混凝土施工的入仓方案。

皮带运输混凝土在国内应用较多，但将碾压混凝土从拌和楼出料口一直连续运输到大坝内并实现浇筑仓面的全范围连续布料，在国内尚无先例。

全皮带机系统包括坝外运输皮带（长 1270m）、坝内爬坡输送皮带（长 160m）、仓内水平皮带及行走式卸料器（长 150m）、连接皮带（长 40m）、履带式布料机（长 27m），以及坝内输送皮带顶升装置、皮带遮阳防晒装置和自动控制系统，真正实现碾压混凝土的快速入仓和全仓号快速布料（混凝土从拌和站拌制完成到达仓面铺筑位置用时 8min），减少仓内设备和人员，避免车辆轮胎对碾压混凝土表面扰动破坏。国内采用塔带机、顶带机、常规皮带机实现碾压混凝土运输，还要结合自卸车转运，未实现入仓、布料一体化。

皮带机系统全长 1647m、单条最长皮带 582m，皮带宽 0.9m、速度 3m/s，最大爬坡角度 27°，最大输送能力 500m³/h。

3 全断面准三级配碾压混凝土概念及其配合比设计

3.1 全断面一个配合比

坝体全断面，从坝基底部开始到坝体顶部、从大坝上游到下游、从大坝左岸到右岸的所有碾压混凝土，从坝体迎水面的防渗区域到岸坡岩石防渗区域，到廊道、集水井和生态放水孔等结构周围的所有变态混凝土，均采用同一个配合比的碾压混凝土。

3.2 准三级配碾压混凝土和防渗理念

准三级配碾压混凝土，系指配合比设计中，除了选用小石和中石等粗骨料以外，另外掺加一定比例粒径为 37.5～63mm 大石的碾压混凝土。由于该粒径大石不同于国内常规三级配中的大石（其粒径为 40～80mm），但配合比中确实又包括了三种粗骨料，因此，本文称该碾压混凝土为“准三级配”碾压混凝土。

全断面准三级配碾压混凝土的防渗理念为：本身具有防渗能力的不太干硬（*VB* 时间控制在 8～10s）类似果冻状的碾压混凝土，通过层间及时嵌入、良好结合形成不透水体。

针对百米以上高坝，取消上游防渗区域的二级配碾压混凝土，全断面采用同一级配和强度等级的碾压混凝土，简化施工组织，加快施工速度，国内在低坝中有少量应用，但在中高坝中尚无先例。

3.3 准三级配碾压混凝土配合比要求及设计

根据准三级配碾压混凝土防渗理念，本工程碾压混凝土配合比设计应满足如下要求：

（1）全断面准三级配碾压混凝土必须满足大坝防渗要求，并要尽可能减少骨料分离，因此，骨料最大粒径选择为 63mm。

（2）由于准三级配的最大骨料粒径小于国内正常三级配的最大骨料粒径，为了满足大坝防裂要求，应控制碾压混凝土水化热温升和水泥用量。因此，碾压混凝土强度龄期采用 365d，替代常规的 90d，并采用高掺石粉、高掺粉煤灰和高效减水剂的“三掺”技术。

（3）为了保证碾压混凝土层间良好结合，其工作度（即 *VB* 时间）控制在 8～10s。全断面准三级配碾压混凝土配合比设计见表 1。

表 1　下凯富峡大坝全断面准三级配碾压混凝土配合比

设计强度/MPa	粉煤灰种类	骨料最大粒径/mm	设计龄期/d	水灰比	砂率/%	粉煤灰掺量/%	减水剂掺量/%	缓凝剂掺量/%	各种材料用量/(kg/m³)									
									水	水泥	粉煤灰	胶材总量	砂	小石 4.75～19mm	中石 19～37.5mm	大石 37.5～63mm	减水剂 SN-2	缓凝剂 SN-GH
12	曼巴灰	63	365	0.71	36	65	1	0.3	122	60	112	172	752	403	539	406	1.718	0.515

注　赞比亚下凯富峡水电站碾压混凝土试验执行的是美国标准，设计强度 12MPa，表示采用直径 150mm、高度 300mm 的圆柱体试块破型测得抗压强度，折算为中国标准，相当于立方体试块抗压强度 15MPa；小石粒径为 4.75～19mm、中石粒径为 19～37.5mm、大石粒径为 37.5～63mm。

4 全断面准三级配筑坝技术研究

4.1 全断面准三级配筑坝技术优势

基于全皮带机系统入仓、布料手段，采用全断面准三级配筑坝技术，成为本工程大坝碾压混凝土施工的最佳选择，并具有如下优势：

（1）参与碾压混凝土浇筑的拌和楼、自卸汽车、皮带机系统、布料系统、平仓机和振动碾等设备操作指挥人员，只需要按照现场划分的层厚和条带进行流水作业，无须关注混凝土类别和混凝土入仓位置要求。

(2) 参与变态混凝土施工的土建施工人员，只需按照坝体形状要求和层间防渗要求连续进行模板翻升、预制件安装和混凝土加浆振捣等施工，无须关注不同部位混凝土类别。

(3) 避免了仓内因混凝土类别问题而需要的协调和等待，简化了仓号和拌和站之间的沟通，提高了机械设备效率和利用率，发挥了碾压混凝土快速施工的特点，提高了大坝浇筑的上升速度，满足了大仓面碾压混凝土通仓铺筑施工的要求。

4.2 全断面准三级配筑坝技术研究方法

尽管全断面准三级配碾压混凝土施工可满足大坝快速浇筑的需要、可最大限度缩短层间间隔时间，但由于国内外没有成功案例和现成施工数据作为借鉴和参考，为了确保大坝整体稳定性和坝体上游良好防渗性能，2016年12月，开始了全断面准三级配碾压混凝土关键技术研究工作。

2017年8月，在碾压混凝土领域国际知名专家邓斯坦博士（Dr. Malcolm Dunstan）的亲临现场指导下，顺利完成了碾压混凝土试验段试验和关键数据获取搜集工作。

试验段长40m、宽12m、高2.4m，每层分为两个条带进行铺筑施工。试验段上下游变态混凝土区域，分别选择机拌变态混凝土、先铺混凝土后加浆和先洒浆后铺混凝土等三种变态混凝土方法进行碾压混凝土防渗性和层间结合性对比试验。试验段不同碾压混凝土层面，分别进行了层间间隔时间为4h、10h、16h、22h、36h、48h和60h的防渗性和层间结合性对比试验。在不同条带区域，分别选择铺筑砂浆和铺筑水泥净浆等层间结合方法进行防渗性和层间结合性对比试验。

通过试块物理力学指标试验、现场取芯物理力学试验、现场压水试验等试验方法，综合试验数据并进行技术论证，确定了大坝采用全断面准三级配铺筑技术，确定了变态混凝土采用先洒浆再铺筑碾压后振捣密实的施工工艺，确定了大坝热缝、温缝、冷缝判别标准，确定了大坝温缝和施工缝采用铺洒水泥净浆的施工工艺。

4.3 全断面准三级配筑坝技术缝面判别标准

首次引入改正成熟度概念，并和层间间隔时间一起作为热缝、温缝和冷缝等三种层间缝的双控判别标准。层间间隔时间：即碾压混凝土从拌和楼拌制完成开始到下层混凝土覆盖并完成碾压所经历的时间；改正成熟度（Modified Maturity Factor，MMF），即碾压混凝土从拌和楼拌制完成后开始，到下层碾压混凝土覆盖并完成碾压所经历的过程中，每小时记录气温再加上12℃的累加值。下凯富峡大坝全断面准三级配碾压混凝土浇筑层间缝判别标准见表2。

表2　下凯富峡大坝全断面准三级配碾压混凝土浇筑层间缝判别标准

月份	平均气温/℃	不同层间缝暴露时间、改正成熟度判别标准					
		热缝		温缝		冷缝	
		暴露时间/h	改正成熟度/(h·℃)	暴露时间/h	改正成熟度/(h·℃)	暴露时间/h	改正成熟度/(h·℃)
1	22.8	≤16	557	16～28	556～974	>28	>974
2	22.5	≤16	552	16～28	552～966	>28	>966
3	22.1	≤16	546	16～28	546～955	>28	>955
4	20.9	≤20	658	20～30	658～987	>30	>987
5	18.5	≤22	671	22～32	671～976	>32	>976
6	16.5	≤22	627	22～32	627～912	>32	>912
7	16.4	≤22	625	22～32	625～909	>32	>909
8	18.9	≤22	680	22～32	680～989	>32	>989
9	22.5	≤20	690	20～30	690～1035	>30	>1035
10	24.9	≤16	590	16～28	590～1033	>28	>1033
11	24.4	≤16	582	16～28	582～1019	>28	>1019
12	23.2	≤16	563	16～28	563～986	>28	>986

5 全断面准三级配筑坝技术创新成果

全断面准三级配筑坝技术经历了国际知名专家理论指导和现场指导、室内配合比试验、现场碾压试验、试验数据对比分析、技术经济论证和大坝实践验证，形成了一套完整的快速施工技术体系，对今后百米级以上的碾压混凝土高坝施工具有很好的指导意义和借鉴价值。

通过前期研究和大坝浇筑过程实践，主要有如下技术创新。

5.1 配合比创新

采用高掺石粉、高掺粉煤灰和高效减水剂的“三掺”技术；采用365d长龄期混凝土替代常规的90d龄期；坝体三个维度，包括高度方向、坝轴线方向和水流方向，采用全断面一种配合比；取消上游二级配防渗区域，采用准三级配混凝土进行替代。

5.2 坝体迎水面施工创新

坝体迎水面变态混凝土采用了底部加浆施工工艺（水灰比为0.6，浆液厚度为24mm），做到了加浆计量精细化和可视化，实现了振捣效果可视化，保证了全断面准三级配碾压混凝土的层间结合和大坝的整体性和防渗性。

根据不同的挡水水头，在大坝上游一定区域（死水位530m以下10m宽，死水位510m到坝顶宽度从10m变为1.5m）碾压混凝土层间铺洒水泥净浆，进一步改善混凝土层间结合性能和防渗性能。

5.3 层间结合缝面判别及处理创新

首次引入改正成熟度概念，并和层间间隔时间一起作为热缝、温缝和冷缝等三种缝面的双控判别标准，处理方案清晰明了，便于仓号组织管理。混凝土层间温缝或施工缝，采用铺筑10mm厚水泥净浆（水灰比为0.6）工艺，避免了铺筑水泥砂浆需要的辅助入仓设备。

5.4 入仓手段创新

从拌和楼到仓号现场，采用全皮带机系统入仓和布料，真正实现了碾压混凝土24h/d、7d/周，不间断连续通仓浇筑。在大坝右岸布置了一套自动化计量上料制浆系统（包括2×300t水泥罐、快速制浆机、搅拌槽和操作室等），不仅满足了全断面准三级配碾压混凝土筑坝施工需要的浆液供应，而且大大改善了制浆作业环境和降低了制浆成本。

6 结语

赞比亚下凯富峡水电站大坝碾压混凝土浇筑施工，从2018年6月6日开始，到2020年4月16日结束，共计历时22个月，扣除12月至次年2月两个年度集中降雨影响和融资延误影响，有效施工时间为15个月，碾压混凝土月平均浇筑强度为8.3万m^3，高峰月浇筑强度为11万m^3；月平均仓号上升速度为15.4m；单仓平均最高日浇筑强度9100m^3（底部汽车直接入仓）和6600m^3（皮带机系统入仓），单仓平均最高小时强度390m^3（底部汽车直接入仓）和434m^3（皮带机系统入仓）。

碾压混凝土浇筑的顺利完工，不仅为大坝正常蓄水和厂房机组按期发电奠定了基础，而且为企业创造了良好的经济效益，为“中国走出去”树立了良好信誉，受到了业主、当地国政府的表扬和称赞。

本栏目审稿人：张志良

岩溶发育区钻孔灌注桩混凝土超方原因及防治探究

李　强　庄纪文/中国水利水电第十工程局有限公司

【摘　要】依托岩溶发育的中老铁路朋松楠松河特大桥钻孔灌注桩施工，综合工程安全、质量、工期、成本、环境等方面的因素，对比分析了不同岩溶处理措施的优缺点和适用性，总结了混凝土灌注超方原因，确定了不同岩溶发育形态采取的处理措施原则，取得了较好的防治效果，可供类似工程参考。

【关键词】铁路桥梁　围堰　建模计算　岩溶区

1 引言

中老铁路是国家“一带一路”倡议重点建设工程，沿线碳酸盐岩地层广泛分布，岩溶弱～强烈发育，局部地段岩溶地面塌陷现象严重，其中易、极易塌陷区严重影响铁路运营安全。施工过程中频繁遭遇漏浆、塌孔、混凝土超方等问题，给施工带来严重的困扰。

前人已对桥梁岩溶进行了诸多研究，主要集中在岩溶地面塌陷调查、评价、预测、预警机理和桥梁岩溶桩基成孔处理措施的研究，处理措施的适用性和桩基成孔后续混凝土灌注超方等经济因素研究尚显不足。中国岩溶发育地区分布很广，桥梁桩基施工过程中经常会遇到复杂多变的岩溶地层，在岩溶区进行桥梁桩基施工非常困难，事故多、进度慢、成本高，尚无很成熟的方法和经验。因此，本文开展桥梁桩基不同发育形态岩溶不同处理措施的对比分析，总结混凝土灌注超方原因，以期从工程安全、质量、工期、成本、环境等多方面因素选择较适用的处理措施，进一步积累桥梁桩基岩溶处理技术。

2 工程概况

朋松楠松河特大桥位于老挝万荣，桥梁全长2761.063m，上部结构为预应力混凝土简支T梁，下部结构单线流线型实体墩，钻孔灌注桩基础，桩径1.0m和1.25m两种，桩长6～47m。桥址区不良地质为岩溶、地震区砂土液化，特殊岩土为松软土。地表溶沟、溶槽、溶蚀洼地等各种岩溶形态发育。桥址区地质勘探钻孔316孔，其中155个钻孔总计揭示276个溶洞，钻孔见洞率达49%。其中72.5%为空洞，14.5%为流塑～软塑粉质黏土充填，7.2%为硬塑粉质黏土充填，3.2%充填砂类土，1.6%充填圆砾土。岩溶中等～强烈发育，最大溶洞高约12.1m。

桥址区地表水体以楠松河河水为主，楠松河为桥区最大的河流。楠松河水量较大，常年流水，受大气降雨补给，流量随季节及降雨量而变，旱季水质清澈透明，雨季水量暴涨而浑浊，部分沿土层孔隙下渗补给地下水。地下水以土层孔隙潜水和基岩裂隙水、岩溶水为主。灰岩含较丰富的岩溶水，桥梁处于季节变动带。

3 岩溶处理措施

岩溶地段铁路桥梁桩基处理措施一般有抛填筑壁法、钢护筒跟进法、超前注浆填充法、全回转全套管法等。鉴于老挝国内施工机械设备缺乏，同时从全线岩溶的溶蚀程度、空腔的大小、经济成本等综合分析，本工程采用了绕避法、抛填筑壁法、钢护筒跟进法及后两种方法相结合的综合处理措施等。工艺说明如下。

抛填筑壁法：采用冲击钻正常成孔，当钻穿溶洞漏浆时，迅速抛填黏土夹片石，冲孔挤压并挤密溶洞内填充物，反复回填冲孔，逐步将溶洞裂隙、空隙完全填充，直至孔内浆液面稳定，达到填充溶洞及挤密筑壁效果（见图1）。

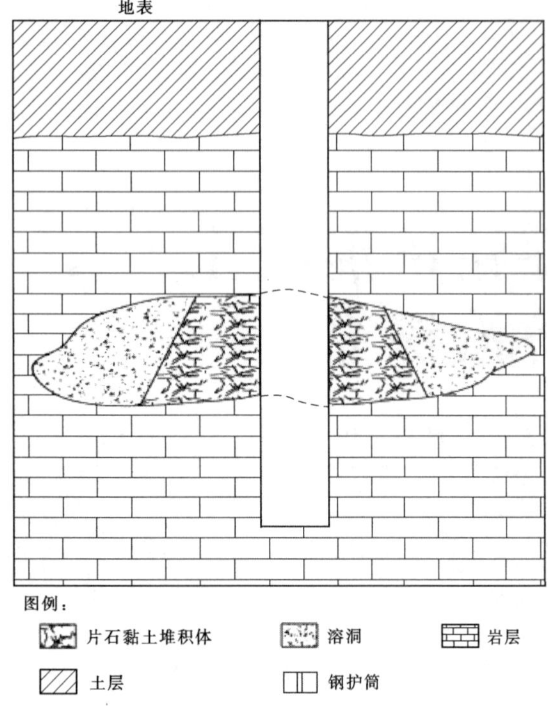

图1 抛填筑壁法处理示意图

钢护筒跟进法：采用冲击钻正常成孔，待冲孔穿过溶洞底部后，再接护筒，并将其锤击或振动下沉至已钻成的孔内或溶洞内，用以阻断溶洞内流塑充填物或水的流动（见图2）。

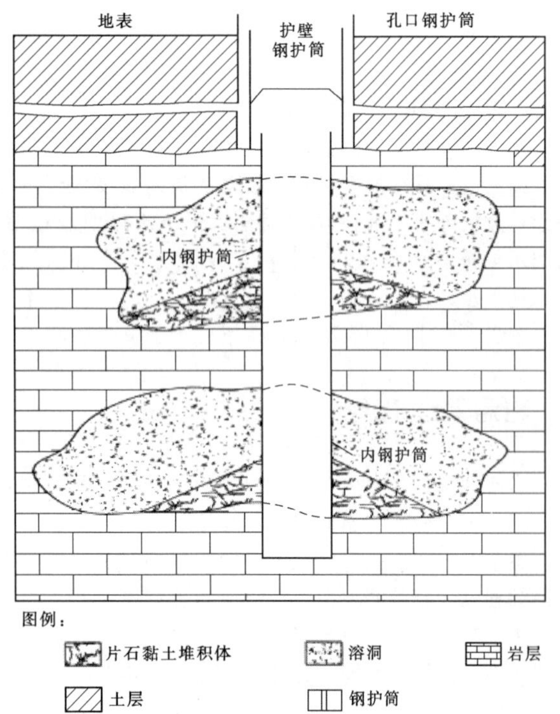

图2 钢护筒跟进法处理示意图

4 超方原因分析

从前期已浇筑完成的岩溶发育区68根灌注桩来看，设计桩长973m，设计方量为817.60m^3，实际浇筑方量达到1940m^3，平均充盈系数为2.38，最大充盈系数为5.26。非岩溶区平均充盈系数仅为1.18，岩溶区桥梁桩基混凝土灌注严重超出理论方量，其主要原因分析如下。

（1）对于较大型的溶洞，抛填筑壁法施工过程中，由于黏土及片石的流动性差，回填范围极有可能不能扩散至整个溶洞；同时钻头的挤压力也有限，不能将回填料挤压到更远的范围，故使该溶洞有一部分存在没有回填到的空腔。在后续钻进过程中，在钻头冲击震动下，使该部位原挤密后的部分黏土、片石松动掉入孔内，使回填区域上部形成通道，但无漏浆现象，因此在后续钻孔中未被发现。而在混凝土浇筑过程中，水下混凝土具有高流动性，使混凝土在达到回填区域上部通道时，顺通道绕过回填区流入未被回填到的空腔内，因此就造成混凝土的严重超方（见图3）。

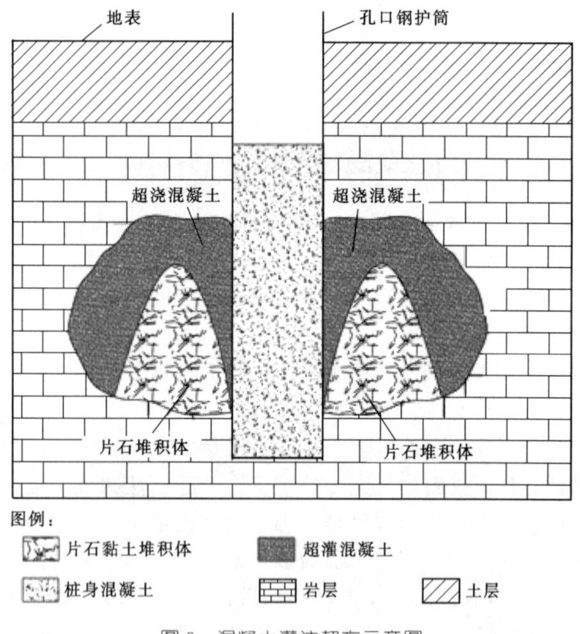

图3 混凝土灌注超方示意图

（2）对于中小型溶洞，虽然抛填筑壁法能够将溶洞基本充填满，但在后续的钻进过程中，仍然会因钻头冲击震动，使该部位原挤密后的部分黏土、片石松动掉入孔内，从而使该部位形成局部空腔，在后续的混凝土浇筑中被混凝土充填，造成混凝土超方。

（3）在对有地下流动水的漏浆通道的处理过程中，采用回填黏土片石挤密后，虽达到堵漏效果，但在此后的钻进过程中，由于钻头冲击震动，使该部位原挤密后的部分黏土、片石松动掉入孔内，从而使该部位形成局部空腔，在后续的混凝土浇筑中被混凝土充填，造成混凝土超方。

(4) 钢护筒跟进法处理溶洞较为有效，为保证成桩质量及护筒的套接，钢护筒内径需大于桩径（ϕ1m 的桩需 ϕ1.25m 的钢护筒），因此，在混凝土浇筑时，必然发生超出桩径的混凝土量。

(5) 除了以上原因外，在正常钻进过程中遇到孔偏斜而进行纠偏处理时，也会使钻孔局部孔径扩大，混凝土浇筑时造成超方；不排除有些极小型溶洞，在钻进过程中不易被发现，因此未做任何处理，在混凝土浇筑过程中，也会造成混凝土的超方；也不排除在混凝土浇筑过程，由于混凝土的压力将地勘未揭示的其他溶洞壁击穿，导致混凝土流失，造成混凝土超方。

综上所述，由于地质条件复杂，各种不良地质并存，钻孔桩成孔难度极大，为了保证成孔质量，需采取多种处理措施。岩溶地区灌注桩桩身混凝土超方这一普遍现象不是单一条件下造成的，是上述几种原因共同影响的结果。

5 防治措施及应用效果

由于岩溶区地质情况的复杂性和不确定性，不论采取何种措施，都不能彻底解决岩溶地区桩身混凝土浇筑过程中普遍超方的问题。后续施工中进行了各种处理措施的比对分析，总结归纳了不同发育形态的溶洞较适合的处理措施，超方大幅度减少。

5.1 不同发育形态溶洞的处理措施

溶洞处理措施见表 1。

表 1　溶洞处理措施

溶洞高度	填充情况	处理措施
2.5m 以内	—	抛填筑壁法：填黏土块和片石
2.5～5m	全填充	抛填筑壁法：填黏土块和片石
	局部填充	抛填筑壁法：填黏土块和片石
	无填充或串珠状	抛填筑壁法与钢护筒跟进结合法
5m 以上		抛填筑壁法与钢护筒跟进结合法
有较大水流通道		抛填筑壁法与钢护筒跟进结合法，辅以袋装水泥固结

5.2 岩溶处理应用效果

(1) 对于高度 2.5m 以内小型溶洞、空洞，2.5～5m 中型全填充或局部填充溶洞，主要采取了抛填黏土块和片石筑壁法处理。由于不存在高速水流且溶洞孤立存在，抛填筑壁法可快速、高效、经济地完成溶洞处理。工程实践表明，反复充填 2～5 次，可将溶洞填充密实，同时不易塌孔，处理效果良好。此法与钢护筒跟进法对比，工效相同，经济效益显著。

(2) 对于 2.5～5m 中型无填充或成串珠状溶洞及 5m 以上大型溶洞，主要采取了抛填筑壁法与钢护筒跟进结合法。

此种溶洞采用抛填筑壁法不但超方严重且工效低、易塌孔，处理效果不佳。由于处理范围大，需反复充填多次，水头频繁降低，同时受频繁冲击振动影响，极易造成塌孔，或将相邻溶洞壁振穿，甚至引发地表塌陷。本工程前期 10 根类似桩反复充填处理均达 12 次以上，49－1＃桩甚至达 28 次，频繁塌孔，用时 45d，最后造成地表塌陷，成孔失败。

钢护筒跟进困难，易变形。据地质勘探，本工程串珠状溶洞居多，洞壁较薄，且伴随斜面岩、凸起块石，大部分钢护筒只能跟进至基岩面顶部，钻头贯穿较薄洞壁及遇到斜面岩、凸起块石时，碰撞造成钢护筒变形。另外，由于空洞较大、未填充，易引发大范围塌孔，钢护筒受挤压发生弯曲变形。

结合钢护筒跟进和抛填法的优缺点，本工程采取了少量抛填黏土片石，无须挤压密实，然后快速跟进钢护筒的方法，取得了较好的效果，大大减少了抛填法造成的混凝土超方，其他超方发生在钢护筒内径超出桩径部分。抛填筑壁与钢护筒结合具有以下优势，且大大提高了工效。

1) 钢护筒跟进前抛填黏土片石可钻进冲击磨平斜面岩，避免了钻头碰撞钢护筒。

2) 对空洞进行填充，降低了大范围塌孔风险。

3) 少量抛填黏土片石，充填 1～3 次，无须挤压密实，既解决了钢护筒跟进缺陷又避免了反复多次充填黏土片石施工周期长等缺点。

(3) 对于存在较大地下水流通道的溶洞，抛填黏土片石时掺加部分袋装水泥，挤压覆盖层与岩石接触段，可快速固结阻断流动水，同时钢护筒迅速跟进彻底封闭地下水流通道，不但减少了抛填次数、提高了工效，且减少了混凝土超方。

通过对不同发育形态岩溶的分类及相应处理措施的应用，取得良好的岩溶桩基混凝土灌注超方防治，平均充盈系数由 2.38 降低至 1.8。

6 结语

岩溶地基的工程危害极大，研究岩溶地基的施工问题具有实际意义。本文根据中老铁路岩溶发育情况，通过采取抛填片石黏土筑壁法、钢护筒跟进法以及与抛填片石黏土筑壁法相结合的施工措施，高效、经济地对不同发育形态的岩溶进行了处理。目前中老铁路朋松楠松河特大桥岩溶地段桩基施工已全部完成，经超声波检测，桩身混凝土质量均达到Ⅰ类桩的要求，进一步验证了所采取措施的可行性和有效性。

参考文献

[1] 范业帅. 岩溶发育区桩基施工技术 [J]. 青海交通科技，2017，(2)：91-93.

[2] 由瑞凯，李芳武，张延河，等. 岩溶区大直径钻孔灌注桩施工技术 [J]. 施工技术，2017，42 (20)：61-64.

[3] 付勋勋，刘新社，邵晓州，等. 鄂尔多斯盆地奥陶系古岩溶发育程度的分形特征 [J]. 中国岩溶，2017，36 (1)：23-31.

[4] 金广营. 武九铁路岩溶地质条件下桥梁桩基钻孔桩施工技术控制 [J]. 建筑机械，2017 (5)：105-109.

[5] 贤良华. 基于岩溶地质的桥梁桩基施工方法探讨 [J]. 西部交通科技，2018 (10)：183-185.

水泥搅拌桩在桥梁水中深基坑支挡防渗中的应用

张宝刚　冯　钇　李星月/中国水利水电第十五工程局有限公司

【摘　要】 本文以中老铁路欣合楠里河特大桥水中深基坑承台施工为例，介绍了水泥搅拌桩对深基坑坑壁进行支挡和防渗的施工工艺原理、适用范围和施工方法。

【关键词】 深基坑　水泥搅拌桩　支挡结构

水泥搅拌桩一般用于地基处理和地基加固，可提高地基承载力。在桥梁水中桥墩深基坑内施工承台时，采用水泥搅拌桩对土围堰进行防渗和支挡防护，防止基坑坍塌，收到了良好的效果。与钢板桩围堰相比，水泥搅拌桩加固土围堰防渗效果更好。另外，水泥搅拌桩自身刚度较大，不像钢板桩围堰需要设内支撑，承台钢筋、模板施工时没有内支撑影响，施工非常方便。

1　工程概况

中老铁路欣合楠里河特大桥中心里程DK324+866，桥梁全长639.208m，为单线桥梁，跨河主桥为（48+80+48)m连续梁，两侧引桥为24m、32m预制安装简支T梁。桥墩基础采用钻孔灌注桩，桥墩为圆端型实心墩。其中7#桥墩位于水中，桥墩基础为11根直径1.5m的钢筋混凝土钻孔灌注桩，桩基以上为承台，承台尺寸横桥向、顺桥向和高度为12.1m×8.5m×3m，承台顶面埋入河床以下约1m，承台以上为圆端形实心墩。桥墩处河床砂砾覆盖层厚度约1m，覆盖层以下为强风化砂岩。旱季时该桥墩处水深约4m，雨季汛期最大水深约13m，在深水环境中承台施工难度较大，选择技术合理、经济可行的施工方案非常重要。

2　水中深基坑承台施工方案的比选

2.1　施工图设计施工方案及优劣分析

由于桥墩处旱季水深约4m，施工图纸设计采用搭设钢栈桥和钢板桩围堰的施工方案。即先从岸边搭建钢栈桥至桥墩一侧，在桥墩位置搭设工作平台，工作平台和钢栈桥连为一体，然后在工作平台上用冲击钻机施工桥梁桩基。桥梁桩基施工完成后，沿承台四周插打钢板桩形成封闭围堰，抽排围堰中的水，然后开挖承台基坑，浇筑水下封底混凝土，再次抽排基坑渗水后，在无水的环境中施工承台。

河床砂砾覆盖层较薄，厚度只有1m，覆盖层以下为强风化砂岩，钢板桩难以打入，插打深度有限。基坑开挖后，在围堰外面4m水深的水头压力和8m高土压力共同作用下，钢板桩围堰很容易失稳，难以形成有效支护和起到防渗作用。此外，搭设钢栈桥、钢板桩围堰施工麻烦，工期长，费用高。

2.2　实际施工方案及优劣分析

经过对现场的河流水深、河床覆盖层、地形进行详细调查、分析和研究后，决定采用在旱季低水位时填土筑岛+水泥搅拌桩围堰的施工方案。施工方案为：先填土筑岛形成工作平台，在工作平台上采用冲击钻机施工桥梁钻孔灌注桩，待所有桩基施工完成后，在承台以外靠河流侧施工水泥搅拌桩（靠岸边一侧不设水泥搅拌桩)；在水泥搅拌桩的支挡、防渗作用下，再开挖承台基坑，基坑开挖深度达到8m，基坑外侧水深4m，平台比水面高1m。在基坑底设集水坑，潜水泵抽排基坑少量渗水，在无水环境中施工承台（见图1)。

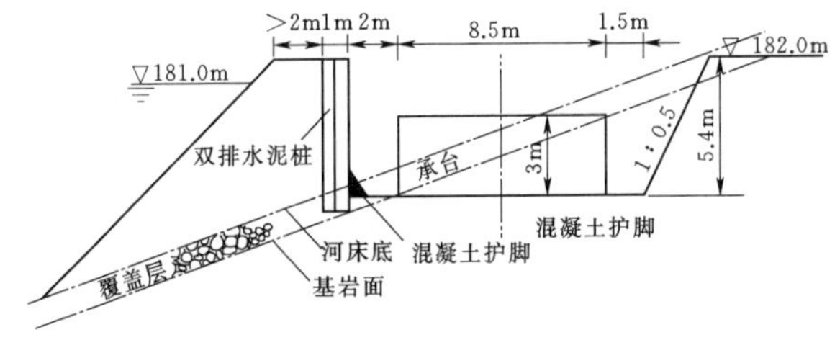

图1　水中深基坑水泥搅拌桩支挡防渗示意图

相比钢板桩围堰，水泥搅拌桩围堰无须设水平支撑，在基坑内施工没有支撑干扰，施工方便高效。根据现场实际应用效果，由于水泥搅拌桩围堰形成一道连续防渗墙，抗渗效果明显好于钢板桩围堰。防坑壁坍塌主要靠自身重力，因此，水泥搅拌桩外侧平台尽可能填筑得宽一点，增加围堰自身重力以抵挡外侧水压力。在施工过程中，在围堰平台上设测量观测桩，定期监测，防止围堰变形坍塌。另外，现场水泥搅拌桩施工设备、人员、材料等可以就近利用，资源调配比较方便。

3 施工方法

3.1 筑岛

从岸边向河中填土不断侵占河道，渐渐形成一个如同半岛的工作平台。根据预计水位变化情况平台高出水位约0.5～1.0m，填筑料利用路基挖方弃土。随着往河中不断填筑，河水越来越深，水流流速越来越大，侵占变得越来越困难，倒入河中的填土很快会被水流带走。在此情况下，可采用大粒径石渣，或者采用大编织袋装土填筑侵占，但抛填石渣应在计划设置水泥搅拌桩位置的外侧（靠河流侧），防止后期水泥搅拌无法施工和影响水泥搅拌桩的防渗效果。筑岛范围根据施工需要确定。

3.2 水泥搅拌桩施工流程

水泥搅拌桩采用“两喷四搅”施工工艺，即：预搅下沉→喷浆搅拌提升→再复搅下沉→再喷浆搅拌提升。施工顺序为：原地面整平→测量放样桩位→钻机就位→预搅下沉→钻进至桩底深度→边喷浆、边搅拌、边提升钻头至桩顶→复搅至桩底深度→边喷浆、边搅拌、边提升钻头至桩顶→钻机移位施工下一根搅拌桩。

3.3 水泥搅拌桩围堰施工方法

由于基坑比较深，采用了内外双层水泥搅拌桩围堰。水泥搅拌桩直径50cm，内外层搅拌桩搭接20cm，围堰断面有效宽度80cm，相当于形成一道80cm厚的连续防渗墙。水泥搅拌桩施工时，相邻桩之间搭接20cm，注意在已完成桩水泥凝固前，相邻桩要施工完成。

搅拌桩浆液施工配合比：水泥：粉煤灰：水＝62.9：15.7：39.3，水胶比为0.5。

水泥搅拌桩施工所需设备：SJB30型水泥搅拌桩机1台，压浆泵1台，灰浆搅拌机1台，150kW发电机1台。具体施工方法如下。

(1) 钻机就位。将钻机安置在测设的孔位上，使钻头对准桩位。为保证钻孔达到要求的垂直度，钻机就位后必须作水平校正，使钻杆轴线垂直对准钻孔中心位置。以吊线锤校正机架垂直度，每工作班检查不少于2次，使垂直度偏差不超过1%。

(2) 射水试验。钻机就位后，进行低压射水试验，检查喷嘴是否畅通、压力是否正常。

(3) 预搅下沉。启动搅拌机，放松起吊钢丝绳，使搅拌机沿导向架搅拌下沉，下沉速度由电器控制装置的电流检测表控制，工作电流不应大于额定值。

(4) 制浆。浆液配比选定后，在桶上做好标记及水位控制线。首先将水加入桶内，再将水泥、粉煤灰按照配合比倒入。开动搅拌机搅拌，并经过筛后放入灰浆池备用。

(5) 喷浆搅拌提升。搅拌机钻进下沉到设计深度后，且电流明显增大时，说明已钻至持力层。继续钻入持力层50cm后，停止下钻，开启注浆泵，在桩底停留注浆约30s后，反向旋转、喷浆、提升。提升至地面以下1m时，减慢速度。当喷浆口至桩顶标高时，停止提升，搅拌10～20s，以保证桩头密实均匀，提升速度不超过每分钟0.5m。

(6) 重复上、下搅拌。搅拌机提升到设计桩顶后，集料斗中的水泥搅拌应正好排空。为使软土和水泥浆搅拌均匀，再次将搅拌机边旋转、边沉入土中，至桩底后，再重复喷浆搅拌提升工艺。

(7) 清洗。完成后，提升钻杆及钻头，向集料斗中注入适量清水，开启灰浆泵，清洗全部管路中残存的水泥浆，管内、机内不留残存浆液，将黏附在搅拌头的软土清洗干净。

(8) 移位。冲洗结束后，将钻机等机具设备移到新孔位上，重复上述步骤，进行下一根桩的施工。

4 效果分析

从实施效果来看，水泥搅拌桩防渗效果比较好，沿水泥搅拌桩垂直开挖基坑后，基坑壁呈干燥状态，几乎无渗水。但水泥搅拌桩围堰也有不足之处，与钢板桩一样，对于河底覆盖层比较薄的河床，水泥搅拌桩底无法伸入坚硬岩石，搅拌桩桩体底端无法生根，而是靠桩体自身重量抵挡外面的土压力和水压力。从实际情况分析看，对于覆盖层比较薄的河床，水泥搅拌桩以外筑岛面积越大，桩体以外的土体的自稳性越好，桩体受到的土压力就越小，基坑壁就越稳定。因此，筑岛时平台面积尽可能大些。另外，与钢板桩相比，搅拌桩桩体自身刚度远远大于钢板桩，无须像钢板桩围堰一样需要在其一侧设置水平支撑以增加围堰的整体刚度和稳定性。因此，没有内支撑的阻碍，施工中大大方便了基坑开挖、承台模板和钢筋的安装。

在施工过程中，也遇到了一些问题。个别水泥搅拌桩底部和基岩顶面连接不紧密，在高水头作用下，形成小的管涌，管涌越来越大，致使部分桩体底部悬空，造成围堰出现沉降和滑动现象。出现这些问题后，用直径ϕ200的钢管对沉降滑动的围堰段进行了支撑，增加了抽水设备，挖掘机在基坑外靠河侧，通过试探成功截断管涌，渗水得以控制，后续施工比较顺利。

5 结语

一般水中深基坑支挡防渗常用钢板桩，采用水泥搅拌桩围堰进行基坑支挡和防渗是新的尝试。工程实践证明，水泥搅拌桩围堰进行基坑支挡和防渗方案安全可靠，施工简单方便，技术可行，为深水基坑支挡防渗提供了一种有效的方法。

提高土工布试验检测效率的试验研究

姜建波/中国水利水电第三工程局有限公司勘测设计研究院

【摘　要】 广泛用于铁路、公路、水利等领域的土工布，进场使用前需按照《土工合成材料 短纤针刺非织造土工布》（GB/T 17638—2017）中的规定开展质量检测工作。检测一组土工布样品耗时约194min，其中样品制备环节需耗时约87min，占整个试验总用时的45.3%。本文通过采用自制模具减少土工布样品制备时间，从而提高检测效率和检测数据的准确性。该模具设计合理、操作便捷，可重复使用，便于推广。

【关键词】 土工布　试验检测

1　引言

中国电建承建的中老铁路工程MWZQ-Ⅳ标、MWZQ-Ⅴ标，管段内主要用于隧道工程和路基工程的土工布有1618185.62m²。按现行《土工合成材料 短纤针刺非织造土工布》（GB/T 17638—2017）中的规定，按交货批号的同一品种、同一规格的产品作为检验批，因此，检验工作量较大。

按照现行《土工合成材料 短纤针刺非织造土工布》（GB/T 17638—2017）中的规定，检测土工布需要开展的检测项目有纵横断裂强度、纵横撕破强力、顶破强力和单位面积质量等。在土工布试验检测制样环节，需试验检测人员测量、划线、裁剪等操作步骤。其中需制备土工布断裂强度检测试样有纵横各5个（每个需准确标出中间位置的夹持距离），制备土工布撕破强力检测试样有纵横各10个（每个需准确标出夹持区梯形试样和预撕破区梯形上底中间部分长15mm的切口），制备土工布顶破强力检测试样有5个圆形试样，制备土工布单位面积质量检测试样有10个，共需制备45个样品，测量、划线285次。土工布检测试样制备尺寸、数量及测量次数统计见表1。

表1　土工布检测试样制备尺寸、数量及测量次数统计表

检测项目	试样尺寸/mm	试样数量/个	测量、划线次数/次	备　注
纵横断裂强度	200×180长方体	10	80	在两短边180mm上，距中心位置左右方向50mm处，准确标出夹持区
纵横撕破强力	200×75长方体	20	160	在两长边200mm中间位置准确标出夹持区25mm（上底）×100mm（下底）×75mm（高）梯形试样尺寸，且在梯形上底中间部分准确标出预撕破区长15mm切口
顶破强力	直径200圆形	5	5	—
单位面积质量	100×100立方体	10	40	—
合计	—	45	285	—

由表1可以看出，检测土工布时，纵横断裂强度、纵横撕破强力试样制备过程较复杂。

2　土工布试验检测的背景

按照现行的规范要求试验操作熟练的检测人员，检测一组土工布样品耗时约193min55s，其中样品制备环节约需耗时87min45s，占整个试验总用时的45.3%（见表2）。在作业过程中，试验检测操作人员频繁测量、读尺、划线和手持裁刀，视线容易产生误差，握持裁刀的手易疲劳，从而影响试样制备的精度。

由表2可见：①土工布试验检测在样品制备方面，因检测人员频繁测量、读尺、划线和手持裁刀，视线和握持裁刀的手易疲劳，用时最大值和最小值波动较大；②检测过程用时最大值和最小值波动较小，主要原因是使用的微机伺服自动化程度较高的检测设备，加载速率

表 2　　土工布检测用时统计表

检测项目		样品制备用时/(min：s)	检测过程用时/(min：s)	制样＋检测用时/(min：s)
纵横断裂强度	最大值	23：10	34：45	57：55
	最小值	21：30	34：38	56：08
	平均值	22：20	34：40	57：00
纵横撕破强力	最大值	50：05	35：20	85：25
	最小值	48：10	34：40	82：50
	平均值	48：40	35：00	83：40
顶破强力	最大值	6：00	32：27	38：27
	最小值	5：10	32：10	37：20
	平均值	5：25	32：20	37：45
单位面积质量	最大值	12：20	4：20	16：40
	最小值	11：10	4：05	15：15
	平均值	11：20	4：10	15：30
合计		87：45	106：10	193：55

核定，检测用时波动只是检测样品更换过程的误差。

土工布检测用时＝样品制备用时＋检测过程用时，因此，提高土工布检测效率，主要是减少样品制备环节的用时。

3　土工布样品制备模具的试验研究

3.1　提高土工布检测效率的途径

使用于各工程建设中的土工布应及时检测，准确评判其品质质量，为工程进度和工程质量提供保障。提高土工布检测效率，必须解决针对土工布检测试样制备环节中耗时长的问题。根据土工布试验检测现状调查的数据进行测算，如果土工布检测制备样品用时减少 50%，土工布检测效率在相同环境下，同一组土工布样品检测效率可提高 22.6%。即：[(87min45s×50%)＋106min10s]÷193min55s＝77.4%，1－77.4%＝22.6%。

通过分析研究，只要寻求、解决、研究满足土工布试样快速制备的方法，使土工布检测样品制备时间减少 50%，则可以实现每组土工布样品检测效率提高 22.6%。按照现行规范、规程的要求，土工布样品制备需试验检测人员测量、划线、裁剪操作步骤（以下简称传统方法），没有叙述其他方法和固定模具可以利用的案例。本文介绍的是采用厚度为 25mm 坚硬、耐磨木质材料制作土工布试验检测项目的试样制作模具本体，模具本体的外侧面镶嵌钢质的光滑条，与模具本体外侧面相平齐。模具本体的底面、光滑条的内侧，采用橡胶材质材料设置，用于增强其与土工布贴合强度的贴合加强条。制作模具尺寸偏差均控制在±1mm。

3.2　土工布样品制备模具的特点

土工布纵横断裂强度、纵横撕破强力、顶破强力模具和单位面积质量制作模具尺寸偏差控制在±1mm，满足现行规范的要求。且该套模具在制备土工布检测试样时采用切割方式，与传统方法相比，可提高裁剪试样尺寸的精度，减少测量次数，从而提高制备效率。

(1) 土工布纵横断裂强度模具为长方形，尺寸为 200mm×180mm。模具本体 1 的底面设置有用于方便对土工布进行顺利裁切的光滑条 2，光滑条的外侧面与模具本体的外侧面相平齐；模具的底面设置有用于增强其与土工布贴合强度的贴合加强条 5，贴合加强条位于光滑条的内侧。模具本体的顶面设置有用于方便手持和按压所述模具本体的手柄 3。模具两个宽边上均设置有用于标出夹持线定位点的两个定位点开口 4，两个定位点开口 4 之间的距离为 100mm，每个定位点开口 4 距离所述模具本体 1 长边的距离为 40mm（见图 1）。每个夹持线定位点按照规定的尺寸测量出的准确位置，采用裁刀切出 5cm 开口，模具本体尺寸和每个开口尺寸偏差均控制在±1mm。

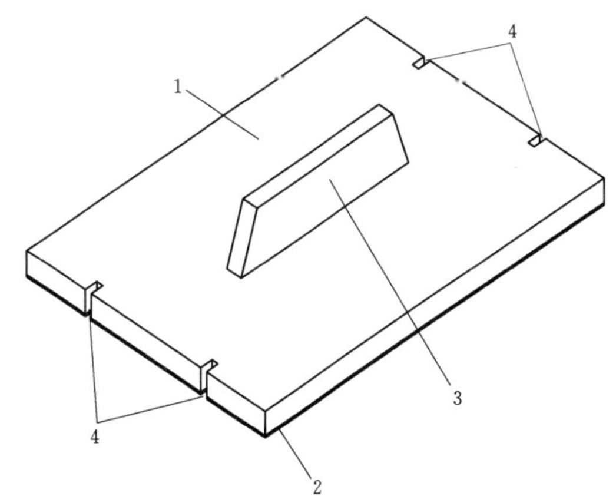

图 1　土工布纵横断裂强度模具图

采用该模具制备土工布纵横各 5 个断裂强度试样与传统制样方法对比，可以减少 4（单样测量次数）×10（试样数）＝40 次测量程序，且该模具制备试样采用的是切割方式，较传统方法的裁剪方式对加工试样的尺寸提高了精度。

(2) 土工布纵横撕破强力模具为长方形，其尺寸为 200mm×75mm。模具本体 1 的底面设置有用于方便对土工布进行顺利裁切的光滑条 2，光滑条的外侧面与模具本体的外侧面相平齐。模具的底面设置有用于增强其与土工布贴合强度的贴合加强条 5，贴合加强条位于光滑条的内侧。模具本体的顶面设置有用于方便手持和按压所述模具本体的手柄 3。模具一个长边的中心位置处设有预撕破区切口 6，所述预撕破区切口 6 两侧距离 12.5mm 处分别设置有第一夹持线定位点切口 7 和第二夹持线定点位切口 8，模具的另一个长边上距离中间位置两侧各 50mm 处分别设置有第三夹持线定点位切口 9 和第四夹持线定点位切口 10。第一夹持线定点位切口 7、第二夹持线定点位切口 8、第三夹持线定点位切口 9 和第四夹持线定点位切口 10 构成等腰梯形。其中，预撕破区切口 6 按照规定尺寸沿模具宽边方向上准确测量出长度为 15mm 位置用裁刀切出开口；夹持线定位点 7、8、9、10 按照规定尺寸测量出的准确位置，采用裁刀切出 5cm 开口（见图 2）。模具本体尺寸、预撕破区尺寸和每个开口尺寸偏差均控制在±1mm。

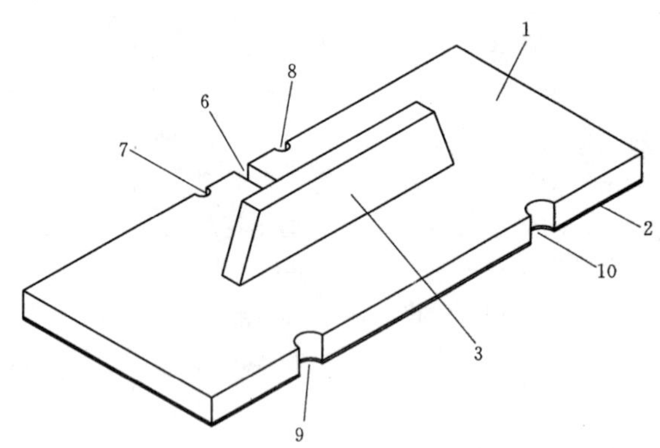

图 2　土工布纵横撕破强力模具图

采用该模具制备土工布纵横各 10 个撕破强力试样与传统制样方法对比，可以减少 5（单样测量次数）×20（试样数）＝100 次测量程序，且该模具制备试样采用的是切割方式，较传统方法的裁剪方式对加工试样的尺寸提高了精度。

（3）土工布顶破强力模具为圆形，其半径为 100mm。模具本体 1 的底面设置有用于方便对土工布进行顺利裁切的光滑条 2，光滑条的外侧面与模具本体的外侧面相平齐。模具的底面设置有用于增强其与土工布贴合强度的贴合加强条 4，贴合加强条位于光滑条的内侧。模具本体的顶面设置有用于方便手持和按压所述模具本体的手柄 3（见图 3）。

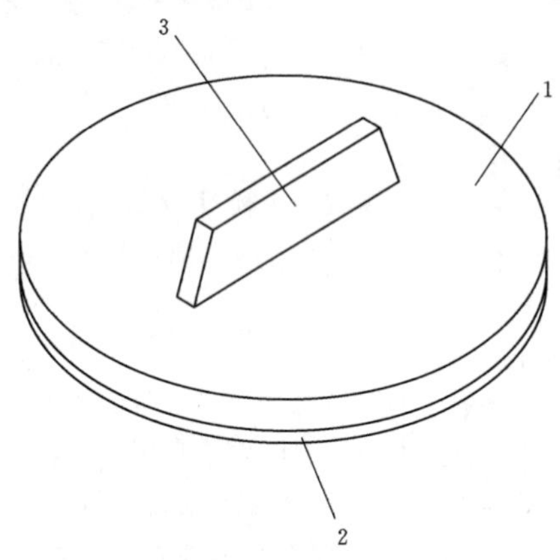

图 3　土工布顶破强力模具图

采用该模具制备土工布 5 个顶破强力试样与传统制样方法对比，可以减少 2（单样测量次数）×5（试样数）＝10 次测量程序，且该模具制备试样采用的是切割方式，较传统方法的裁剪方式对加工试样的尺寸提高了精度。

（4）土工布单位面积质量模具为正方形，其尺寸为 100mm×100mm。模具本体 1 的底面设置有用于方便对土工布进行顺利裁切的光滑条 2，光滑条的外侧面与模具本体的外侧面相平齐。模具的底面设置有用于增强其与土工布贴合强度的贴合加强条 4，贴合加强条位于光滑条的内侧，模具本体的顶面设置有用于方便手持和按压所述模具本体的手柄 3（见图 4）。

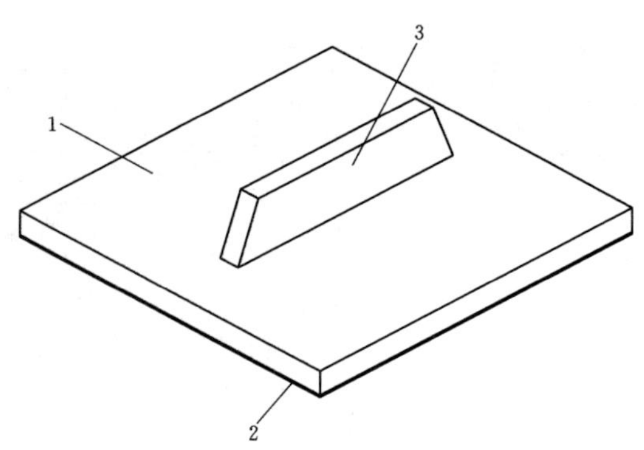

图 4　土工布单位面积质量模具图

采用该模具制备土工布 10 个单位面积质量试样与传统制样方法对比，可以减少 4（单样测量次数）×10（试样数）＝40 次测量程序，且该模具制备试样采用的是切割方式，较传统方法的裁剪方式对加工试样的尺寸提高了精度。

4　土工布样品制备模具的实施操作步骤

4.1　制备土工布纵横断裂强度样品模具实施操作步骤

步骤 1：先将该模具放置在被检测的土工布样品的纵向，一手紧按模具的手柄 3，一手持裁刀沿模具四周切裁试样，此时通过光滑条 2 的引导，顺利裁切。

步骤 2：沿两个短边方向利用定位点开口 4 标出定位点，从而分别标出长 100mm 的夹持线。

步骤 3：移开模具，用记号笔、直尺通过定位点画出夹持线，第 1 个纵向断裂强度试样完成。

步骤 4：按照步骤 1～步骤 3 操作，再纵向移动模具依次切出剩余的 4 个试样，5 个纵向试样完成。再按照步骤 1～步骤 4 的操作在检测的土工布样品的横向上，依次切出 5 个横向断裂强度试样。

4.2 制备土工布纵横撕破强力样品模具实施操作步骤

步骤 1：先将该模具放置在被检测的土工布样品的纵向，一手紧按手柄 3，一手持裁刀沿该模具四周切裁试样。

步骤 2：沿两长边方向利用第一夹持线定点位切口 7、第二夹持线定点位切口 8、第三夹持线定点位切口 9 和第四夹持线定点位切口 10 标记出夹持线的定位点，从而分别标出等腰梯形的上底和下底四个夹持线的点位。

步骤 3：利用预撕破区切口 6，在土工布的等腰梯形上底中间部分切出预撕破区长 15mm 的切口。

步骤 4：移开模具，用记号笔、直尺通过定位点画出夹持线，第 1 个纵向撕破强力试样完成。

步骤 5：按照步骤 1～步骤 4 操作，在纵向移动模具依次切出剩余的 9 个试样，10 个纵向试样完成。再按照步骤 1～步骤 5 操作，在检测的土工布样品的横向上，依次裁出 10 个横向撕破强力试样。

4.3 制备土工布顶破强力样品模具实施操作步骤

步骤 1：将该模具放置在被检测的土工布样品上，一手紧按手柄 3，一手持裁刀沿模具切裁圆形试样。

步骤 2：第 1 个顶破强力试样完成。

步骤 3：在被测样品上移动模具按照步骤 1 和步骤 2 操作，依次切出剩余的 4 个顶破强力试样。

4.4 制备土工布单位面积质量样品模具实施操作步骤

步骤 1：将该模具放置在被检测的土工布样品上，一手紧按模具的手柄 3，一手持裁刀沿模具四周切裁试样。

步骤 2：第 1 个单位面积质量试样完成。

步骤 3：在被测样品上移动模具，依次切出剩余的 9 个单位面积质量试样。

5 土工布样品制备模具的应用效果

通过同一操作人员，分别采用传统制样方法和使用模具制样方法制备土工布试样，并对所用耗时进行统计比较，可以看出土工布样品制备模具的应用效果（见表 3）。

表 3 传统方法与模具方法制备土工布试样耗时对比

制备方法	断裂强度试样制样时间/(min：s)	撕破强力试样制样时间/(min：s)	顶破强力试样制样时间/(min：s)	单位面积质量试样制样时间/(min：s)	合计制样用时/(min：s)
传统方法	22：20	48：40	5：25	11：20	87：45
自制模具	10：10	21：20	3：00	3：50	38：20

由表 3 可知：①使用自制模具制备土工布各检测项目样品的耗时，均小于传统方法样品制备耗时；②减少测量次数，40（断裂强度试样）＋100（撕破强力试样）＋10（顶破强力试样）＋40（单位面积质量试样）＝190 次测量程序；③样品制备环节效率提高了 56.3％；④检测一组土工布样品效率提高了 25.5％。

6 结语

本文开展的提高土工布试验检测效率的试验研究，在样品制备环节所采用自制模具，利用切割方式，较传统方法的裁剪方式对加工试样的尺寸提高了精度，减少了测量次数，减轻了试验操作人员的劳动强度，提高了样品制备效率。模具方法使样品制备环节提高了 56.3％的效率，从而大大缩短了土工布的检测时间，检测总效率提高了 25.5％。样品制备模具设计合理、操作便捷，可重复使用，便于推广。

污水处理站在中老铁路磨万线施工中的应用

何　凯　张　鹏/中国水利水电第十工程局有限公司

【摘　要】 本文以中老铁路磨万线第Ⅴ标段内隧道工程施工期废水整治为工程依托，对各隧道地质情况、隧道临近河流、村庄、道路等自然情况，进行了深入调研和分析，确定了隧道施工期污水处理的施工方案，并建立了污水处理站。使用期间的运行情况及水质检测结果表明，采用污水处理站及相应的辅助处理措施取得了良好的效果。

【关键词】 隧道　施工废水　污水处理站

新建中老铁路磨万线起于中老边境磨丁口岸，终到老挝首都万象市，线路全长414.516km。铁路建设全部采用中国标准，等级为中国Ⅰ级单线铁路，电力牵引，设计行车速度160km/h。老挝是一个以旅游业为主要经济来源的国家，水系发达，环境优美。中老铁路磨丁至万象线沿线穿越老挝5个省份，均为老挝旅游胜地，环保和水保一直是该项目的重点，也是决定磨万铁路工程成败的关键因素之一。

1　工程概况

新建中老铁路磨万线第Ⅴ标段正线长38.6km，隧道共8座，计长12.568km。其中那单村隧道、纳道村隧道、芬果村1#隧道横洞、芬果村2#隧道的出口均紧邻村庄、河道及13#公路，环保压力大，一直是隧道施工的重点。

那单村隧道出口、纳道村隧道进口紧邻村庄、楠松河主河道、13#公路，楠波河为老挝主要河流，线路临近万荣县城和13#公路。楠松河为老挝主要河流，水流量大，支流多，依河道而开发的漂流、跳水、餐饮等产业为万荣的支柱产业。排放点距离居民区和13#公路仅500m，附近居民多利用河水灌溉、洗菜、游泳等，不排除饮用。且交叉口1座当地桥梁为旅游观光点，国际友人、行人密集，环保尤为重要。

纳道村隧道出口位于万荣县城北约13km，紧邻村庄、楠帕河河道和13#公路。纳道村隧道出口里程DK274+770，洞口处有楠帕河主河道，下游约500m为村庄和13#公路。芬果村1#隧道横洞位于万荣县城北约12km，紧邻村庄和13#公路。芬果村1#隧道横洞里程DK276+250，下游约500m为村庄和13#公路。

13#公路是老挝当地唯一1条贯穿老挝南北方向的主干路，公路车流量和客流量大。老挝旅游业发达，来往国际友人多，13#公路是必经之路，能直接观察到项目的标准化建设施工情况与环保水保情况，环保水保的好坏直接关系到公司乃至“一带一路”项目在国际的影响。

万荣地区动植物资源丰富，环境敏感区分布较多，建立有以保护生物多样性为主的国家级自然保护区，自然景区多且距离线位较近。万象市地处万象平原，水系河网密布。本标段环保要求高，环保水保任务重。

2　环保水保施工方案

铁路隧道施工期废水处理一直是铁路隧道施工过程的重要环节，为有效地达到污水处理效果并节约投资，磨丁至万象线铁路隧道施工期废水处理采用洞口沉淀池与污水处理站相互配合的方式进行处理。即首先将隧道施工废水引入洞口沉淀池，进行简单的沉淀处理后，再引入污水处理站，通过混凝~沉淀~气浮~过滤等一系列工艺组合处理废水，使其达到最佳效果。

根据现场各隧道规划以及各隧道水文地质条件，最后决定在那单村隧道出口、纳道村隧道进口共设一处污水处理站，纳道村隧道出口、芬果村1#横洞各修建一处污水处理站。

3　污水处理站位置选择

根据现场地质条件，针对各隧道洞口布置和自然环境等情况，制定出最佳污水处理站布局。污水处理站与各洞口位置关系情况如下。

(1) 那单村隧道出口及纳道村隧道进口污水处理站位置选取。经过现场勘查，发现河道上游地势平坦，污水处理站选在距离隧道洞口沉淀池较近处，高差为6m。布置图详见图1。

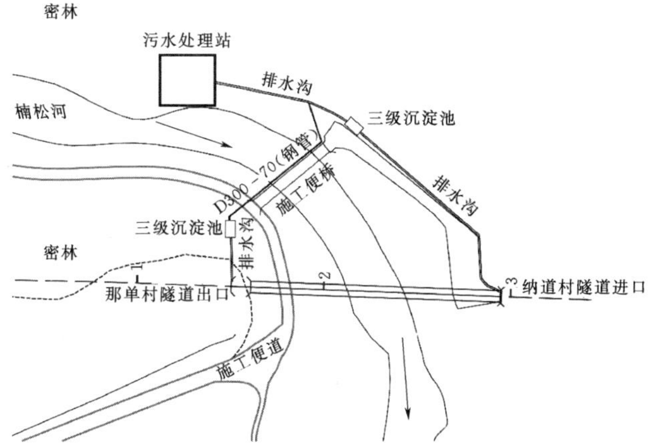

图1 那单村隧道出口及纳道村隧道进口污水处理站平面布置图

(2) 纳道村隧道出口污水处理站位置选取。经过现场勘查发现河道下游地势平坦，污水处理站选在距离隧道洞口沉淀池较近处，高差为11m。布置图见图2。

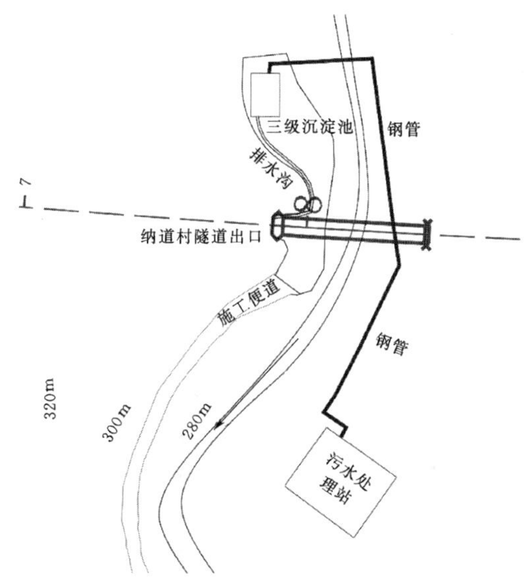

图2 纳道村隧道出口污水处理站平面布置图

(3) 芬果村1#隧道横洞污水处理站位置选取。经过现场勘查发现横洞下方地势平坦，污水处理站选在距离隧道洞口沉淀池较近处，高差为9m。布置图见图3。

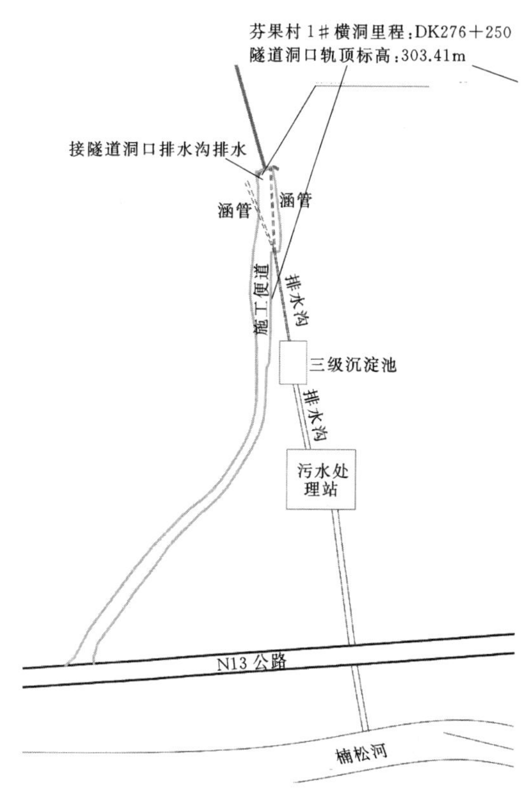

图3 芬果村1#隧道横洞污水处理站平面布置图

4 污水处理站修建

4.1 管道施工

(1) 管沟开挖。管沟分段开挖，并合理确定开挖顺序和分层开挖深度，若有坡度，应由低向高处进行。当接近地下水时，应先开挖最低处土方，以便于在最低处排水。管沟弃土尽量堆放在沟一侧，如管沟较深，可两侧堆土。弃土堆坡角距管沟上缘距离不少于0.8m，弃土堆高度不超过1.5m。

(2) 管道铺设。下管时采用人工双绳下设，并使管子平稳地进入沟内。非金属管道不得与沟壁和管道基础相碰。铺管球墨铸铁管时，承口一律朝向来水方向，爬坡段朝向上坡方向。铺设管道前，先进行管道检查，清除承口毛刺和杂物，检查管节有无裂缝。无缝钢管的接口采用焊接。焊接时将配管的端部加工成坡口，用手工或自动焊对配管做环状焊接。给水PE管道的连接采用热熔对接连接。给水球墨铸铁管连接采用橡胶圈对接连接。

(3) 给水管道水压试验。管道水压试验的要点如下：

1) 水压试验要统一指挥，明确分工，对后背、支墩、接口、排气阀等都由专人负责检查，并明确规定发现问题时的联络信号。

2) 管道接口完成后，用短管甲、短管乙及盲板将试压管段两端及三通处封闭，试压管段接口外填土至管顶以上50cm并夯实。做好后背及闸门、三通等管件加固。由低点进水，高点排气，注满水后浸泡24h后，在试验压力下10min降压不大于0.05MPa时为合格。

3) 水压试验应逐步升压，每次升压以0.2MPa为宜，每次升压以后，稳压检查无问题时再继续升压。

4）给水管道水压试验根据各站段实际地理情况，分段进行，每次长度不超过1km。

（4）排水管道闭水试验。排水管道闭水试验首先将管道用水浸润24h，然后将水补充到管顶2m进行闭水试验，漏水量试验时间不小于30min。排水管道压力试验同给水管道的压力试验。

4.2 给水阀门井室施工

阀门井室均为砖砌体，使用MU10烧结实心砖、M10水泥砂浆砌筑。井室基础为0.3m厚土垫层，0.3m厚3：7灰土，0.2m厚C30混凝土井底板。井室内壁采用1：2防水砂浆抹面，砌体抹面砂浆与基层应黏结紧密牢固。井室内管道进出口处用水泥砂浆填塞抹实。阀门井位于铺装地面上，井口与地面齐平。在非铺装地面上，井盖高出地面不应小于100mm，并在井口作2%的护坡。

各井室内阀门的安装位置、进出口方向应正确，连接应牢固、严密，启闭应灵活，表面洁净，涂漆良好，阀底处均设砖支墩，支墩必须托住阀底。

4.3 排水检查井施工

（1）井坑开挖。井坑和基井坑应与管沟同时开挖，开挖时井座主管线应与管沟中管道在同一轴线。井坑边坡与管沟边坡一致。井坑开挖应根据选用的规格，考虑井座主管线偏置因素，偏置端的坑壁应与管沟齐平。

（2）检查井接管安装。安装要点如下。

1）检查井座与管道连接安装顺序，应先从接户管上游段开始安装，并以井～管～井～管顺序安装，逐渐向下游支管、干管延伸。

2）井座与汇入管，排出管连接需要变径。采用异径接头时，当汇入管径小于井座接口管径时，应管顶平接；井座排出管接口大于下游管道时，应管内底平接。

3）管道采用可变角接头或球形接头调整坡度时，当其管径为315mm，应采用专用工具，不得使用链条扳手。

4）附加接头的安装，应根据井筒尺寸和连接管道的直径，采用专用工具在井壁上开孔，孔洞圆周边缘应平整，安装附加接头不得倒坡。

（3）井筒安装。安装要点如下：

1）井筒的长度应为井座连接井筒的承口底部至设计地面的高度，再减去井筒顶至地面的净距。当地面或路面标高难以精确确定时，井筒长度可适当预留余量。

2）井筒插入井座应保持垂直。井筒插接时，不得使用重锤敲打，应采用专用收紧工具。

（4）井盖安装。安装要点如下：

1）井盖安装前应精确测量井筒的长度，切割井筒的多余部分。

2）有防护盖座的污水检查井的井筒上口还应安装内盖。

4.4 构筑物施工

基础开挖前应查勘现场，掌握地形地貌、水文地质、临近建筑、地下埋设物、堆积障碍物及水电管线等资料，以便研究制定施工方案，并根据设计坐标测量放线，开挖边缘线设置边桩和防护桩。

构筑物混凝土施工要点如下。

（1）混凝土按水平面分段分层，均匀连续浇筑，对池壁应分层交圈。每层厚30～50cm。浇筑高度超过1.5m时，使用串筒、溜槽下料。

（2）混凝土振捣密实，以提高混凝土抗渗性能。

（3）加强养护，防止混凝土出现冷缩。防水混凝土浇筑完毕后，根据现场气温条件及时覆盖和洒水养护，养护时间不少于14d。池外壁在回填土时撤除养护。

（4）施工缝、变形缝处理。混凝土结构水平施工缝留平直缝，并采用钢板止水带加强施工缝处结构混凝土的防水。钢板止水带在转角处应做成圆弧形。

4.5 设备安装

混凝投药设备选型按照设计图纸均选用JY-0.3/0.72A-1型成套加药设备。组合式气浮过滤除污设备均按照20m^3/h处理量进行订货，整个设备由厂家成套供应。污水泵采用50QW15-20-1.5型潜污泵，一用一备，控制柜实行自动控制。设备基础根据设备尺寸进行砌筑，基础施工参照构筑物钢筋混凝土施工流程，预埋件施工按照设备预埋尺寸进行预留预埋。安装时按照设备使用说明书进行，调试前检查管道阀门连接是否紧固，控制系统检查电源回路是否连通、是否接地，检查无误后方可通电调试。

5 污水处理效果

污水处理站试运行前后对水质进行了检测，检测结果如下：未经过污水处理站处理的施工废水Cl=13mg/L，SO_4^{2-}=30.15mg/L，Mg=51.46mg/L，侵蚀CO_2=24.59mg/L；经过污水处理站处理的施工废水Cl=2mg/L，SO_4^{2-}=25mg/L，Mg=44.12mg/L，侵蚀CO_2=21.23mg/L。由上述检测数据可知，污水处理站处理效果明显，处理后的水达到排放标准。

6 结语

隧道施工期废水处理一直是隧道施工的重要环节，与铁路隧道施工有着密切关系，尤其是海外项目，环保水保一直是各方关注的重点，在施工中需引起足够重视并加以妥善处理。为此，必须有效处理标段内隧道施工期废水，保证工程正常施工，实现环保零投诉，尽量减少对工程涉及的自然资源、水源保护区等环境敏感点的影响。经对污水处理站处理后的水进行水质检测，检测结果显示处理效果较好，表明中老铁路工程建设中的污水处理方案和技术要求是可行且有效的。

参考文献

[1] 曾科，卜秋平，陆少鸣. 污水处理厂设计与运行［M］. 北京：化学工业出版社，2001.

[2] 唐受印. 水处理工程师手册［M］. 北京：化学工业出版社，2000.

本栏目审稿人：李 林

铁路隧道水沟电缆槽自行式液压台车快速施工技术

张国元 柏 林 韩景涛/中国水电建设集团十五工程局有限公司

【摘 要】本文以中老铁路庚凯村隧道水沟电缆槽施工为例，介绍了水沟电缆槽自行式液压台车的结构设计、工艺原理、施工流程、操作要点以及经济效益分析。

【关键词】铁路隧道 沟槽 自行式液压台车 施工技术

1 引言

随着铁路建设速度的不断加快，隧道沟槽施工逐渐从传统的工艺转为机械化施工。在过去，隧道水沟及电缆槽施工一般都是使用小模板组合施工技术，存在很多不足之处，包括作业工序多、耗时长、加固支撑多、整体外观欠佳、质量难控制，且施工现场交叉作业时施工难度大，施工成本比较高等，为了解决这些问题，选择作业工序简化、缩短施工时间、提高质量标准的机械化沟槽移动模架成为隧道沟槽施工发展的必然趋势。

庚凯村隧道引进了自行式液压水沟电缆槽台车进行施工，显著改善了传统模式的不足之处，降低了人工成本，提高了工效，改善了沟槽施工质量，取得了较好的效果，带来了较大的经济效益，隧道沟槽施工积累了丰富的经验。

2 工艺原理

自行式液压水沟电缆槽移动模架的主要组成包括：模架、定型钢模、液压系统、电气控制系统和行走系统。根据需要，模架按一次浇筑12m水沟电缆槽进行设计。以门架作为支撑，通过水平液压杆、竖向液压杆、斜向液压杆悬吊并移动模板到设计位置，通过定型模板顶部“定位卡”固定模板与模板之间的相对位置和模板与模架的相对位置；模板固定后，浇筑结构；待结构成型脱模后，通过电动轨道行走系统使模架整体移动到下一模混凝土浇筑的位置。自行式液压水沟电缆槽移动模架结构见图1。

图1 自行式液压水沟电缆槽移动模架

铁路单线隧道结构横断面图见图2。

铁路单线隧道水沟电缆槽横断面图见图3。

3 施工工艺流程及操作要点

3.1 施工工艺流程

施工过程一般包括：施工准备（放样及凿毛）、模架就位、模板定位、安装定位卡、灌注混凝土、拆模养护、转场施工下一循环等。

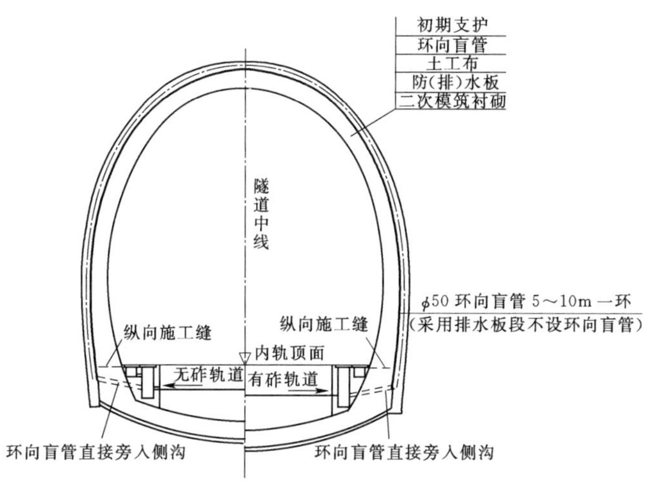

图2　铁路单线隧道结构横断面图（单位：mm）

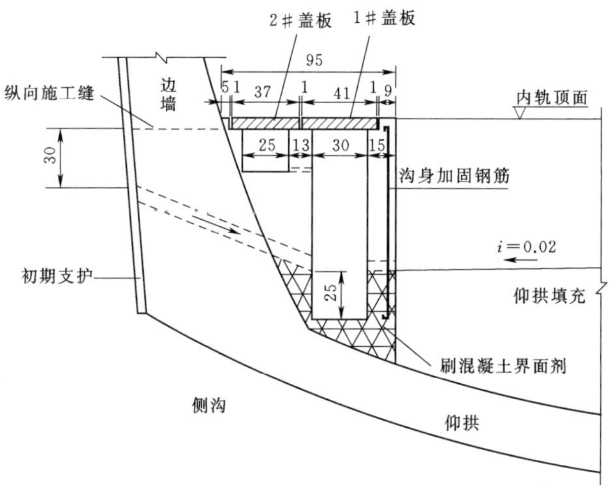

图3　铁路单线隧道水沟电缆槽横断面图（单位：cm）

3.2　移动模架操作要点

拼装结束后，用手持角磨机对模板表面除锈打磨，对无法调整的模板接缝处的小错台用手持砂轮机磨平，用加垫子或抹腻子等办法消除缝隙。

移动模架就位。

（1）启动移动模架的动力马达，将移动模架移动到施工位置，操作基础千斤顶，使其顶撑于钢轨上并且要旋紧。

（2）让竖向油缸不断下降，让模架的模板能够达到设计预定的高度，然后再旋转顶部竖向千斤顶让其稳定地定位。

（3）使用液压换向阀使水平油缸继续撑出，使模架的边模到达预定位置。

（4）装好水平支撑的千斤顶丝杠。

（5）关闭油泵电机，来回地摇动手动换向阀的手柄，让水平油缸能够卸压，调节水平支撑的千斤顶丝杠，让模架边模进入浇注状态。

（6）装好撑地的千斤顶丝杠，安装端头模板。

施工工艺流程详见图4。

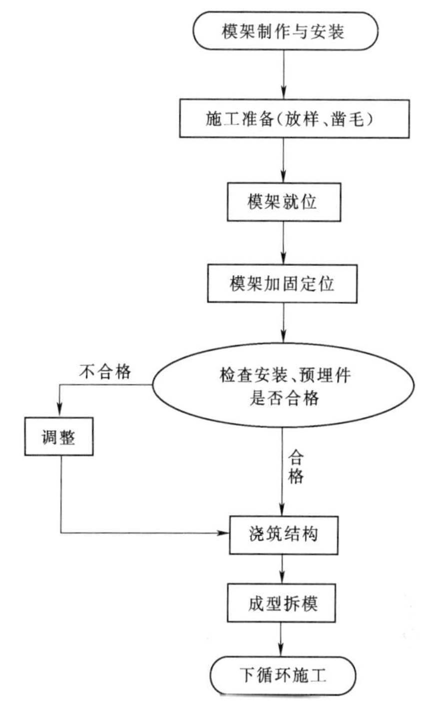

图4　施工工艺流程图

3.3　现场施工要点

3.3.1　测量放线

测量人员放出隧道中线、水沟电缆槽高程及施工位置控制点。由于移动模架长度为12m，现场放样点纵向间距定为6m，保证每一浇筑段水沟电缆槽模板有3个平面和高程控制点；施工放样点应布设于水沟电缆槽外模靠线路侧10cm，避免施工过程中点位被模板遮挡或点位被破坏。

3.3.2　钢筋制安

施工水沟电缆槽墙身钢筋，并将衬砌引出的综合接地钢筋接长并与水沟墙身顶部的一根纵向通长钢筋焊接。按综合接地要求，该通长钢筋必须每100m断开一次。

3.3.3　预埋件设置检查

根据设计要求将衬砌排水盲管接出，安装横向排水管。电缆槽与水沟之间的隔墙预留泄水槽，焊接接地端子和接出过轨钢管。所有预埋件必须保证安装牢固。

3.3.4　模板加固

水沟电缆槽移动模架模板通过液压系统和整体台架进行加固，其电缆槽外模侧通过在仰拱填充混凝土上植入钢筋进一步加固；模板上口每6m通过角钢限制各块模板之间的相对位置并加固；端头模板利用钢模端头焊接的圆箍筋，再插入钢管固定。

3.3.5 混凝土浇筑

混凝土均匀分层浇筑，一次浇筑完成。因沟槽断面小，不能直接用罐车入模，需要用铁皮制成平口“U”型溜槽，便于引导混凝土入模，使模内混凝土面均匀上升。混凝土坍塌宜控制在14～16cm范围内。

3.3.6 拆模及养护

因拆模全部通过液压系统操作，操作不当容易破坏混凝土棱角，因此要求拆模前养护不得少于8h。拆模时，先拆除端头模板及加固设施，再通过液压系统拆除水沟电缆槽外模，最后通过液压升降系统将水沟电缆槽模板整体上移。拆模过程中禁止启动横向液压系统，避免模板横向移动破坏水沟电缆槽结构。混凝土脱模后及时覆盖洒水养护，养护不得少于14d。

3.4 劳动力组织

劳动力组织分工情况见表1。

表1 施工人员配置及职责分工

序号	人员工种	人数	主要工作职责
1	技术人员	1	进行施工的技术指导
2	试验工程师	1	进行混凝土的质量检查
3	质检工程师	1	进行施工的质量控制
4	混凝土工	3	进行现场的具体施工
合计	—	6	—

4 质量控制与安全保护措施

4.1 质量控制

（1）为了防止模板、移动模架与定位卡出现结构形变，部件的刚度不能低于设计要求。

（2）严格进行测量数据复核制，确保测量放线数据是准确无误的。

（3）模板在使用前要涂抹脱模剂并且涂抹要均匀。

（4）浇筑结构之前，严格按照“自检、互检、交检”三检制度，确保使用结构的尺寸、预埋件的设置位置都是准确无误的。

（5）混凝土的材料质量要有保障，并且混凝土需要按照要求进行调配，杜绝凭经验进行调配。

（6）混凝土浇筑完要进行养护，强度能够达到拆模强度要求才进行拆模，随后就可以将整个模架移动到下一施工地点进行下一组的作业。

4.2 安全环保措施

施工中所有环节都必须严格的遵守隧道或相关地下工程的规程中的安全规定，确保施工各环节都是合理、科学、安全的。特别需要注意以下这几点。

（1）模架拼装，这一拼装过程中应该将要行走的滑轮先制动，这能防止模架出现自然溜滑，滑溜失控可能会导致事故发生。

（2）材料移动，特别是一些大型、重型材料进行移动时，最好使用机械牵引设备来进行移动，如果因为空间限制只能依靠人工进行搬运时，需要配置专人在旁进行指挥，避免重物落地造成人员损伤。

（3）丝杆、螺帽这些需要调整后才能使用到设备中、调整时必须使用专用工具，赤手操作很容易出现划伤和压伤。

（4）传统的沟槽施工很容易就出现环境破坏情况，这对于施工单位形象非常不利，虽然很多环节的破坏是不可避免的，但是对于一些废物、废水、垃圾要进行控制。所以在各环节施工中都需要按照国家的环境保护规定进行施工，对于垃圾、废物、废材、废油等需施工完成后及时进行清理，不要造成环境污染，管理人员把环境保护纳入管理、监督工作中去。

5 经济效益分析

5.1 施工质量高

从混凝土的运输、浇筑到脱模都是机械一体化流水施工，这就很大程度提高施工的速度。使用水沟电缆槽移动模架，施工的质量更容易控制，移动模架的模板按整体钢模设计，模板的强度大且稳定性好，能有效地避免施工当中“跑模”现象发生；沟槽侧墙属于薄壁钢筋混凝土，插入振捣困难，在钢模上安装附着式振动器进行振捣，确保其振捣效果，避免出现人工振捣产生流沙和蜂窝麻面现象。

5.2 施工劳动强度低，施工周期短，效率高节约成本

在过去的隧道水沟电缆槽施工中，传统施工方法采用小块模板进行拼装，整体性差，模板安装及加固支撑、模板拆除耗时较长，每循环施工模板采用人工倒运，施工效率低，每循环施工周期一般为24～36h。采用液压水沟电缆槽移动模架施工，移动模架双侧拆模时间仅20min，移动仅需要2min，双侧定位10min，其模板加固基本靠模架本身，因此只需要安装端头模板，加固外模底部，安装角钢限位，仅需要1h；安装预埋件及模板表面清理刷油需1h，施工前凿毛和安装钢筋约1.5h，浇筑混凝土需要4h，整个施工过程约8h。而传统拼装式模板要施工相同长度，拆模需要2h，然后重新安装模板和定位加固，需要3.5h，其余工序与水沟电缆槽模架一致，约6h，共计需要12h。因此节省施工时间4h，大大提高了工作效率，并且主要利用机械作业，因此劳动强度大大降低。基本上水沟电缆槽模架可以保证

每天浇筑1板，而传统拼装模板一般需要2d才可浇筑1板，并且因模板拆除后需要安放，占用隧道行车道，影响其他工序施工。使用水沟电缆槽模架施工后，其进度大大提高，节省隧道整体施工工期。具体功效对比见表2。

表2 功效指标对比

序号	项 目	移动模架式/min	传统拼装式/min
1	双侧拆模	30	120
2	施工前凿毛及钢筋安装	90	90
3	模板安装加固	60	210
4	预埋件安装及刷油	60	60
5	浇筑混凝土	240	240
6	合计	480 (8h)	720 (12h)

模板固定不需要临时支撑，成本明显降低。由于施工机械化程度高，使用方便，也降低了人力的劳动强度，减少了人力投入。

5.3 经济效益好

水沟电缆槽移动模架与传统拼装水沟电缆槽模板相比，具有施工机械化程度高、模板损耗底、施工效率高、施工成本低、操作简单等特点，具有明显的经济效益，以庚凯村隧道水沟电缆槽施工具体经济效益对比见表3。

表3 经济效益计算表

项 目	计算依据	效益结果
班组人员	常规施工6人，采用移动模架后3人	节约3人
人员劳动强度	按常规施工，模架相关材料需人工搬运；使用移动模架后，实现整体移动，速度更快	劳动强度明显降低
每循环时间	使用前12h，使用后8h	节约4h
效益分析	每循环工时节省：6人×12h－3人×8h=48工时 每循环节省费用：48工时×30元/工时=1440元 节省率：1－(3人×8h)÷(6人×10h)×100%=60%	节省工费60%

6 结语

隧道水沟电缆槽采用自行式液压台车施工，施工速度快，混凝土外观质量高，需要的作业人数少，操作简单，施工劳动强度人人降低，施工干扰小，节省了成本，提高了功效，是一种比较先进的施工方法，在铁路、公路隧道施工中值得推广和应用。

铁路三跨连续梁一次合龙施工技术

党若弼　杨广安　韩亚军/中国水利水电第十五工程局有限公司

【摘　要】连续梁一般采用挂篮分段悬浇，对于三跨连续梁的合龙顺序，一般先边跨后中跨，也有先中跨后边跨。本文以中老铁路欣合楠里河特大桥连续梁施工为例，介绍了另一种连续梁的合龙施工顺序，即只需中跨合龙一次，简化了工序，施工简单，省去了两次合龙时采取的各种措施。

【关键词】铁路　连续梁　挂篮施工　合龙　施工技术

1　工程概况

欣合楠里河特大桥全长639m，位于左偏圆曲线上，共18跨，桥跨组合形式为[1×24+4×32+(48+80+48)+1×32+3×24+5×32+1×24]m，跨河主桥为（48+80+48)m预应力混凝土连续梁，采用挂篮悬灌施工，其余为预应力混凝土简支T梁，采用梁场预制、运架施工。桥墩均为圆端实心墩，最大墩高24.5m，6＃、7＃为连续梁主墩，位于深水中，桥梁基础采用钻孔灌注桩。

连续梁采用单箱单室结构，顶板宽7m，底板宽4m，最大梁高6m，梁体预应力采用纵向、横向、竖向三向预应力体系。

2　梁段划分及施工顺序

梁体划分为12个梁段：0＃块段长12m，高度6.0～5.31m；1＃～9＃块段为挂篮对称悬浇梁段，长度分3.0m、3.5m和4.0m，其中最大悬浇梁段为1＃梁段，重量为80t；10＃块段为合龙段，长度2.0m，高度3.3m；12＃边跨梁段长4.0m，为边跨非对称挂篮悬浇梁段；11＃梁段为边跨现浇段，长度5.6m，采用托架施工。

各梁段设计施工顺序：先采用托架施工0＃块，在0＃块上拼装挂篮并预压，然后利用挂篮对称悬浇1＃～9＃梁段，完成后，利用一只挂篮合龙中跨10＃梁段，然后解除临时支座，在10＃梁段上施加配重，采用边跨单只挂篮施工边跨12＃梁段，最后采用托架和挂篮施工最后一个梁段，即11＃梁段，见图1。

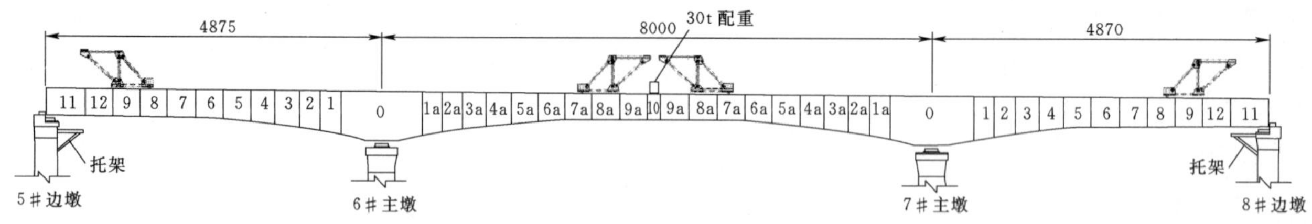

图1　连续梁设计分段示意图（单位：cm）

3　施工方法

3.1　0＃块施工

由于连续梁下方为水库，桥墩较高，故采用在墩顶设三角托架方法一次性浇筑成形。梁墩临时固结采用钢筋混凝土临时支墩。0＃块结构复杂，预埋件、钢筋、预应力孔道密集交错，混凝土数量大，灌注混凝土时下料和振捣困难，容易产生空洞和裂缝，施工难度大，混凝土浇筑前制定专项浇筑方案，进行详细技术交底。

0＃块托架采用4榀双2I32三角形托架，夹角45°，桥墩施工时预埋托架钢板，托架水平杆预埋钢板采用ϕ25精轧螺纹钢筋两侧对拉牢固。托架上横桥向布设2根双2I40工字钢，作为横向主承重梁；在横向主承重梁上顺桥向设7根双I32a工字钢做为主纵梁，其中3根双

I32a 工字钢穿过箱梁底、担在墩顶上；在主纵梁上横桥向铺设 I14 工字钢作为分配梁，间距 30cm。墩顶梁段分配梁上铺设 10cm×10cm 的方木，在方木上铺设 15mm 厚的竹胶板作为墩顶梁段的底模；两侧悬挑梁段采用木制三角垫架，垫架上铺设竹胶板作为底模，悬挑段侧模和内模利用挂篮模板；墩顶梁段外模、内模采用定型钢模板。

3.2 挂篮对称悬浇

3.2.1 挂篮拼装及预压

0＃块张拉压浆完成后，人工配合塔吊在 0＃块上拼装挂篮，拼装前先在地面上试拼。挂篮由主桁架、行走轨道、模板及其固定行走系统共同组成，在 0＃块上拼装完毕后，对挂篮加载进行预压，以消除挂篮的非弹性变形，测量挂篮的弹性变形值，得出压重与挂篮本身的变形关系，为各梁段预拱度计算提供依据。加载采用堆沙袋分四级加载和卸载（60％、80％、100％和 120％），最大加载重量为最大施工荷载的 1.2 倍。

3.2.2 悬浇段混凝土施工

挂篮预压完成后，调整底模和外侧模的标高和中线，在底模上安装底板、腹板钢筋和波纹管，然后安装内模并调整标高和中线，在内顶模上安装顶板钢筋和波纹管。腹板和顶板横向预应力筋和波纹管一起安装，纵向预应力筋待混凝土浇筑完后再穿束钢绞线。混凝土采用泵送，按照先底板、再腹板、后顶板的顺序一次浇筑成形，振捣棒分层振捣密实，浇筑时注意前后左右要对称。

3.2.3 预应力施工

混凝土在满足强度达到设计强度的 95％、弹性模量达到 100％、龄期不少于 5d 的条件下，按照先纵向、再竖向、后横向的设计顺序进行张拉，竖向和横向张拉滞后纵向 2～3 个梁段。

（1）纵向张拉。纵向预应力筋采用 4 台千斤顶两端同步、左右对称张拉，张拉顺序为先腹板、再顶板、后底板，从外侧向内侧、左右对称进行。张拉采用双控法，以油压表读数为主（即以张拉力为主），现场实际量测的伸长量与理论计算的伸长量的误差不得超过 ±6％。张拉工艺流程为：0→初始应力（初始应力为张拉控制应力的 10％～20％）→张拉控制应力→持荷 5min→主油缸回油锚固（油压回零，测总回缩量）测工作锚夹片外露量→副油缸供油卸千斤顶。

（2）腹板竖向张拉。竖向预应力筋为精轧螺纹钢筋，采用 60t 千斤顶在顶板单端张拉，自中间向两端对称张拉，靠近梁端的 1 束先不张拉，和下一梁段一起张拉。为减少竖向预应力损失，竖向预应力筋采用两次张拉方式，即在第一次张拉完成 1d 后进行第二次张拉，弥补由于操作和设备等原因造成的预应力损失。

（3）顶板横向张拉。顶板横向预应力筋为钢绞线，采用 26t 千斤顶单根、单端张拉，张拉端左右交替进行张拉，安装波纹管及预应力筋时注意锚固端和张拉端左右交替布置。张拉自中间向两端对称进行，靠近梁端的 1 束先不张拉，和下一梁段一起张拉，以防止由于梁段接缝两侧横向压缩不同引起顶板混凝土开裂。

（4）管道压浆。为减少预应力损失，张拉完成后在 24h 内完成管道压浆。管道压浆采用真空辅助压浆工艺，灌浆料采用高性能无收缩防腐灌浆料。张拉和压浆完毕后，将挂篮前移施工下一个梁段。

（5）张拉槽口封锚。压浆后及时封锚，封锚采用 C55 无收缩混凝土，并在混凝土表面涂刷两层聚氨酯防水涂料。

3.2.4 线形控制

连续梁在浇筑混凝土前后、张拉前后等各个施工环节，以及受温度和外部荷载影响，梁体的线形都在发生变化，为保证梁体成桥线形符合设计要求以及精准合龙对接，在施工过程中，必须委托第三方有资质的单位对梁体进行线形监控，提供每一个梁段的预拱度。

3.3 中跨合龙施工

1(1a)＃～9(9a)＃梁段施工完成后，进行中跨 10＃合龙段施工。

中跨合龙采用主跨 2 套挂篮中的其中一套挂篮改为吊架施工。先采用劲性骨架将梁体外锁定，再按设计依次张拉 2N26、2N27 钢束至设计张拉力的 30％。然后，在一天气温最低时浇筑合龙段混凝土。待混凝土强度达到设计的 95％，弹性模量达到设计值的 100％，并满足 5d 龄期后，依次序张拉相应的纵向预应力钢束 N26、N126（不灌浆）至设计张拉力，2N27 至设计张拉力的 50％，随后拆除体外劲性骨架及主墩临时支座，主墩永久支座受力完成体系转换。合龙段梁体外劲性骨设置见图 2。

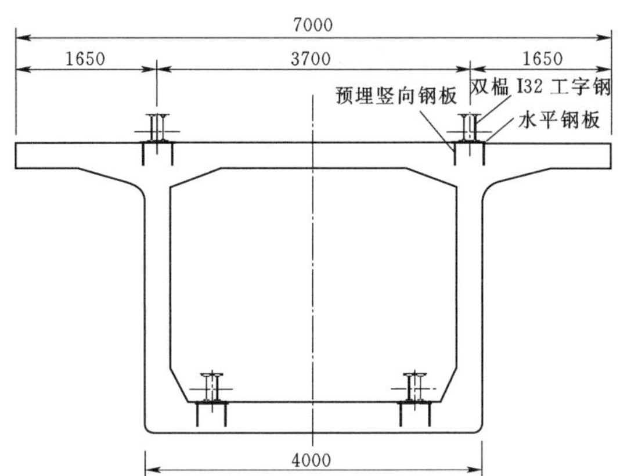

图 2　合龙段梁体外劲性骨架设置图（单位：mm）

中跨合龙段纵向钢束设置见图 3。

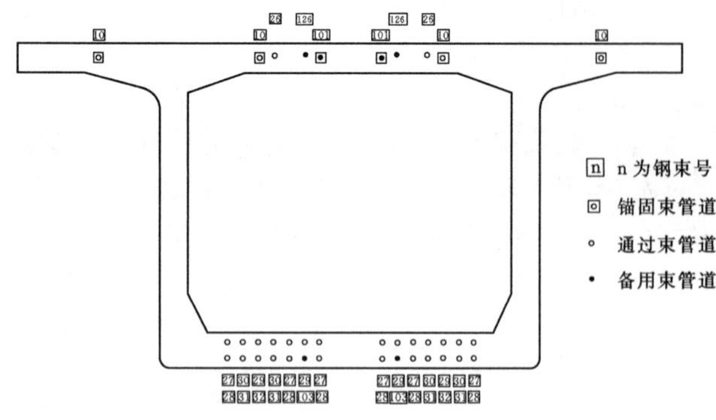

图 3　中跨合龙段纵向钢束布置图

3.4　边跨非对称梁段施工

中跨合龙且主墩支座承载完成体系转换后，当合龙段混凝土强度及弹性模量达到设计值的 100%并满足 7d 龄期要求后，在合龙段先施加 30t 的压重，压重采用型钢或钢筋，用边跨挂篮悬臂灌注边跨非对称梁段即 12#梁段，并张拉钢束 N19。施工方法和 1 (1a)#～9(9a)#梁段相同，见图 4。

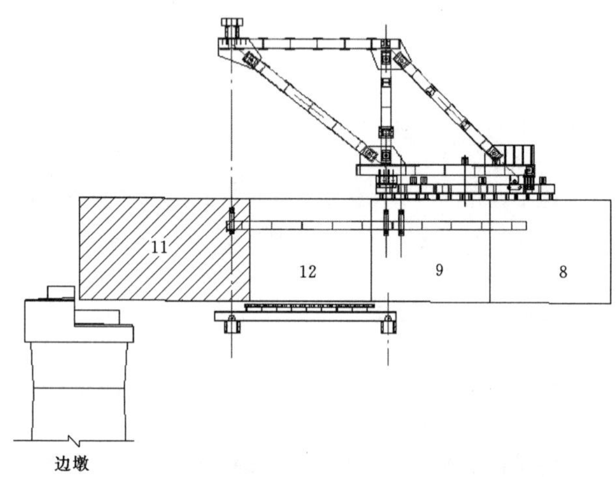

图 4　边跨非对称挂篮悬浇示意图

3.5　边跨现浇段施工

边跨现浇段即 11#梁段是最后施工的一个梁段。11#梁段长 5.6m，除 0#块外，是最长的一个梁段，采用托架施工。托架在边墩上设置，并进行预压后，立模一次灌注混凝土。混凝土达到设计张拉条件后，先拆除钢束 2N26（未压浆），再依次对称张拉纵向钢束 N20、N25、N24。然后，移除中跨合龙段压重，拆除所有挂篮和托架，张拉剩余钢束。

4　施工要点

（1）连续梁施工属于危大工程，0#块、挂篮施工、合龙段、边跨现浇段施工要编制专项施工方案，按规定上报施工方案并经专家评审，对托架、挂篮要进行预压，并进行受力计算，不能仅凭经验进行施工。

（2）在泵送浇筑混凝土过程中，时常发生堵管现象，堵管处理不及时容易造成混凝土接茬冷缝，主要原因为混凝土坍落度损失较大，应合理安排混凝土罐车从混凝土拌和站发车时间，减少混凝土罐车在现场的等待时间，高温天气对泵管覆盖洒水降温，设计混凝土配合比时初凝时间在满足规范的前提下要尽可能长。

（3）对于大跨度连续梁，预应力是桥梁的生命线。因此，钢绞线安装位置必须准确、固定牢固，张拉力计算和现场控制必须准确，以张拉力为主，采用伸长量进行校核，当实际伸长量超出规范允许值时，停止张拉，查明原因。千斤顶和油表按规定进行校核，压浆要饱满密实。

（4）在挂篮前移、浇筑混凝土、张拉时，必循前后、左右对称的原则，前后不平衡重不能超出设计要求。

（5）锚垫板后面有弹簧钢筋，钢筋非常密集，浇筑混凝土时容易产生脱空，张拉时锚垫板很容易压碎，因此，浇筑混凝土时特别注意锚垫板后面混凝土的振捣。

（6）波纹管接长采用套管，接头缠裹紧密，内穿 PE 管，防止浇筑混凝土过程中造成瘪管，导致钢绞线无法穿过。

（7）中跨合龙是非常重要的一道工序，在一天气温最低时采用劲性骨架进行锁定、预张拉和浇筑混凝土，在气温上升前混凝土浇筑完成，保证混凝土始终处于压应力状态。

5　结语

欣合楠里河特大桥连续梁两个 T 构的各对称梁段采用挂篮悬臂浇筑完成后，先合龙中跨；然后，采用张拉合龙段顶板钢束以及在合龙段顶板设置压重的方式，解除梁墩固结后，利用挂篮悬臂浇筑边跨非对称梁段；最后采用托架施工边跨端头梁段。这种梁段划分和施工顺序，避免了边跨合龙工序，施工方便，为以后连续梁的设计和施工提供了一种新的思路。

菱形挂篮在中老铁路三线道岔双箱室连续箱梁施工中的技术应用

毛学章/中国水利水电第三工程局有限公司

【摘　要】 结合菱形挂篮在老中铁路沙拉巴土三线大桥三线道岔连续梁施工中的技术应用，针对该桥三线道岔连续梁单箱双室、大横截面的特点，通过在常规悬臂施工工法运用的基础上，将单箱单室菱形挂篮创新和改造成单箱双室菱形挂篮，通过设计及结构分析，得出可实施性的方案。根据菱形挂篮的容许承载能力计算理论，利用 Midas 2015 结构有限元计算软件对菱形挂篮结构力学状态的进一步分析验算，对创新改造后实际施工结构进行模型检算，得出该设计结构满足安全及承、荷载能力要求。对今后类似桥梁工程施工有一定的借鉴、指导意义。

【关键词】 铁路　三线大桥　菱形挂篮　双箱室连续梁　施工技术

1 引言

老中铁路是中国“一带一路”倡议同老挝“变陆锁国为陆联国”战略对接项目，北起中老边境磨憨至磨丁口岸，与中国云南省铁路网相连，最终到达老挝首都万象。

沙拉巴土三线大桥是老中铁路项目中一个会让车站，地处无人区、跨河，桥梁两端接隧道，三线道岔连续梁处于跨河一端，进行高墩、跨河、大跨连续梁施工时，常用的施工方法就是挂篮悬臂浇筑法，而对于三线道岔连续梁横截面大、单箱双室的挂篮悬臂施工方法来说，挂篮类型、构件选型及承载能力计算、总体结构设计等无疑成为该连续梁施工安全、质量、经济实用的有力保证；通过专业设计、借助专业软件建立模型分析和专业工厂化制造，最终在施工现场安装使用，满足了该桥梁施工各项指标要求。

2 工程概况

磨万铁路沙拉巴土车站三线大桥工程，起点里程为 DK211＋621.850，终点里程为 DK211＋987.25，全长 365.3 延米。沙拉巴土车站三线大桥 7＃～10＃跨采用（36＋64＋40）m 预应力三线道岔连续梁。该连续梁设计采用菱形挂篮悬臂法施工，连续梁为单箱双室、变高度截面，梁体全长 141.2m，中跨中部 10m 梁段和边跨侧端部 9.6m（13.6m）梁段为等高梁段，梁高 2.9m；中墩处 6m 为等高梁段，梁高为 5.3m，其余为变截面。边跨 36.6m＋中跨 64m＋边跨 40.6m，箱梁顶板宽为 14.9m（含挡渣墙），箱底宽为 10.8m。全桥共 35 节段，28 个悬浇节段在挂篮上现浇。悬浇节段长度最长为 4.0m，最短为 2.0m，最重节段 156.625t，最轻节段 67.45t。

3 菱形挂篮结构设计、计算

3.1 挂篮结构设计

该菱形挂篮在常规单箱单室钢结构基础之上进行结构改造设计，主要由主桁架系统、悬吊系统、锚固系统、行走系统，底模系统等组成。

主桁系统设置三排菱形支架，间距 5.13m，菱形底与梁顶部预埋孔洞用 PSB830 25 精轧螺纹钢铰固。菱形杆件采用 2［32b，26 根 PSB830 32 精轧螺纹钢吊带，4 个吊外侧模，8 个吊内侧模，14 个吊底模，底模用 18 根 H350×175×7×11H 型钢铺在前、后底横梁 2I45a 上，顶横梁采用 2I50a。

走行系统主要由走行轨道、顶推装置、前支座、反扣轮、轨道压梁、轨道垫梁等构件组成。桁架走行系统布置为，在主桁构架下的箱梁顶面铺设垫梁再铺设轨道，轨道用竖向钢筋通过轨道压梁锚固，轨道前端顶面放置前支座，支座与桁架节点箱栓接，前支座沿轨道滑行，后支座以反扣轮（或后勾板）的形式沿轨道项板下缘滚（滑）动，不需加设平衡重。走行时用液压千斤顶纵向顶推前行。

锚固系统为主桁系统的自锚平衡装置，主要由后锚压梁、后锚调整梁、后锚压杆、螺母、垫块等部分组成。为保证浇筑混凝土时挂篮有足够的抗倾覆稳定性，需在挂篮的尾部设置后锚固，一般通过箱梁顶板预留孔洞穿锚杆锚固实现，当孔洞无法预留时，也可在梁体内预埋锚杆进行锚固。为保证锚杆有足够的抗拉力，锚杆埋入方式、位置和埋入深度应严格按照图纸要求或规范要求进行预埋。错杆一般采用冷拉Ⅳ级精轧螺纹钢筋或45＃钢棒和螺母垫板组成。

底篮系统由前下横梁、后下横梁、底篮纵梁和T型吊架等构件组成。主要承受箱梁腹板和底板混凝土重量，挂篮前下横梁通过T型吊架和吊杆悬吊在前上横梁上，后下横梁通过T型吊架和吊杆悬吊在已浇好的箱梁顶板和底板预留孔上，前后下横梁上依次放置底篮纵梁和底模板。

悬吊系统主要由吊杆（带）、吊杆（带）垫梁、吊杆（带）调整梁、内外滑梁和吊具等构件组成。用于悬吊挂篮底篮系统和模板系统，调整底篮和模板的标高。吊杆采用冷拉ϕ32精轧螺纹钢筋，吊带一般用16Mn或性能更好的钢板并布设销孔而成，按不同梁高分为几段，分段间用连接板和销轴连接。每根吊杆（带）利用2台千斤顶通过吊杆调整梁调整底模标高。内外滑梁主要用来放置内外模板，承受箱梁翼板和顶板混凝土重量，兼作挂篮行走时模板的走行梁，滑梁前端通过吊杆悬吊在前上横梁上，后吊杆悬吊在已浇好的箱梁顶板预留孔上，后吊杆与滑梁间设有承重吊架和滚动吊架，承重吊架用于混凝土浇筑时悬吊滑梁，滚动吊架其上装有滚动轴承，用于挂篮行走时悬吊滑梁，挂篮行走时内外滑梁与模板一起沿滚动吊架滑行，菱形挂篮结构设计图详如图1、图2所示。

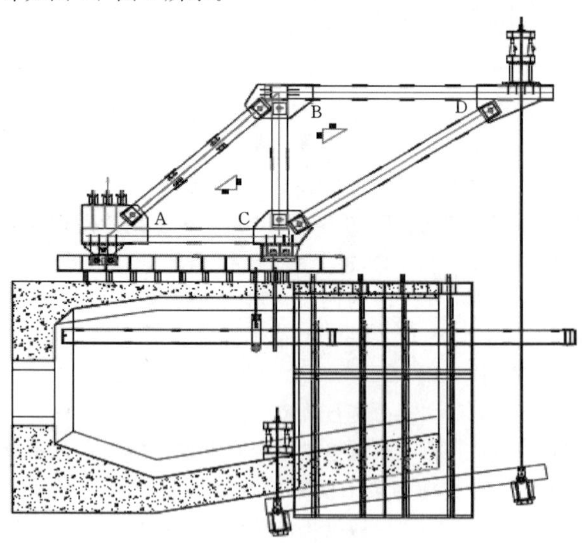

图1　菱形挂篮结构图

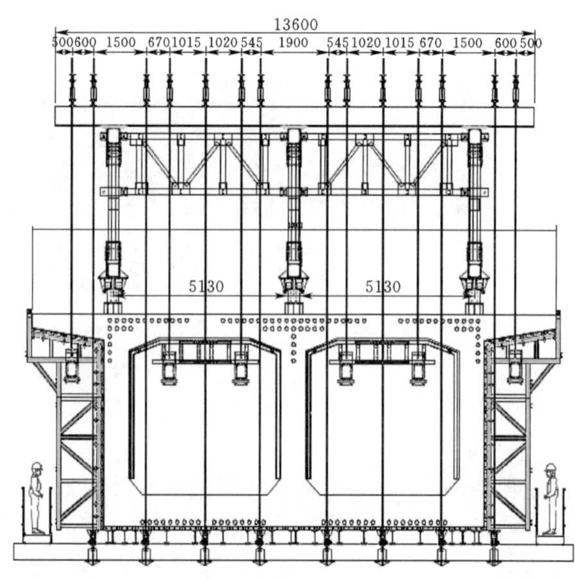

图2　菱形挂篮结构图

3.2　荷载计算

（1）模板重：模板总重为50kN，取1.2安全系数。

（2）节段重量：最重段为1600kN，取1.4安全系数。

（3）倾倒混凝土时产生的竖向荷载：按2000N/m^2，取1.4安全系数。

（4）振捣混凝土对水平模板产生的荷载标准值：按2000N/m^3，取1.4安全系数。

（5）施工荷载，取1.2安全系数。

3.3　材料主要参数及截面特性

（1）A3钢弹性模量$E=2.1\times10^{11}$Pa，剪切模量$G=0.81\times10^5$MPa，密度$\rho=7850$kg/m^3。

（2）轴向容许应力$[\sigma]=140$MPa，弯曲容许应力$[\sigma_w]=145$MPa，剪切容许应力$[\sigma_\tau]=85$MPa，组合容许应力$[\sigma]=160$MPa。

（3）容许挠度$[f]=L/400$。

（4）[32b，$W_x=509\text{cm}^3$，$I_x=8140\text{cm}^4$，$A=54.9\text{cm}^2$。

（5）[36b，$W_x=703\text{cm}^3$，$I_x=12650\text{cm}^4$，$A=68.1\text{cm}^2$。

（6）[14b，$W_x=87.1\text{cm}^3$，$I_x=609\text{cm}^4$，$A=21.3\text{cm}^2$。

（7）I45a，$W_x=1430\text{cm}^3$，$I_x=22200\text{cm}^4$，$A=102.4\text{cm}^2$。

（8）I32b，$W_x=726\text{cm}^3$，$I_x=11600\text{cm}^4$，$A=73.6\text{cm}^2$。

（9）I50a，$W_x=1860\text{cm}^3$，$I_x=46470\text{cm}^4$，$A=119\text{cm}^2$。

（10）[10，$W_x=39.7\text{cm}^3$，$I_x=198\text{cm}^4$，$A=12.7\text{cm}^2$。

3.4 计算

根据挂篮结构，采用Midas 2015结构有限元计算软件，建立结构计算整体模型，用以分析挂篮结构在受力情况下，整体结构受力情况及位移变形，整体结构图见图3。

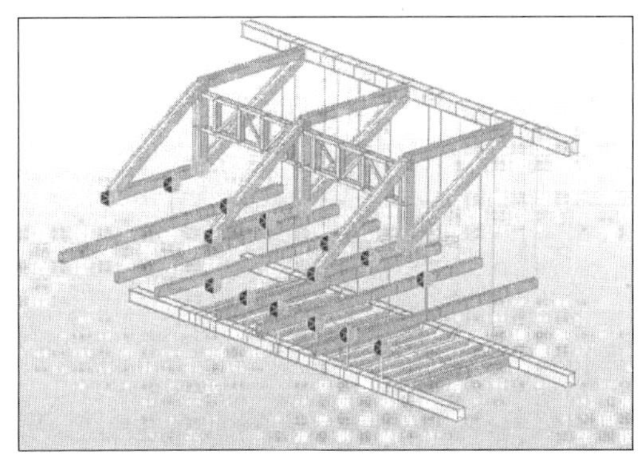

图3 挂篮整体、约束模型图

3.4.1 底模纵梁（H350×175×7×11H）计算

底模纵梁采用H350×175×7×11H型钢，直接承受底模压力，由前后底横梁作为受力支撑，H350×175×7×11H型钢纵梁最大组合应力为120.75MPa，小于组合容许应力[σ]=160MPa，满足要求。

3.4.2 底模前、后横梁（2工45a）计算

底模前、后横梁采用双工45a工字钢，底模前后横梁最大组合应力39.83MPa，小于组合容许应力[σ]=160MPa，满足要求。

3.4.3 走行梁计算

走行梁承担外模整体重量及翼板混凝土重量等荷载，内模走形梁采用[32b，外模走形梁采用[32b，在整体受力状态下，走行梁在最不利荷载组合下，最大组合应力50.21MPa，小于组合许应力[σ]=160MPa，满足要求。

3.4.4 顶横梁（2工50a）计算

顶横梁采用双工50a工字钢，最大组合应力$\sigma_{max}=36.44\text{MPa}$，小于组合容许应力[σ]=160MPa，满足要求。

3.4.5 吊杆的计算

挂篮前、后底横梁、内外走形梁采用ϕ32精轧螺纹钢筋进行悬挂，其最大组合应力为281.94MPa，小于830MPa（精轧螺纹钢筋屈服强度），满足施工安全要求。

3.4.6 菱形架（2[32b）计算

菱形架采用双[32b槽钢组焊，在不利荷载下，结构最大组合应力为76.09MPa，小于组合容许应力[σ]=160MPa，满足要求。

3.4.7 门联计算

门联包括弦杆和腹杆，弦杆由120×120×10方管组成，腹杆由120×120×10方管组成，在最不利荷载下，结构最大组合应力为15.2MPa，小于组合容许应力[σ]=160MPa，满足要求。

3.4.8 挂篮整体结构变形位移情况

在整体变形位移计算情况下，挂篮各部件最大整体位移17.28mm，小于容许挠度变形，满足要求。

3.4.9 挂篮抗倾覆性计算

挂篮前移与挂篮浇筑混凝土两种工况相比，最危险工况为后者，通过建模计算菱形架反力可知菱形架后锚力为$R=682.1\text{kN}$；1片菱形架后锚用6根ϕ32精轧螺纹钢与已浇筑节段锚固，最大锚固力为：$F_{max}=6[\sigma]\times A=6\times830\times804=4003920(\text{N})$，安全系数为$n=F_{max}/R=4003920/682100=5.9>2$，满足施工规范要求。

3.4.10 销轴计算

销座销轴验算，销座中销轴所受剪切力最大为220.56kN。销轴所受的力为$N=1.4\times220.56=308.78\text{kN}$；销轴采用$\phi$50 40Cr材料制作，销轴的容许抗剪力为

$$N_v^b=n\frac{\pi d^2}{4}F_v^b=1\times\frac{\pi(50\times10^{-3})^2}{4}\times400\times10^6$$
$$=758(\text{kN})>308.78\text{kN}$$

满足受力要求。

3.4.11 稳定性分析

挂篮浇筑状态与挂篮行走状态相比，稳定性更加危险的为后者，下面对挂篮行走状态稳定性进行分析：将风荷载定义为可变荷载，将挂篮自重定义为不变荷载；结构类型为YZ面时，最小特征值$\lambda_{min}=3.0$；结构类型为XZ面时，最小特征值$\lambda_{min}=3.0$。

综上可知，结构在YZ面内与XZ面内的最小特征值均为3.0，大于安全系数2.0，满足要求，挂篮整体结构稳定牢靠。

4 结语

此次单箱双室菱形挂篮成功运用于老中铁路沙拉巴土三线大桥连续梁的施工，改变了土建工作者对常规悬臂挂篮施工小截面连续梁的认识，同时结合三线道岔连续梁横截面大、单箱双室的特点，使用菱形挂篮施工，其挂篮类型、构件选型及承载能力、总体结构等都成为了该连续梁施工安全、质量、进度、经济实用的有力保证。在施工过程中该菱形挂篮施工工法未发生安全范围之外的情况，其结构的稳定性、承载能力能够满足该现浇桥梁的施工，从根本上解决了三线道岔连续梁横截面大、单箱双室现浇箱梁施工的难题，为后续该类型现浇桥梁的施工提供了保障。

对于三线道岔连续梁单箱双室、大横截面的结构特

征，菱形挂篮施工极大地改变了以往施工效率低、作业空间狭小、施工不灵活等弊端，不仅针对单箱双室、大横截面的现浇梁有极大的优势，而且随着无论是国内还是国外的基建的大范围建设，铁路桥梁修建形式越来越新颖，构造越来越特殊，创新越来越多。菱形挂篮在大截面桥梁施工中的应用将会被逐步推广使用，也将成为大型现浇桥梁施工过程中一个重要的施工方式。

参考文献

[1] 王慧东，邵丕锋．挂篮施工技术综述 [J]. 铁道标准设计，2001 (4)：6-7.

软弱围岩隧道二次衬砌脱空原因分析及控制措施

李　坤　陈　军/中国水利水电第三工程局有限公司

【摘　要】 对于新奥法施工，复合式衬砌的隧道在Ⅱ级和Ⅲ级坚固地层中，二次衬砌主要作为安全储备，但在Ⅳ级和Ⅴ级软弱围岩中，二次衬砌不再是一种单纯的安全储备，而是受力结构的一个主要组成部分。如果隧道衬砌背后存在脱空，将会直接影响隧道整体的安全性能，进而造成巨大的安全隐患。本文通过对软弱围岩二次衬砌脱空进行了分析，并从混凝土浇筑、台车支垫及混凝土浇筑厚度控制等方面采取了措施，以期改善二次衬砌背后脱空现象。

【关键词】 隧道　二次衬砌　脱空　控制措施

1　概述

新建中老铁路是中国与老挝之间通行的一条铁路，是泛亚铁路中线的重要组成部分，其中磨丁至万象线第Ⅳ标段隧道43.543km/13.5座，占线路总长的95.6%，隧道衬砌采用复合式衬砌结构，分为初期支护和二次衬砌两部分，其中初期支护采用锚喷支护结构型式；二次衬砌采用模筑衬砌，结构型式设计为曲墙带仰拱，其中Ⅴ级、Ⅳ级、Ⅲ级围岩段拱墙及仰拱二次衬砌厚度分别为45cm、40cm、35cm，钢筋净保护层厚度不小于55mm。

隧道二次衬砌混凝土在浇筑过程中常常受到人为因素、技术因素、混凝土干缩、徐变等因素的影响，在衬砌顶拱与围岩之间形成空隙，这种空隙会改变衬砌的受力结构，减弱其支护强度。针对隧道衬砌脱空现状，目前国内外主要采用地质雷达等无损检测的手段对二次衬砌是否脱空进行控制。这种控制方式在施工过程中无法准确地判断，即无法在第一时间进行处理，只有在二次衬砌施工时预留注浆孔和注浆管，等二次衬砌混凝土施工完成一定里程后，采用无损检测检查混凝土背后脱空情况，并根据检测报告对空洞进行注浆处理，这种方式增加了施工工序和施工成本。

复合式衬砌结构中的二次衬砌结构脱空问题十分普遍，二次衬砌脱空将显著改变结构的受力状态，增大二次衬砌结构受拉破坏的可能性，不利于衬砌结构继续承载。因此，对隧道二次衬砌背后脱空原因进行深入分析，提出针对性的预防和控制措施，对加强隧道施工质量控制，消除隧道工程质量缺陷，保证开通后的运营安全具有重要的意义。

2　隧道脱空的成因分析

2.1　衬砌钢模与已浇筑混凝土无法紧密贴合，浇筑过程中漏浆造成脱空

衬砌台车钢模与上板已浇筑的混凝土结构接触面均为刚性结构，为防止衬砌台车挤压混凝土面造成混凝土开裂、掉块，钢模台车与混凝土面无法紧密接触，且在现场施工过程中，若台车存在轻微变形后，更加剧了衬砌台车上游段混凝土浆液流失的现状，浆液流失后，使混凝土内部形成不密实及空洞，当上部混凝土浇筑完成等强过程中，混凝土在自重作用下出现下沉，从而造成空洞。

2.2　衬砌钢模台车端头木模对接封堵不严，浇筑过程中漏浆造成脱空

衬砌台车端头木模受初支平整度及现场加工精度制约，无法严格按要求密闭衬砌端头缝隙，衬砌混凝土在浇筑过程及等强过程中从接缝里漏浆、跑浆，浇筑过程中采用土工布等材料持续封堵填塞，使混凝土内部形成不密实及空洞。

2.3 现有浇筑工艺、工装便利性差，人为造成混凝土内部及拱部脱空

隧道二次衬砌混凝土施工中，衬砌台车顶部单向作业空间狭小，作业工人连续高强度工作后会出现无法严格按照要求拆换泵管，更换混凝土入仓的主料斗，造成衬砌混凝土入模窗口不足，混凝土入仓后流动距离过大，产生骨料堆积、浆液集聚的现象，亦无法通过振捣等方式进行补救，造成混凝土内部及拱部空洞。

2.4 混凝土筑过程中无有效监测及检查手段，造成顶拱脱空现象

拱顶混凝土衬砌空间是密闭空间，衬砌浇筑是否填满无法通过目测来判定，包括后续的拱顶带模注浆均没有有效手段进行监测、检查，只有拱顶混凝土浇筑完成后，采用雷达等无损检测手段检查拱顶是否存在空洞。但拱顶混凝土浇筑完再检测属于事后控制，若存在空洞，质量问题已既成事实，质量处理较为困难。

3 防治措施及实施效果

3.1 采用新型复合式橡胶材料，使刚性搭接转变为柔性搭接

在衬砌台车与上一板混凝土搭接部位设置可压缩的复合式橡胶垫片，使钢模板与已成型的混凝土间的刚性结构，瞬变为柔性结构，既能保证杜绝模板与混凝土间的缝隙，又可保证混凝土在振捣时不漏浆，提高混凝土实体质量，暂简称为“软搭接”施工工艺。

改造后的衬砌台车主要结构为原二次衬砌模板台车＋外界托盘＋可压缩橡胶垫。当二次衬砌台车就位，将托盘定位至施工缝处，通过控制台车液压千斤顶将台车面板顶向上一板混凝土面，如图1（a）所示。

当橡胶垫片接触混凝土面后，继续利用千斤顶进行加压，通过侧面观察，当橡胶垫片压缩至2cm时停止加压，此时台车面板通过可压缩橡胶垫的压缩可保证二次衬砌台车面板与上一板二次衬砌混凝土密贴不漏浆，如图1（b）所示。

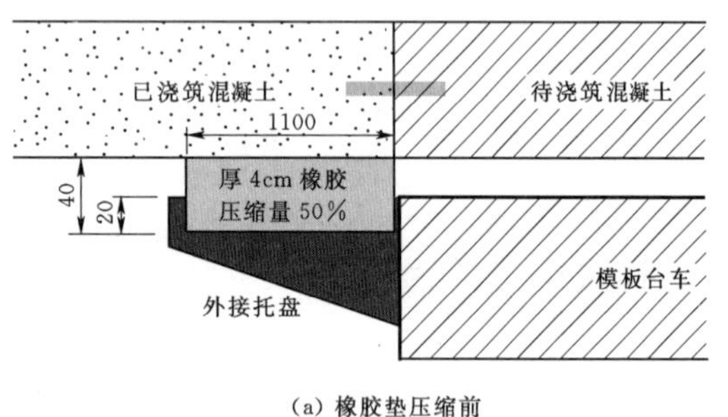

(a) 橡胶垫压缩前

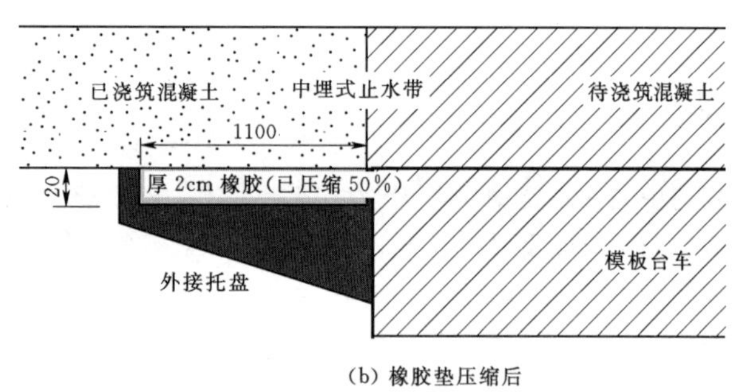

(b) 橡胶垫压缩后

图1 外界托盘＋可压缩橡胶垫示意图（单位：mm）

通过对二次衬砌台车接头处采用橡胶与混凝土面接触，避免了定位时因千斤顶挤压造成的混凝土压溃，有效解决在交验过程中或运营过程中出现的拱顶掉块的质量隐患，避免后期投入大量人力、物力、财力进行修补；可压缩50%的橡胶垫经千斤顶压缩后确保了台车施工缝位置的密贴，解决了混凝土的漏浆、错台问题，避免了衬砌背后脱空的质量隐患问题；与传统的施工缝处粘贴厚质双面胶带做法相比，省去施工缝处人工处理双面胶带的工作，保证了施工缝处的美观。

3.2 采用“复合橡胶立杆伸缩堵头模板”，替换现有堵头木模板

在二次衬砌端头采用“复合橡胶立杆伸缩堵头模板”，替换现有堵头木模板，使环向止水带准确定位，并且有效封堵了模板缝隙，防止浆液渗漏，保护了防水板，该工艺简称“软堵头”施工工艺。

当台车顶升到位后，旋转下堵头板安装机构，使下堵头板安装机构立于台车端部并用锁紧块锁紧，再铺上止水带，平放L板安装机构使其位于止水带上，然后放上橡胶挡板调整块，抽起支撑压紧机构的立杆，向内旋紧支撑压紧机构的压紧螺钉，再在橡胶挡板调整块上放橡胶挡板，最后通过旋转L板安装机构上的升降机构实现上下压紧。然后再用木头或矩管肩紧橡胶挡板，如图2所示。

通过对二衬台车端头处施用“软堵头”施工工艺，可精准地定位中埋式止水带、安装时可保证止水带平整并与混凝土断面垂直，杜绝了止水带悬臂端褶皱不平顺引起衬砌背后脱空的问题；模块化的安装，以及采用复合式橡胶横向可压缩、纵向具有一定刚度的特性，保证了各节模板间密封严实不漏浆，同时也保证了堵头的整体平整度，防止了衬砌端头位置混凝土内部不密实和空洞的现象。

3.3 采用混凝土“翻涌式”入仓＋优化“分层逐窗入模系统”进行浇筑

采用主料斗底部开口＋人字坡分料的主料斗上料模

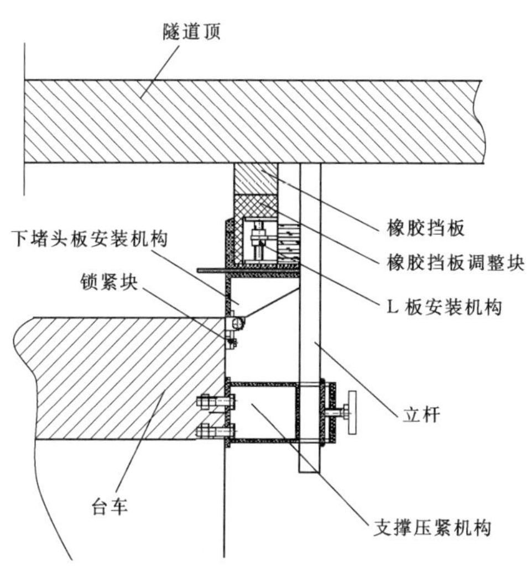

图 2　台车定位后软搭接示意图

式，摒弃“插板式阀门”的理念，采用接长滑槽＋调节滑槽的入仓方式，优化了衬砌混凝土入模系统。

混凝土采用混凝土地泵从主料斗底部进入混凝土浇筑系统，通过一级溜槽至一级分料斗，然后利用串筒传输至二级分料斗，最后使用调节滑槽使混凝土进入入模窗口，并利用台车中部中间设置观察及辅助振捣窗口，使混凝土均匀布料、连续浇筑，整个边墙浇筑过程中无须拆换泵管，整套混凝土浇筑系统操作简单、拼装迅速、拆除容易，如图 3 所示。

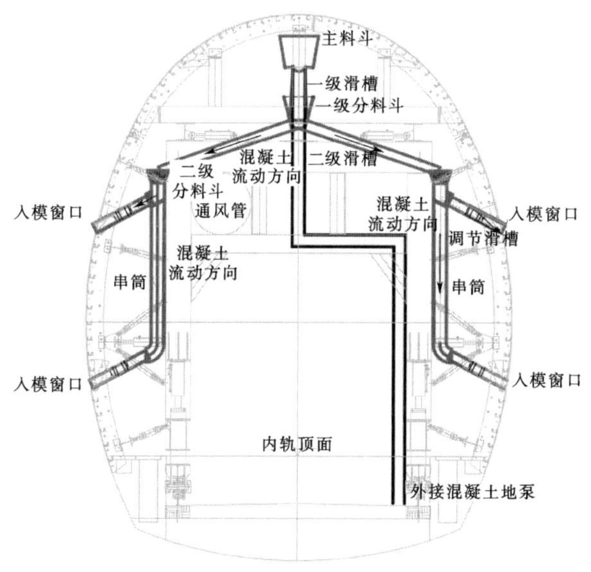

图 3　优化后的分层逐窗入模系统示意图

通过优化后的混凝土“分层逐窗入模系统”，利用滑槽连接“1 个主料斗＋2 个一级分料斗＋4 个二级分料斗”，并采用调节滑槽使混凝土进入二次衬砌仓号，整个混凝土入模系统操作便利，使混凝土可均匀布料；减少了作业人员拆除泵管的作业难度，提高了工作效率，避免了二次衬砌混凝土施工冷缝、骨料堆积、“人”字坡等质量缺陷的出现，提高了混凝土施工质量、降低了施工成本；使混凝土拆模后外观平整、光滑，线性流畅。

3.4　利用混凝土导电的原理，采用“拱顶液位继电器控制系统”

利用混凝土导电的性能，通过采集点＋导线＋液位继电器［由液位检测电极（导线）、信号处理电路及输出执行继电器所组成］＋声光报警器组合，形成隧道拱顶液位控制器施工工艺。当衬砌混凝土浇筑至拱顶时，因混凝土为带水导电材料，导线带电（36V）连通，液位继电器工作，声光报警器开启。由于外接线头为拱顶最高点，只有当最高点填满混凝土时，声光报警器才会声光报警，提醒作业人员是否已浇筑到位，避免和减少了拱顶所形成的空腔，使衬砌结构与初支面密贴，提高隧道拱顶质量使衬砌厚度达到设计要求，如图 4 所示。

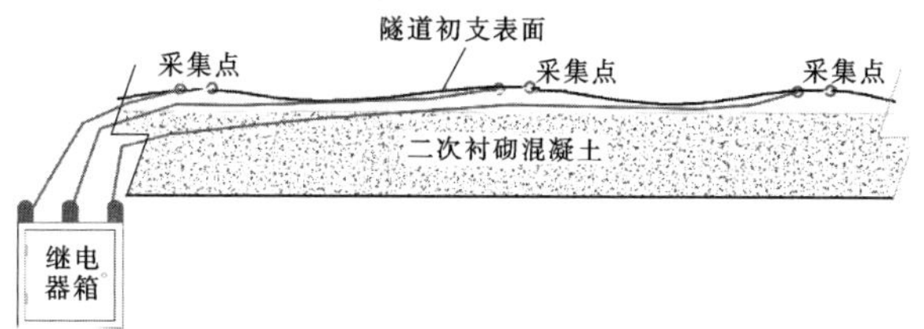

图 4　隧道拱顶液位控制器主要构造示意图

隧道拱顶液位控制器结构简单、操作方便、使用快捷，解决了传统的二次衬砌混凝土施工过程中无法对拱顶混凝土浇筑情况进行监测和检查的管控漏洞问题，减少了施工中的隧道拱顶脱空及混凝土不密实现象，结合隧道拱顶带模注浆施工工艺可有效杜绝隧道拱顶脱空缺陷。

4　结语

通过对隧道二次衬砌脱空原因分析及控制技术研究，采取相应措施，有效控制了隧道衬砌混凝土内部不密实和背后脱空的质量问题，解决了隧道衬砌施工缝处开裂掉块、施工冷缝渗漏水的质量隐患，减少了蜂窝麻面、气泡、烂根等质量通病，提高了衬砌混凝土外观质量，提升了现场施工工序作业时间，同时节约了隧道衬砌背后脱空缺陷处理费用。

参考文献

［1］　梁敏．隧道二衬脱空原因分析及防治［J］．铁道建筑，2014（6）：95－97．

［2］　沈天佑．铁路隧道二衬背后脱空防治措施［J］．价值工程，2018（4）：140－141．

［3］　杨波，任尚强．预防隧道二次衬砌脱空的新工艺［J］．公路隧道，2017（3）：53－58．

［4］　张华．隧道衬砌逐窗浇筑及带模注浆技术的应用［J］．隧道建设（中英文），2017（12）：1607－1612．

单线铁路隧道软弱围岩短台阶开挖快速施工技术

靳海潮　周　雄/中国水利水电第三工程局有限公司

【摘　要】 针对软弱围岩的自稳性较差，收敛变形大的特性及受单线铁路隧道施工空间和安全步距限制，使得软弱围岩隧道的施工难度大大增加，同时增大了施工过程中的安全风险。采用短台阶开挖快速施工工法，使上下台阶施工工序同时作业，隧道仰拱、二衬施工平行流水作业施工，有效解决了仰拱、二衬受工作面限制的问题，达到快速组织施工以及控制围岩变形的目的，降低了施工成本，文明施工也得到明显改善。

【关键词】 单线铁路隧道　软弱围岩　短台阶开挖　快速施工

1　工程概况

达隆1＃隧道位于老挝琅勃拉邦省香恩县楠名村班普亚—沙嫩巴土区间，设计旅客列车速度为160km/h，单洞单线铁路隧道，隧道全长6416m；本隧道划分为六个工作面，其中进口段施工长度1831m，占总体隧道的29%；横洞正洞两个工作面施工长度1990m，占总体隧道的31%；斜井正洞两个工作面施工长度1030m，占总体隧道的16.1%；出口段施工长度1565m，占总体隧道的24.4%；辅助坑道总长1178m，占总体长度的18.4%。

达隆1＃隧道斜井正洞全长1030m，其中Ⅲ级、Ⅳ级围岩占85.4%，实际施工揭示以Ⅳ级、Ⅴ级围岩为主。围岩为石炭系板岩，灰黑色，薄～中厚层状，节理裂隙发育，岩质较软，岩体破碎，易风化掉块。隧道不良地质较多，施工风险相对较高。

2　短台阶开挖施工

2.1　明确台阶各参数指标

为尽可能节省空间，台阶长度应适当。管理人员经过多次现场调研与分析，最终得出上台阶长度控制在6～8m以内，短台阶施工工法根据单线隧道空间小，将上台阶开挖高度调整为6.35m，下台阶开挖高度调整为3.01m（与隧底一起开挖）。这样既便于施工人员操作，又节省空间，有效控制翻渣量。需注意的是上下台阶应同时施工，这样可提高施工的有效性。

2.2　开挖台架的设计

开挖台架采用门架式［净宽3.65m，长度5.15m（含挑檐），净高4.24m］，确保施工车辆通行；台架主体骨架由型号为I18工字钢制作而成的。梁、斜撑、悬臂台架由型号为I16工字钢制作，操作平台钢筋网片由ϕ20和ϕ12螺纹钢筋制作而成。开挖台架设计图见图1。

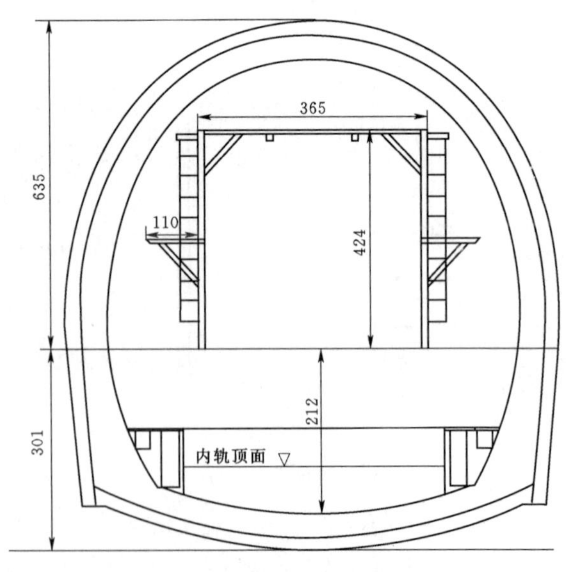

图1　开挖台架设计图（单位：cm）

2.3　工法介绍

短台阶上下台阶同时钻孔，下台阶先装药起爆，上台阶后装药起爆；挖机修路将上台阶石渣扒到下台阶，同时侧翻装载机装渣，等挖机扒完上台阶渣，（侧翻装载机在下台阶、挖机在上台阶）一起装渣，剩余大约 90m³ 渣，挖机修整坡道，装载机移动开挖台车到掌子面；装载机运拱架上下台阶安装，施作锁脚，超前支护，上下台阶同时喷锚（上台阶采用自动上料机，下台阶单台人工上料喷锚机），结束后挖机扒面以及将坡道上石渣运出，挖机将隧底挖出 5m 位置，进行下个循环开挖。仰拱开挖一般选在立拱架期间进行开挖出渣，只需 2.5h，不影响掌子面施工。短台阶开挖工法示意图详见图 2。

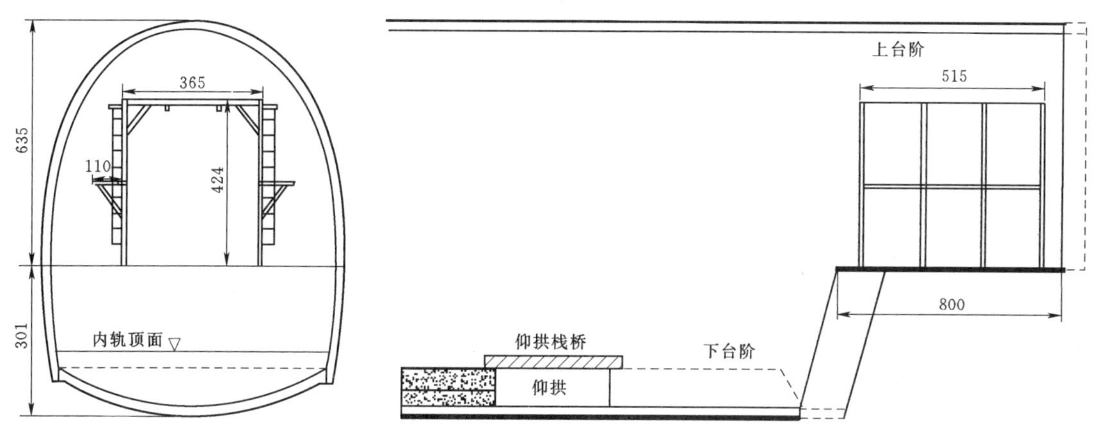

图 2　短台阶开挖工法示意图（单位：cm）

2.3.1　短台阶施工工序流程

短台阶施工工序流程见图 3。

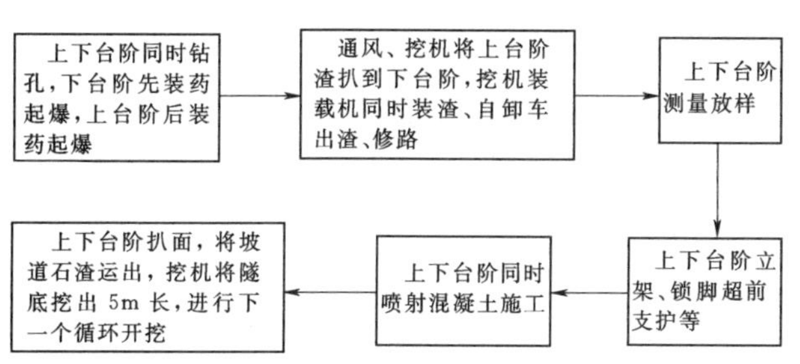

图 3　短台阶施工工序流程

2.3.2　施工方法

（1）测量放隧道开挖轮廓线，做标记。

（2）开挖班上下台阶（含隧底）同时采用凿岩机钻眼，装药。装载机将开挖台阶拖至掌子面后方 30m 位置。关闭风机，下台阶先起爆，上台阶再联网起爆。

（3）开启风机，通风 10min，挖机进去将下台阶的石渣修成坡道，挖机将上台阶石渣扒到下台阶，挖机位于上台阶装渣，侧翻装载机在下台机装渣（见图 4）。剩余大约 90m³ 渣，挖机修整坡道，装载机移动开挖台车到掌子面。

（4）测量拱架位置线，同时装载机运输拱架至掌子面，立架班根据测量的位置线安装拱架，开挖打锁脚，超前。

（5）装载机将自动上料机和人工单台上料、速凝剂吊运至下台阶，接风水管路，上下台阶开始同时喷锚作业。

（6）喷锚结束后，拖出上料机，挖机将上台阶回弹料扒到下台阶，挖机将下台阶到斜坡石渣装车运出，将隧底挖出 5m 长，留出下台机打钻空间，上下台阶进行下一个循环开挖。

图 4　上下台阶同时装渣

2.4　微振动爆破设计

在短台阶法开挖施工中，微振动爆破技术直接关系着开挖效果，因此要给予足够重视。施工中应结合现场开展针对性的爆破设计。可将掏槽设置成楔形，这样可控制装药量，降低爆破振动速度。对于主要炮眼部位，可采取连续装药的方式进行，将 2＃乳化炸药装入掏槽中，控制振动速度。对周边的一些炮眼则可采用小药卷间隔装药，严格控制装药量。

（1）Ⅳ级围岩爆破设计。在开挖施工中，每循环开挖进尺 2.4m，则上、下台阶的面积以及设置的炮孔数量也不尽相同：上台阶 43m²，炮孔数量为 119 个；下台阶 28m²，炮孔数量为 30 个；周边炮眼之间的间距以

50cm 为宜，用字母 E 表示，最小抵抗线为 60cm，用字母 W 表示，周边炮眼间距与最小抵抗线的比值表示为：$E/W=0.83$，周边眼装药集中度控制在 0.12～0.14kg/m，用字母 q 表示，岩石炸药单耗为 0.7～0.8kg/m^3，单段最大装药量限值，用字母 Q 表示，计算公式为 $Q=[(V/K)1/a\times R]^3$，其中 V 的数值为 5cm/s，K 的数值为 250，α 的数值为 1.8，R 的数值为 28m，最终得出单段最大装药量限制为 32.35kg。

（2）Ⅴ级围岩爆破设计。在开挖施工中，每循环开挖进尺 1.6m，则上、下台阶的面积以及设置的炮孔数量也不尽相同。上台阶 47m^2，炮孔数量为 124 个，下台阶 33m^2，炮孔数量为 34 个。周边炮眼的间距以 40cm 为宜，用字母 E 表示，最小抵抗线为 60cm，用字母 W 表示，周边炮眼间距与最小抵抗线的比值表示为 $E/W=0.83$，装药集中度控制在 0.10～0.13kg/m，用字母 q 表示，岩石炸药单耗为 0.6～0.75kg/m^3，单段最大装药量限值，用字母 Q 表示，计算公式为 $Q=[(V/K)^{1/a}\times R]^3$，其中 V 的数值为 5cm/s，K 的数值为 250，α 的数值为 1.8，R 的数值为 20m，最终得出单段最大装药量限制为 11.78kg。

3 施工组织

3.1 资源配置

（1）施工人员配置。短台阶施工单口工作面施工人员总计配置 52 人，人员配置及分工见表 1。

表 1 短台阶施工单口工作面施工人员配置表

工种	数量/人	工作内容	备 注
开挖班	15	打眼、爆破、超前支护、锁脚锚杆（管）	上台阶 12 人，下台阶 3 人
机械班	8	出渣、找顶	装载机挖机双班司机，出渣车 4 个司机
立架班	7	安装钢架、网片、锚杆（管）安装	1.5 个班
喷混凝土班	10	喷混凝土	1.5 个班
仰拱班	5	人工清渣、防排水、混凝土施工	1 个班
二衬班	7	防排水、混凝土施工、走行台车	1 个班
合计	52		

（2）机械设备配置。短台阶施工单口工作面配置机械设备 23 台套，机械设备配置见表 2。

表 2 短台阶施工单口工作面机械设备配置表

名称	型号	单位	数量	备 注
挖掘机	临 E6210F	台	1	
装载机	临 E955	台	1	
风钻	YT-28	台	15	上台阶 12 台，下台阶 3 台
自动上料干喷机	GD-2	台	2	
自卸车	陕汽德龙 F2000	台	4	

3.2 大循环施工组织

在确保资源充足的情况下，利用短台阶开挖工法自身的优点，加强工序无缝衔接，保证开挖支护与仰拱衬砌同步推进施工，工序循环时间统计见表 3。

表 3 短台阶工序循环时间统计表
（Ⅳ_b，进尺 2.4m/循环）

工序	工作量	工序时间/min	备注
施工准备	30	测量放线、风水管连接	
上、下台阶钻眼	149 孔/15 人	140	上台阶 12 把钻钻，下台阶 3 把
装药、爆破	下台阶	30	下台阶响炮后修坡拉台车，放上台阶
上台阶	35		
通风	10		
出渣	14 车约 210m^3	210	含排险、坡道修整
测量放线	2 人	30	
上、下台阶立架	上台阶 2 榀，下台阶左右侧 4 榀	180	
超前支护，锁脚	超前 22 根，锁脚 12 组	110	
喷混凝土	35m^3	240	
扒渣	下台阶出渣 6 车约 90m^3	95	含开挖下台阶及隧底工作面
时间合计		18.50h	

采用短台阶工法开挖支护每循环需 18.5h，按 Ⅳ_b 围岩计算，每开挖支护 5 个循环，即 12m 就必须组织施

工仰拱，仰拱机械开挖出渣在立拱架期间进行，清渣时间约 2.5h，对掌子面施工无干扰，每板仰拱浇筑时间约 7.5h，施工时限能保证掌子面正常施工；二衬施工与掌子面施工无冲突，配足资源后能满足同步向前施工的要求。

4 短台阶法整体施工进展情况

达隆 1#隧道斜井自进入正洞施工以来，在隧道围岩整体较差的情况下（均为Ⅳ级和Ⅴ级围岩），循环时间最短 18h，平均循环时间 18.5h。平均每月Ⅴ级开挖支护完成 83m，平均每月Ⅳ级开挖支护完成 94m，本月施作仰拱Ⅴ级 20.5m，Ⅳ级 74.4m，合计 94.9m，二衬Ⅳ级成洞米可以达到 93m，与同类采用其他工法的隧道相比，每月进度要增加 10～15m，短台阶法施工加快了施工进度，同时确保了安全质量，安全步距满足要求；目前达隆 1#隧道斜井小里程仰拱步距为 43m，二衬步距为 103m，满足要求。

5 施工组织控制要点

5.1 配足资源

（1）人员充足人员配置必须是正常 1 个循环施工的 1.2 倍，特别是开挖班人员最好为 1.5 倍，因开挖班不仅施作开挖还要施工超前支护、锁脚打眼等工序；仰拱及填充施工人员必须满足小循环要求；二衬人员要配足，二衬对掌子面干扰小，劳力影响为主要原因；挖机、装载机司机配双班人员且最好为中国司机，出渣车司机配 1.5 倍人员。

（2）设备要备足，出渣车易出故障，要备用 1～2 台备用，其余设备要配备易损配件。

5.2 强化工序衔接

在工序转化施工上只能人等工序，不能出现工序等人现象，各工班交接班在洞内直接交接，洞内洞外值班人员配备对讲机，方便及时组织机械设备，材料到位。

5.3 仰拱开挖出渣是关键

在大循环过程中，如不认真组织仰拱出渣，将对整个仰拱、二衬施工造成直接影响，为确保仰拱施工正常，必要时暂停掌子面施工，让大循环变正常。

5.4 动态调整开挖组织

短台阶开挖工法存在下台阶开挖会有 1～2 榀不能错开开挖而存在一定的安全隐患，故下台阶必须在最短的时间内进行初期支护，下台阶围岩节理发育，岩石破碎较软的情况下，采用单侧开挖，确保安全。

5.5 材料供应要保障

原材料、成品、半成品供应必须按时到位，满足现场正常生产需求。

6 施工效果

（1）相比较长台阶施工而言，短台阶法可显著提高施工进度，一般月进度可达到 80～90m。若围岩稳定的话，月进度可达到 95m，而长台阶施工月进度最快为 70m。

（2）仰拱施工循环时间只占到常规施工法循环时间的 1/3，仅 7.5h，充分说明此种施工方法可提高施工效率。

（3）短台阶法施工技术为隧道快速掘进施工提供技术保障。

（4）仰拱施工流程简单，只需保留一个作业面，避免各个工序之间交叉影响。

7 结语

综述，文章通过实际案例，在单线铁路隧道采用短台阶开挖工法，使仰拱施工过程中减少了钻孔爆破工序，降低对其他工序之间的干扰，仰拱掌子面之间的距离可以保持在 30～35m，达到要求。通过短台阶开挖大大降低了软岩变形和收敛造成隧道初支侵限的发生概率，控制了衬砌段与掌子面的安全距离，减小了安全隐患风险，加快了仰拱二衬施工进度，提高施工效率。

满堂红碗扣式支架支撑体系在磨万铁路双线道岔连续箱梁施工中的技术应用

毛学章/中国水利水电第三工程局有限公司

【摘　要】在老中铁路磨丁至万象线沙拉巴土三线大桥施工中，针对双线道岔预应力连续箱梁现浇施工过程中所遇到的支撑体系问题，通过方案比选和结构设计分析，应用满堂碗扣式支架技术，对支架力学状态进行分析，简化结构模型，解决了工程地处无人区、地形复杂、大型吊装机械、支撑体系物资材料匮乏的难题。

【关键词】碗扣式支架　双线道岔连续梁　结构设计　施工

1　引言

老中铁路是中国“一带一路”倡议同老挝“变陆锁国为陆联国”战略对接项目，项目建成后，向北与中国云南昆明相连，融入中国现代化铁路路网骨架，向南与泰国铁路联通。

在进行铁路现浇连续梁桥梁施工时，常规的支撑体系采用钢立柱＋贝雷架法。但针对经济落后山区铁路车站双线道岔连续箱梁墩身高度不大、地形地质复杂、大型吊装设备、钢立柱及贝雷片资源匮乏的特点，此方法在该项目现浇连续箱梁施工中并不适用。

满堂碗扣式支架的搭设具有安拆方便、不需要大型吊装设备、周转次数多、周转时间短、使用辅助设备少、人力物资效率高等优点，特别适用于经济落后地区多跨连续梁施工，既能保证施工质量，又能满足施工进度要求；但该支撑体系存在对支架基础平整度、地基承载力要求高，山区及高墩施工局限性大等缺点。

2　工程概况

新建铁路磨丁至万象线沙拉巴土车站三线大桥工程，起点里程为 DK211＋621.850，终点里程为 DK211＋987.25，全长 365.3 延米。车站双线道岔连续梁采用单箱单室截面，一侧接桥台，另一侧接简支梁，梁体全长 98.2m，单跨为（32.75＋32.7＋32.75）m 渡线预应力混凝土连续梁，梁高 3.05m，箱梁顶板宽 9.9m（含挡砟墙），箱底宽为 6.0m，全桥顶板厚 35cm，腹板厚 40cm；梁端和中墩两侧顶、底板从 35cm 渐变至 70cm，腹板从 40cm 渐变至 80cm，梁体在支座处设横隔板，全联共计 4 道横隔板。桥墩高分别为 5m、10m、12m、12m；场地原始地形高程差大，最大处相差 8.2m，且第三跨横穿沙拉巴土断层，现场有沟坎等原始河流经过，现场施工地形条件极为复杂，地质条件差，施工难度相应增加。

根据磨万铁路沙拉巴土三线大桥所处地理环境，结合施工地区资源情况，经过方案比选和优化分析后，双线道岔连续箱梁施工最终选用满堂碗扣式支架配合钢管扣件的支撑体系，该施工方案经专家组多次讨论和优化，并且征求了设计、监理及老中公司有关部门的意见，最终选用满堂碗扣式支架法作为 3×32m 车站双线道岔连续梁的支撑体系。

3　满堂碗扣式支架支撑体系设计、计算

3.1　支架支撑体系设计方案

3.1.1　端横梁部位立杆布置

端横梁底部横向距离 0.6m，最大混凝土面积 1.83m^2；翼板横向距离 0.9m，最大混凝土面积 0.49m^2。

横梁底部支架按照：横桥向×顺桥向＝600mm×600mm，步距加密为 0.6m 进行布设，横向布设范围为中心线两侧各 3.6m 范围，纵向布设范围为距墩柱中心线 1.0m 范围，次楞间距 200mm 顺桥向布置。

翼板底部支架按照：横桥向×顺桥向＝900mm×600mm，步距 1.2m 进行布设，横向布设范围为距中心线 3.6～6.3m 范围，纵向布设范围为距墩柱中心线 1.0m 范围，次楞间距 200mm 顺桥向布置。

为保证箱梁侧面模板的稳固，在翼缘板顶部步距调整为600mm，对箱梁侧模进行支撑。

双线道岔连续梁现浇支架均采用满堂碗扣支架配合钢管扣件法，支架结构布置如下：满堂碗扣支架混凝土箱梁底向下依次为竹胶板（20mm厚）、横向方木（50mm×100mm）间距0.2m、主楞采用3根ϕ48×3mm钢管、翼缘板采用900mm×600mm×1200mm碗扣支架、箱梁腹板下采用600mm×600mm×600mm碗扣支架、底板位置采用600mm×600mm×1200mm碗扣支架搭设。

3.1.2 箱室渐变段部位立杆布置

箱室底部横向距离0.6m，最大混凝土面积0.89m^2；翼板横向距离0.9m，最大混凝土面积0.49m^2。

箱室底部支架立杆间距按照：横桥向×顺桥向=600mm×600mm，步距加密为600mm进行布设，次楞间距200mm顺桥向布置，横向布设范围为中心线两侧各3.6m范围，纵向布设范围为距墩柱中心线1.0～3.6m范围。

翼板底部支架按照：横桥向×顺桥向=900mm×600mm，步距1200mm进行布设，次楞间距200mm顺桥向布置，支架横向布设范围为中心线两侧各3.6～6.3m范围；纵向布设范围为距墩柱中心线1.0～3.6m范围。

为保证箱梁侧面模板的稳固，在翼缘板顶部步距调整为600mm，对箱梁侧模进行支撑。箱室内采用钢管柱作为内撑，横桥向×顺桥向=600mm×1200mm，步距为600mm。

3.1.3 跨中部位立杆布置

跨中箱梁边腹板横向距离0.6m，最大混凝土面积0.81m^2；箱室底部横向距离0.6m，最大混凝土面积0.42m^2；翼板横向距离0.9m，最大混凝土面积0.49m^2。

箱室底部支架立杆间距按照：横桥向×顺桥向=600mm×600mm，步距1200mm进行布设，次楞间距200mm顺桥向布置，横向布设范围为中心线两侧各3.6m范围，纵向布设范围为距墩柱中心线3.6～25.55m（下一墩柱3.6m）范围。

边腹板底部支架按照：横桥向×顺桥向=600mm×600mm，步距加密为600mm进行布设，次楞间距150mm顺桥向布置，支架横向布设范围为中心线两侧各3.6m范围；纵向布设范围为距墩柱中心线1.0～3.6m范围。

翼板底部支架按照：横桥向×顺桥向=900mm×600mm，步距1200mm进行布设，次楞间距150mm顺桥向布置，支架横向布设范围为中心线两侧各3.6～6.3m范围；纵向布设范围为距墩柱中心线3.6～25.55m（下一墩柱3.6m）范围。

为保证箱梁侧面模板的稳固，在翼缘板顶部步距调整为600mm，对箱梁侧模进行支撑。箱室内采用钢管柱作为内撑，横桥向×顺桥向=600mm×1200mm，步距为600mm。

3.1.4 中墩部位立杆布置

中墩部位箱梁底部横向距离0.6m，最大混凝土面积1.83m^2；翼板横向距离0.9m，最大混凝土面积0.49m^2。

横梁底部支架按照：横桥向×顺桥向=600mm×600mm，步距加密为0.6m进行布设，横向布设范围为中心线两侧各3.6m范围，纵向布设范围为距墩柱中心线1.0m范围，次楞间距200mm顺桥向布置。

翼板底部支架按照：横桥向×顺桥向=900mm×600mm，步距1.2m进行布设，横向布设范围为距中心线3.6～6.3m范围，纵向布设范围为距墩柱中心线1.0m范围，次楞间距150mm顺桥向布置。

为保证箱梁侧面模板的稳固，在翼缘板顶部步距调整为600mm，对箱梁侧模进行支撑。

支架横杆步距为1.2m，最上部一层根据支架搭设高度情况，需调整高度时采用600mm步距，2.5m高箱梁处采用600mm横杆步距，自由杆高度一律不大于0.5m，自由杆高度超出的全部加设横向、纵向水平杆。

支架设置竖向、水平剪刀撑，竖向剪刀撑纵向布置间距为4.5m，横向间距4.5m，剪刀撑斜杆与地面夹角45°～60°之间；水平剪刀撑布置间距4.5m，总高度超过4.5m时架体顶部和底部必须设置水平剪刀撑；支架底部距地面300mm设置一道扫地杆，将纵横向剪刀撑及支架连接成单个矩形筒体，并将各个筒体连接成整体，纵向剪刀撑在支架外侧每边布设一排，剪刀撑底部要求落在支承地面上，剪刀撑搭设必须与支架搭设同步进行；支架与墩柱连接方式采用“井”字形钢管将支架与墩柱连接在一起，以增加支架稳定性。支架剖面图见图1。

3.2 支架结构计算

3.2.1 主楞钢管计算

侧模跟底模下主楞采用3根ϕ48×3mm无缝钢筋，计算跨径均为0.6m，因此取最不利位置腹板处计算，见图2、图3。

恒载：(0.094×26×1.05+1.5)×0.6=51.6(kN/m)。

活载：(2.5+2+2)×0.6=3.9(kN/m)。

主楞钢管强度荷载：q=(1.2×51.6+1.4×3.9)/3=22.46(kN/m)。

主楞钢管刚度荷载：q=(51.6+3.9)/3=18.5(kN/m)。

采用Midas Civil软件，由以上计算可知，主楞最大正应力188.4MPa小于215MPa，满足要求；最大剪应力38.5MPa小于125MPa，最大挠度0.862mm不大于600/400=1.5mm，满足规范要求。

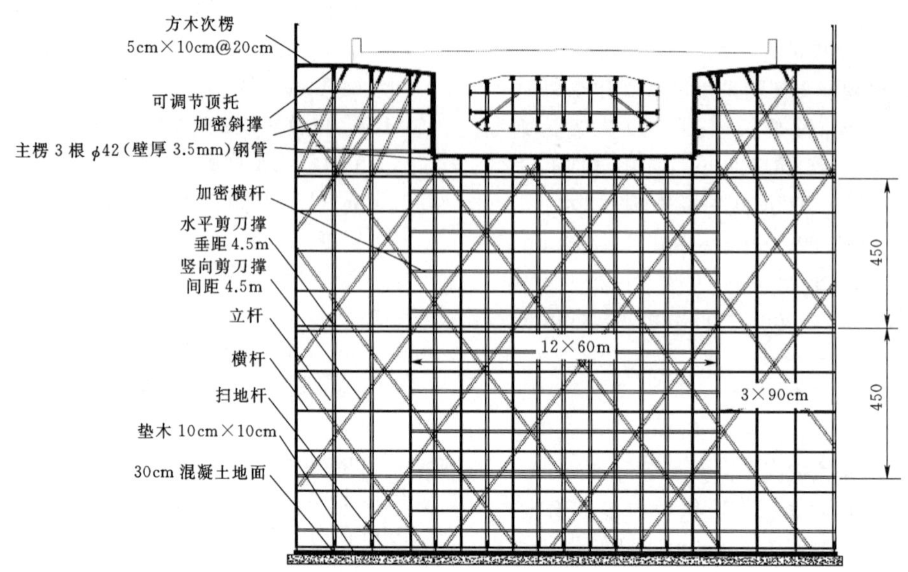

图1 支架剖面图（单位：cm）

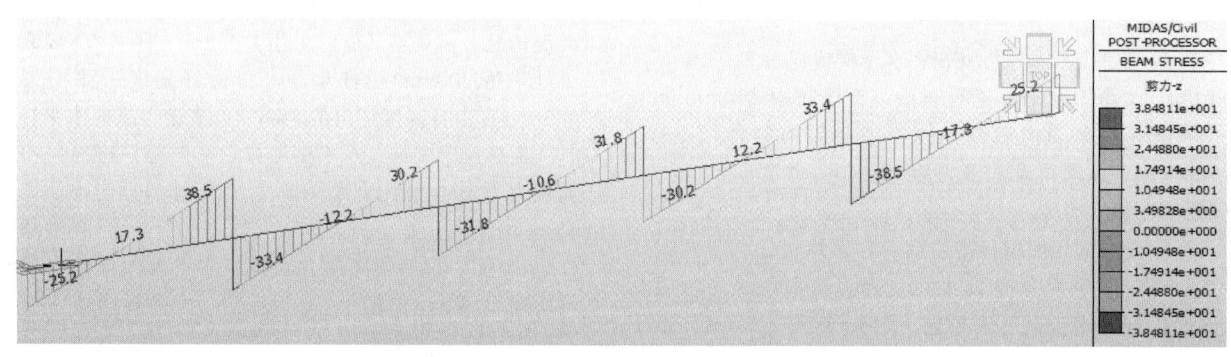

图2 主楞剪应力图（单位：MPa）

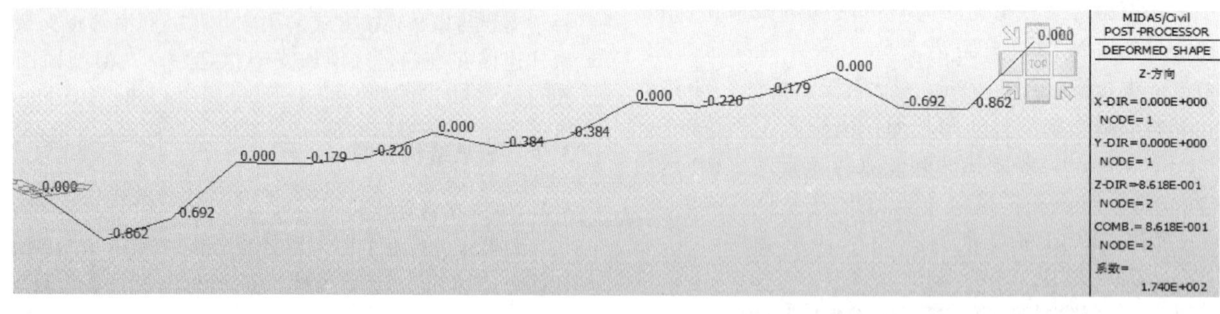

图3 主楞位移（单位：mm）

3.2.2 碗扣立架

单根立架设计承载力：碗扣式钢管采用 $\phi48$，壁厚 3mm 的国标钢管；钢管截面最小回转半径 $i=15.94$mm，面积 $A=424.1\text{mm}^2$。

（1）腹板下横杆间距为 600mm，计算长度：

$$l0=h+2a=600+2\times200=1000(\text{mm})$$

式中：a 为立杆伸出顶层水平杆长度，偏于安全考虑，取 200。

长细比：

$$\lambda=l_0/i=1000/15.94=62.7[\lambda]=230$$

从《建筑施工碗扣式钢管脚手架安全技术规范》查表得 $\psi=0.807$，横杆间距 600mm 的脚手架钢管立杆 $\phi48\times3$mm 的稳定承压能力：

$$N_d=\psi f_A=0.807\times205\times424.1/1000=70.2(\text{kN})$$

立杆的最大轴力为

$$N_1=(3.094\times26\times1.05+1.5)\times0.6\times0.6=30.95(\text{kN})$$

则立杆所受竖向压力最大值为 30.95kN$<N_d$，满足要求。

(2) 底板下横杆间距为 1200mm，计算长度：

$$l0=h+2a=1200+2\times200=1600(\mathrm{mm})$$

式中：a 为立杆伸出顶层水平杆长度，偏于安全考虑，取 200。

长细比：

$$\lambda=l0/i=1600/15.94=100.4[\lambda]=230$$

从《建筑施工碗扣式钢管脚手架安全技术规范》(JGJ 166—2008) 查表得 $\psi=0.558$。横杆间距 1200mm 的脚手架钢管立杆 $\phi48\times3$ 的稳定承压能力：

$$N_d=\psi f_A=0.558\times205\times489.3/1000=58.98(\mathrm{kN})$$

立杆的最大轴力为

$$N_1=(0.795\times26\times1.05+1.5)\times0.6\times0.6=8.4(\mathrm{kN})$$

则立杆所受竖向压力最大值为 $8.4\mathrm{kN}<N_d$，满足要求。

4 施工注意事项

鉴于满堂碗扣式支架支撑体系施工对场地条件要求较高，为了确保该支撑体系安全、可靠，施工前对支架基础施工和支架搭设做了以下几点的安排。

(1) 根据每跨间的地形地质条件，对地质条件差的部位利用 AB 组填料换填，采用 22t 压路机分层压实；对地面高差大的部位修筑台阶状 C30 混凝土挡墙，挡墙基础挖深 1.6m，底宽大于等于 2m，上墙宽不小于 1m。

(2) 支架基础面积在满足支架搭设的基础上周边各扩大 1m。

(3) 支架基础硬化采用 C30 混凝土，厚度 30cm，并加铺 $\phi6$ 钢筋网片。

(4) 为满足雨季施工要求，避免雨水浸泡支架基础，在支架基础四周设置 30cm×50cm（宽×深）排水沟，将积水及时排出。

(5) 按规范要求采用吨袋对支架基础和支架支撑体系进行 1.2 倍承重预压，预压合格并报请监理工程师同意后方可进行下道工序施工。

5 结语

磨万铁路沙拉巴土三线大桥双线 3×32m 道岔连续梁施工采用满堂碗扣式支架法施工用时 92d。使机械台班用量大大减少，缩短了施工时间、降低了施工支撑体系的成本。

此次双线道岔连续梁施工支撑体系合理承受了施工范围内的荷载，施工便捷，在后续施工中该支撑体系并未发生安全范围之外的情况，其承载能力满足预应力连续箱梁的混凝土浇筑，从根本上解决了沙拉巴土三线大桥 3×32m 双线道岔连续箱梁支撑体系搭建难的问题，为后续预应力连续箱梁的施工提供了保障。

该工程连续梁施工取得了较好使用效果，突显了传统满堂碗扣式支架作为预应力连续梁施工支撑体系其拼装迅速、省时省力、结构稳定可靠、通用性强、承载力大、经济安全可靠、易于运输、易于加工、应用广泛、成本低等特点，可广泛应用到施工环境复杂、无大型吊装设备地区的预应力连续箱梁施工中。

参考文献

[1] 周水兴，何北益，邹毅松，等. 路桥施工计算手册[M]. 北京：人民交通出版社，2001.

本栏目审稿人：张正富

浅谈无人区铁路工程施工管理

刘千里　曹玉田/中国水利水电第三工程局有限公司

【摘　要】本文以中老铁路工程磨万段Ⅳ标项目无人区铁路隧道施工管理为实践，分析了地处无人区施工从开始无路、无电、无水、无通信信号到具备正常施工的过程管理，具体探讨了无人区未爆炸物排除、施工便道修筑、无人区雨季施工组织管理以及特殊软岩地质隧道施工管理，对后续无人区施工管理提供参考。

【关键词】“一带一路”　中老铁路　无人区　铁路工程　施工管理

1　引言

中老铁路磨万段是中国“一带一路”倡议与老挝“变陆锁国为陆联国”战略对接项目，向北连通玉磨铁路，向南连接泰国铁路网，并经泰国铁路与马来西亚、新加坡铁路相连。中老铁路是中国昆明经老挝、泰国、马来西亚至新加坡的泛亚铁路通道的一部分，其建成后将使老挝变“陆锁国”为“陆联国”。

2　项目概况

由中国水利水电第三工程局有限公司承建的磨万铁路第Ⅳ标位于老挝琅勃拉邦香恩县。项目管段总长45.7km，起讫里程DK179＋520～DK225＋220，自相嫩2＃隧道进口至森村2＃隧道横洞与斜井贯通里程。其中隧道43.574km/13.5座，占线路总长的95.3％；桥梁1759.7m/12座，占线路总长的3.9％；涵洞1座；区间、站场路基及桥隧过渡段366.3m/4段，占线路总长的0.9％；车站3座（会让站），分别为班普亚车站、沙拉巴土车站、班森车站。

管段内大部分位于无路、无水、无电、无通信的无人区，在施工前需进行未爆炸物的排除，然后进行施工便道的修筑，根据施组布置各临建设施，整个施工过程面临老挝雨季特殊天气的施工组织以及针对管段位于琅勃拉邦地质缝合带隧道围岩软弱变化频繁等情况下隧道的施工组织及管理。

3　便道修筑前的“排雷”作业

由于标段整体位于无人区且存在历史遗留未爆炸物，在对无人区施工前必须先进行“排雷”作业，确保安全无误后再进行施工便道的施工组织。

“排雷”工作首先根据规划施工便道走向以及铁路线路走向进行放样，然后确定便道范围及正常工程施工范围，聘请老挝国防部下属专业人员在此范围内进行清表作业及“排雷”作业，确保后期施工安全。

4　便道修筑组织

无人区无既有勘探资料及地形资料给便道施工组织带来很大的挑战，首先将线路导入地球软件，利用地球软件的地形图规划便道修筑线路及经纬度坐标。

测量人员根据规划线路放样后，组织便道修筑施工，便道修筑采取“先开毛路，紧后拓宽”的组织方式，前面利用一台挖机进行毛路的开挖形成便道大致走向，后面用2～3台挖机对毛路进行拓宽，装载机、推土机配合进行精细修筑，根据便道规划断面图形成正式的施工便道。经过总计6个月4段同时组织施工，总计修筑施工便道约190km，路面采用石渣硬化及个别陡坡地段采用混凝土硬化施工。

5　雨季的施工组织及保障措施

老挝属热带、亚热带季风气候，5—10月为雨季，

11月至次年4月为旱季，年平均气温约26℃。老挝全境雨量充沛，年降水量最少年份为1250mm，最大年降水量达3750mm，一般年份降水量约为2000mm。雨季施工对施工组织有很大的考验，尤其2018年50年一遇的降雨给无人区铁路工程施工组织管理带来较大的挑战，从道路运输、物资、设备保障等方面采取了一系列措施。

5.1 优化既有施工便道

由于无人区的特点及实际地质情况，现场基本无可用于硬化便道的石渣，施工便道在雨季时面临很大的考验，道路湿滑，大型运输车辆无法正常行驶。根据这个实际，对既有便道在进行石渣硬化的基础上采用C25混凝土对路面硬化（路面宽4.5m，厚20cm），尤其是坡度较大及转弯的路段。成立便道维保队，分段负责便道的维保任务，每队配备装载机、挖机、平地机、压路机等机械机动处理便道的边坡滑塌及路面排水沟清理阻塞，保证便道的正常运行。

5.2 提前储存施工物资材料

结合雨季特点，提前规划砂石料2处约40亩（1亩≈666.67m^2）临时堆放场地满足2个月施工储备，在雨季前和过程中加大雨季施工材料储备，确保雨季期间施工材料满足现场施工需求。

5.3 做好机械设备维保

根据现场施工强度及设备损耗程度对于主要施工机械设备零配件（如隧道使用湿喷机、挖机、装载机等机械设备）提前准备，并成立设备维修保养队，专门负责对施工机械设备进行维保，确保雨季期间所有设备能正常工作。

6 无人区特殊软岩地质隧道施工组织与管理

项目管段地处老挝北部山地无人区，地形陡峭、植被茂密，加之位于琅勃拉邦地质缝合带，区域内碳质板岩薄层发育，地质构造极其复杂、多变，岩层破碎、自稳能力差，施工难度大。现场施工组织管理难度大。

针对隧道围岩软弱且变化频繁，项目采取优化施工组织管理，依靠“管理技术创新，提升软隧施工水平”的理念，同时还采取了“强管理、先探测、弱爆破、短进尺、快支护、预加强、勤量测、紧衬砌”的施工理念和方式，不仅使隧道掘进稳步推进，还确保了现场施工安全和质量。同时制定施工进度月考核奖罚制，激发一线施工人员的劳动热情。项目部还不断增加人员设备投入，努力实现资源合理分配，稳步推进隧道施工生产。为确保施工质量，成立科技创新小组，通过科研成果转化、技术创新的细化来提高品质、优化施工方案，促进生产，节约成本，调动班组和员工的积极性和创造性，为顺利实现隧道贯通奠定了坚实的基础。

6.1 加强超前地质预报

采用物探与钻探相结合的方式，综合分析判断掌子面前方及周边围岩情况。由公司勘测设计院专业人员成立磨万铁路超前地质预报小组联合中铁二院地质专业预报项目部，专门负责超前钻孔分析、地质素描、瞬变电磁、地质雷达、预报综合研判等工作。由于预判准确，提前采取措施，应急预案启动及时，虽历经多次涌突，未出现人员伤亡事故。

6.2 组织科技攻关团队加强技术攻关管理

6.2.1 优化设计措施

（1）强化超前支护——止溜坍。根据围岩的实际情况，动态调整超前支护措施，采用大、中管棚配合大外插角小导管进行超前支护，解决掉块、溜坍等问题。

（2）加强初期支护——控变形。软弱围岩隧道通过掌子面封闭、径向注浆、加大钢架型号、增加初期支护厚度、钢筋网片、提高混凝土强度等措施来提高初期支护的强度和刚度。动态调整拱架间距，在确保拱架总量不少于设计量的前提下，每循环支护，拱架抵拢掌子面，减少拱架前方临空面。钢拱架间距不宜过小，否则钢架背后的喷射混凝土和围岩之间不易密实，影响初期支护质量，延长施工循环时间。

（3）着重锁定体系——保稳定。软弱围岩段锁脚采用ϕ60大锁脚，特别差围岩段设置双排锁脚进行支护，提升初期支护稳定性。

（4）实行超前加固——防涌突。在地下水发育、涌突风险极高段落采用超前帷幕注浆、超前周边注浆等预加固措施，改良前方地质情况，可有效降低不良地质灾害发生的频次。

6.2.2 创新施工工法

优化施工工法，对传统的台阶法进行优化，采取控变形的快速封闭成环法-短台阶法，大力推行。

6.3 强化内控管理，统一思想形成规矩

根据软岩施工的特点，在总结前期施工经验的基础上提出了“防溜止坍控涌突九项措施”（必须工法统一、必须步距合理、必须一孔到底、必须工装配套、必须坚持技术管理管控不放松、必须统一施工管理标准、必须发挥生产小组预控作用、必须尊重方案和技术、必须禁止野蛮施工）。全体参建员工牢固树立“不溜不坍就是进度”的思想意识，在防溜止坍上严防死守。

6.4 强化内控管理，责任包保纵横结合

项目部、分部成立包保小组，负责现场日常检查。分部包保小组成员每天上工地进行检查、项目部成员每周抽查。按照项目部制定的“磨万铁路隧道工程安全质量管理细则”进行巡查，并根据项目部“红黄绿”牌制度强化考核，确保工序质量合格。

6.5 强化内控管理，工序写实优化方案

施工过程中落实工序写实，及时分析总结，不断优化工法和工序组织，更好地适应软弱围岩地层。现场落实工序管控，确保工程措施实施到位。

软弱围岩隧道的施工要特别加强工艺和工序的质量控制。特别是要保证初期支护要与围岩密贴，杜绝出现初期支护背后脱空；钢架环向连接的螺栓要上齐拧紧、纵向连接钢筋要焊接到位；锁脚锚管施工到位，特别是与钢架连接到位，确保锁脚效果。

6.6 严格评比考核

加强施工考核，制定严格的奖罚措施，将奖励直接与分部及现场施工工班挂钩，工班采用阶梯式工序循环考核，分部采用月形象进度考核，与安全步距挂钩，对于处罚采取“谁误事，谁负责”，耽误施工按小时给予罚款的措施，工班按天进行考核，当天兑现，分部按月考核，当月兑现。

7 结语

本文通过对中老铁路磨万段Ⅳ标无人区铁路工程施工组织管理全过程中各阶段施工组织管理进行总结，重点总结了无人区独有的便道修筑、雨季施工组织管理、软弱围岩施工组织管理，总结出无人区铁路工程施工管理的经验，为今后类似工程施工组织提供参考。

浅谈复杂地质条件下铁路隧道下穿公路施工技术

周　雄/中国水利水电第三工程局有限公司

【摘　要】在复杂地质条件下使新建铁路隧道安全稳定下穿既有公路施工技术是一项需要不断改进和不断提高的重要技术，本文结合磨万铁路Ⅳ标段Ⅰ分部普亚村3#隧道工程对下穿既有公路采用的相关施工技术进行简述和总结。

【关键词】复杂地质　铁路隧道　下穿公路

1　铁路隧道下穿既有公路施工控制的意义和所产生的影响

在进行铁路隧道下穿既有公路施工期间，要严格遵照有关法规和规范规程来进行施工，不仅要确保隧道施工安全，同时还要确保既有公路安全正常的运营。

2　我国铁路隧道针对不良地质常用的施工技术

2.1　地质分析技术

在全新的隧道当中通常会采用地质分析技术，同时在对一些既有隧道的研究中也进行了使用。此项技术的作用在于能够掌握各个隧道间所产生影响的重要因素。目前所得出的研究结果为，隧道间立面的相对位置关系会决定新隧道的规模，所以这就表明对新隧道采用哪种施工方法，主要是由地形以及地质情况所决定，而且隧道衬砌结构还会决定随后施工的整体效果。同时，相关施工人员还能够利用地质分析技术，以及掌握隧道间的位置关系，将影响的程度细分成三个区段。另外，在采用地质分析技术的过程中，施工人员还要掌握建造完成的隧道是否达到了质量要求，然后还要研究如何对隧道采用合理的监测方式。

2.2　超前支护技术

在进行浅埋及软弱围岩隧道施工的时候，通常会采用超前预支护辅助技术。之所以要使用此项技术，在于其能够让施工更加的安全。由于在对铁路隧道进行施工的时候，需要往施工部位设立管棚，所以在复杂地质条件下，施工人员一定要掌握浅埋的具体状况，同时还要给铁路隧道施工使用正确的支护技术以及采取合理的支护施工措施。此外，全新的支护辅助技术可以预防高速公路路面的变形，防止出现隧道坍塌的情况。另外，施工人员在采用超前支护技术的时候要了解到，铁路隧道覆盖层的薄弱，在打设管棚的过程中要合理控制钻孔外插角保持在规定的范围内，这样就会防止穿顶情况的发生。

2.3　开挖控制技术

若想确保施工安全必须进行开挖控制，先采用超前注浆的方法稳固施工地层，然后进行开挖工序。其次，要在预先支撑工作的过程中降低土壤所造成的施工影响，这样可以避免在建隧道发生坍塌的情况。比如，采用三台阶临时仰拱方案在浅埋隧道建造施工隧道，在此期间要利用临时仰拱支撑围岩，减少围岩下沉变形，这样便会让施工更加的安全；同时，施工人员在采用开挖控制技术的基础上，还要掌握对地质的监测效果，确保仰拱开挖长度不大于3m。此外，施工人员在拆除临时支撑系统的过程中，要考虑到拆卸的时间会不会对随后的施工造成影响，然后通过围岩监控量测结果判断围岩稳定情况，才能保证拆除工作的安全性，如果附近岩石变形条件能够满足设计规定，那么最好在还没有浇筑混凝土的时候就拆卸掉临时支撑。

2.4　参数分析技术

根据围岩实际情况，采用合理的设计参数分析技术，在新建铁路隧道施工过程中采用技术参数指导施工，确保隧道施工安全平稳下穿公路；隧道开挖采用控制爆破、加强超前支护并应进行地表沉降监测技术施工，这样就会保证新建铁路隧道结构具有平稳性和安全性；其次，在对隧道穿越既有公路段进行建设的时候，要掌握好施工工艺参数及施工实际状况，确保铁路隧道下穿公路施工的整体效果。

2.5 隧道监控量测控制技术

隧道施工过程中使用各种类型的仪表和工具，对围岩支护和衬砌的力学行为以及他们之间的力学关系进行量测和观察，并对其稳定性进行评价，统称为监控量测。

2.5.1 隧道监控量测的必要性

隧道工程作为工程建筑物，受力特点与地面工程有很大的差别。隧道在开挖支护形成运营的过程中，自始至终都存在受力状态变化这一特性。

2.5.2 施工监控量测目的任务

（1）通过监控量测了解各施工阶段地层与支护结构的动态变化，判断围岩的稳定性、支护与衬砌的可靠性。

（2）用现场实测的结果弥补理论分析过程中存在的不足，并把监测结果反馈设计，指导施工，为修改施工方法、调整围岩级别、变更支护设计参数提供依据。

（3）通过监控量测对施工中可能出现的事故和险情进行预报，以便及时采取措施，防患于未然。

（4）通过监控量测，判断初期支护稳定性，确定二次衬砌合理的施作时间。

（5）通过监控量测了解该工程条件下所表现、反映出来的一些地下工程规律和特点，为今后类似工程或该施工方法本身的发展提供借鉴、依据和指导作用。

2.6 复杂地质条件下围岩动态设计技术

在复杂地质条件下要时刻掌握围岩动态变化。通过TSP法，即隧道前方地震预报或超前地质预报的方法进行围岩实施动态掌握，指导后续开挖施工。同时，隧道下穿公路进洞后采用在开挖钻孔时通过打设加深炮眼法实施围岩动态管理，其深度较爆破孔深不小于6m，数量不少于5个，分两循环交错向前布置，两循环间搭接长度不少于3m；最后再通过地质素描的方法对每次开挖后的掌子面围岩进行描述后判别围岩的强弱级别，可采取相应的开挖工法及支护措施。根据超前地质预报结果并结合监控量测综合分析，遇到异常情况时应及时调整开挖工法，调整支护参数并加强施工措施。

3 普亚村3＃隧道工程复杂地质条件下铁路隧道下穿公路施工技术

普亚村3＃隧道位于相嫩—班普亚区间，设计旅客列车速度为160km/h单线隧道；隧道进口里程DK195＋452，出口里程DK196＋749，全长1297m，隧道最大埋深约186m、最小埋深15m；本隧多处下穿公路，其中DK196＋370～DK196＋390段埋深50m、DK196＋690～DK196＋710段埋深34m；测区属构造剥蚀中低山地貌，地面高程340～585m，地形起伏较大。上覆第四系全新统坡残积粉质黏土，下伏石炭系（C）板岩夹砂岩、泥灰岩。地表水主要为山间沟槽流水、楠名河水；地下水以及岩隙裂隙水为主，局部为岩溶水，其含量一般～较丰富；不良地质为顺层偏压，岩溶。隧道地处两大板块碰撞形成的缝合带附近，岩体受区域构造影响较大，围岩节理裂隙发育，岩体破碎，岩质软硬不均，岩体较完整～破碎均有，施工中会出现围岩“时好时差”现象。DK196＋270～DK196＋300段隧道埋深最小仅15m，岩体破碎；隧道进口段左侧、隧道出口段右侧存在顺层偏压。泥灰岩为夹层，岩溶弱发育，但不排除在可溶岩与非可溶岩接触地带岩溶发育的可能。预测隧道正常涌水量约2600m^3/d，雨季最大涌水量3100m^3/d；隧道出口段下穿既有公路，洞顶与既有公路埋深为34m，洞口段为浅埋，见图1和图2。

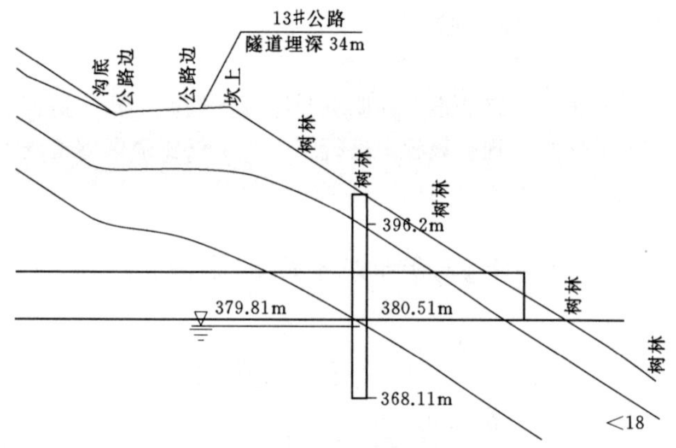

图1 隧道下穿公路立面图

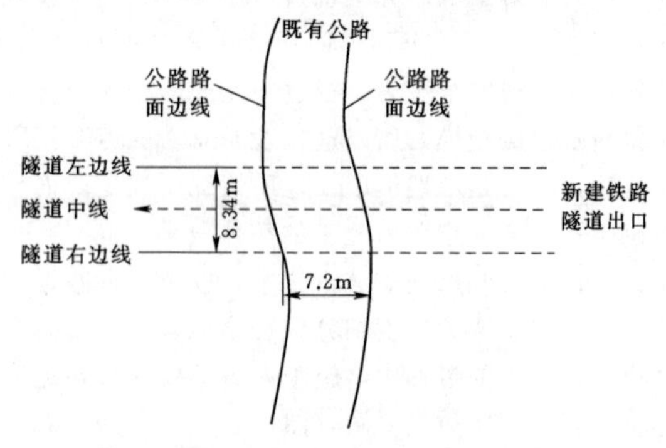

图2 新建铁路隧道与既有公路平面位置图

3.1 超前支护措施

普亚村3＃隧道出口下穿公路段围岩为Ⅴ级加强，

地质结构上覆第四系全新统玻残积粉质黏土，下伏石炭系（C）板岩夹砂岩、泥灰岩，围岩节理裂隙发育，岩体破碎，岩质软硬不均，岩体较完整～破碎均有，隧道正常涌水量约 2600m³/d，雨季最大涌水量 3100m³/d；本隧道在下穿公路施工时，需要做好超前支护作业，保障施工安全性。在洞口位置布置大管棚配合超前小导管的方式进行超前支护。综合考虑隧道浅埋实际情况，在施工中决定应用超前管棚施工方案。超前大管棚结合钢拱架，可以有效预防既有公路地表沉降，避免隧道拱部坍塌问题。本隧道出口进洞浅埋下穿既有公路段其拱部 140°范围处设置 ϕ108 型大管棚，管棚长度设计为 30m，管棚环向设置间距为 40cm，搭接长度为 3m。考虑到该铁路隧道覆盖层十分薄弱，要求在设置管棚时，应严格控制钻孔外插角，将其角度控制在 1°～3°范围内，避免出现穿顶问题。为提高施工安全性，于管棚钢管之间设置 ϕ42 超前小导管进行补强支护作业，通过注浆方式加固施工地层，导管布置式为拱部 140°范围，环向设置间距为 40cm，单根长度为 4.5m，每循环搭接长度不小于 1.5m，并将小导管外插角度控制在 6°～8°范围内。在进行超前支护作业时，降低施工对土体的扰动，防止出现公路路基下陷或坍塌。图 3 为超前支护示意图。

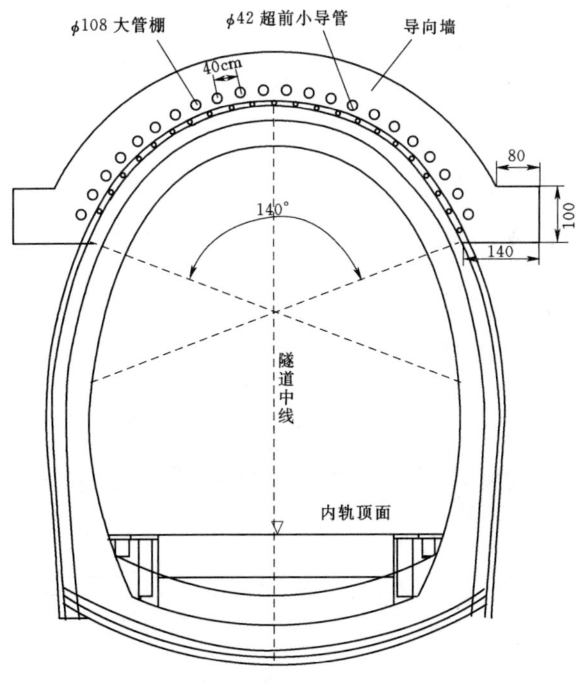

图 3　超前支护示意图

3.2　开挖技术

本隧道出口洞身段下穿既有公路采取三台阶临时仰拱法进行开挖施工，为保证作业安全，严格控制开挖进尺，各台阶开挖循环进尺设计为一榀钢架间距 0.6m，中、下台阶开挖按照上台阶开挖进行控制。综合考虑开挖地质及监测结果确定仰拱一次开挖长度不超过 3m。在对临时支护系统拆除作业时，应考虑其拆除时间是否会对后续工序造成影响，根据实际围岩监控测量结果进行确定，如围岩变形在允许范围内，则在研究拆除安全性的基础上实施拆除作业，如围岩变形条件不符合设计要求，则可以在浇筑仰拱混凝土之前拆除临时支撑，一次拆除长度为 2～3m。图 4 为三台阶临时仰拱法开挖断面图。

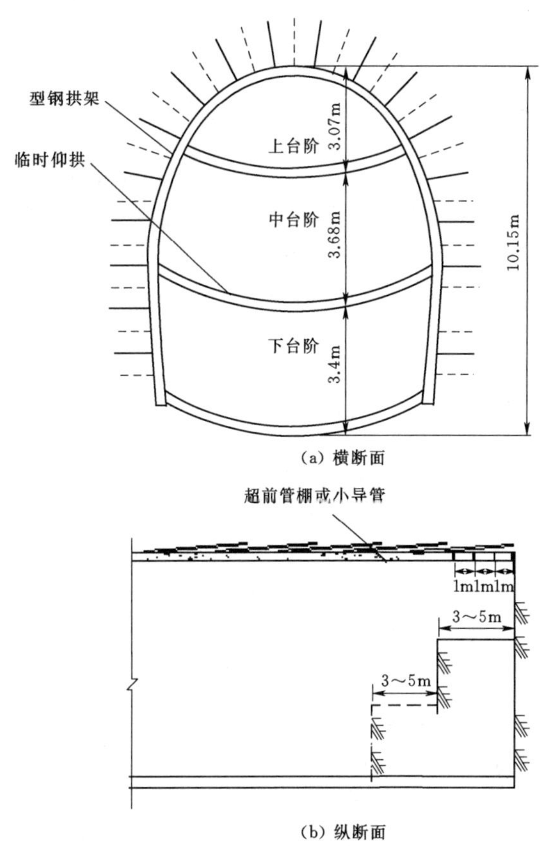

图 4　三台阶临时仰拱法开挖断面图

3.3　开挖爆破及进尺控制措施

3.3.1　安全用药量

根据普亚村 3＃隧道下穿 13＃公路段设计图要求，采用控制爆破，以地表既有路为保护对象，且爆破振速控制在 2.5cm/s 以内。依据《爆破安全规程》（GB 6722—2014），可以初步计算隧道掘进爆破炸药安全用量，确定循环进尺。

$$Q=\left(R\times\sqrt[\alpha]{\frac{v}{K}}\right)^3$$

式中：Q 为同段别雷管同时起爆炸药安全用量，kg；v 为爆破振动速度最大值，2.5cm/s；R 为爆破区药量分布的几何中心至地表结构物的距离，m；K、α 为地质条件等多种因素有关的系数，按照表 1 选取。

表 1　　不同岩性系数取值表

爆区不同岩性的 K、α 值		
岩性	K	α
坚硬岩石	50～150	1.3～1.5
中硬岩石	150～250	1.5～1.8
软岩石	250～350	1.8～2.0

计算得出不同距离下，在确保地表高速路爆破振速不大于 2.5cm/s 的条件下，每段别最大起爆炸药用量。根据现场调查，地表高速路路面距离隧道拱顶开挖轮廓线最近为 34m，R 取值为 34m，K 取值为 250，α 取值为 2.0，则

$$Q_{max}=34\times(2.0/250)\times3/2=0.408(\text{kg})$$

3.3.2　选择每循环进尺

普亚村 3＃隧道拱顶与高速路地表最小距离为 34m；上台阶每循环掘进 0.6m、下台阶左右跳槽开挖每循环掘进 1.2m；隧底每循环掘进 3m；可以满足最大允许爆破振速和隧道本身掘进安全。

3.3.3　微振爆破钻爆设计

光面爆破周边炮眼采用 ϕ25 小药卷间隔装药，导爆管、导爆索、竹片用电工胶布与炸药卷绑在一起，辅助眼采用普通装药，装药结构如图 5、图 6 所示。

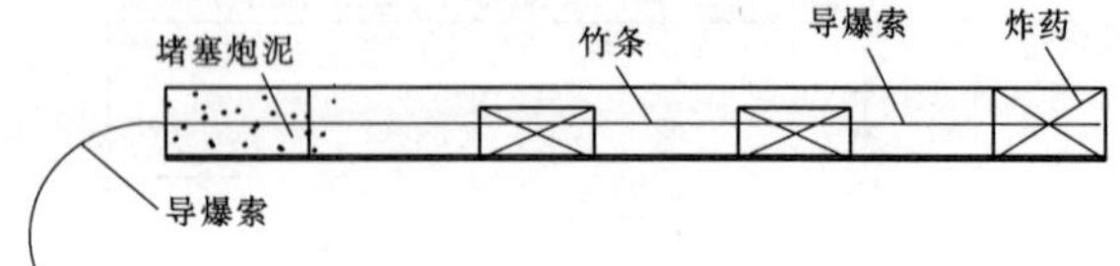

图 5　周边炮眼采用装药结构图

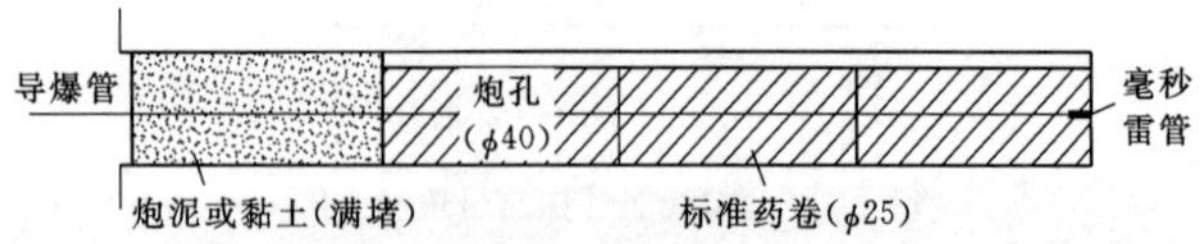

图 6　辅助眼采用装药结构图

3.3.4　Ⅴ级围岩爆破参数确定

（1）Ⅴ级围岩主要集中在隧底爆破，局部进行松动爆破，用人工配合挖机、风镐进行处理，参数表见表 2。

表 2　　参　数　表

围岩级别	周边眼间距 E/cm	周边眼抵抗线 W/cm	密集系数 E/W	周边眼装药集中度 /(kg/m)
Ⅴ	45	55	0.67	0.11

根据爆破设计可得出最大爆破振速为 2.12cm/s。

上台阶光面爆破。上台阶断面面积为 16.8m^2，炮眼数量 57 个（见图 7)。

根据爆破设计可得出最大爆破振速为 2.33cm/s。

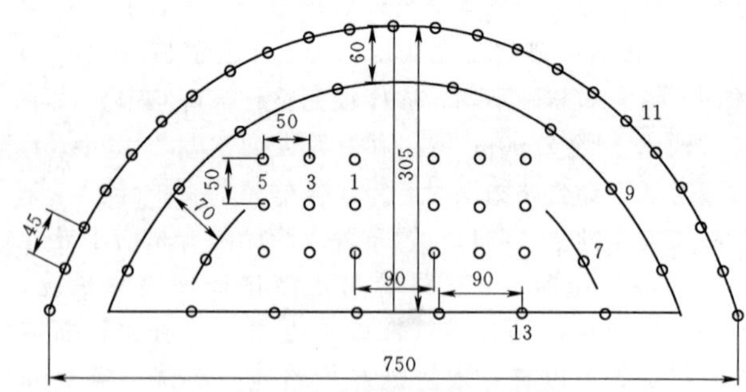

图 7　上台阶炮眼布置图（单位：cm）

中台阶光面爆破。中台阶断面面积为 30.2m^2，炮眼数量 46 个（见图 8)。

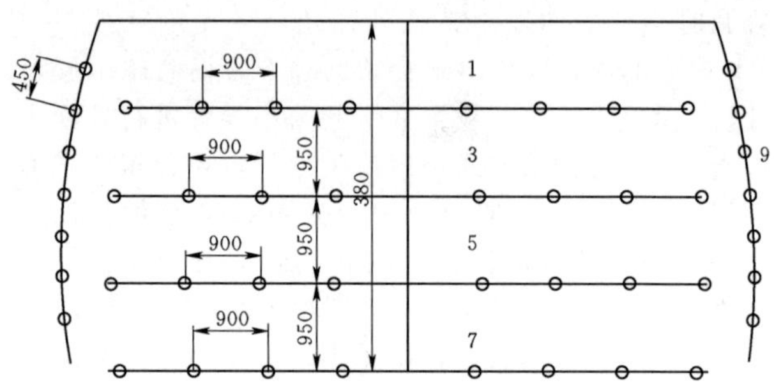

图 8　中台阶炮眼布置图（单位：mm）

根据爆破设计可得出最大爆破振速为 2.25cm/s。

下台阶光面爆破。下台阶断面面积为 20.9m^2，炮眼数量 40 个（见图 9)。

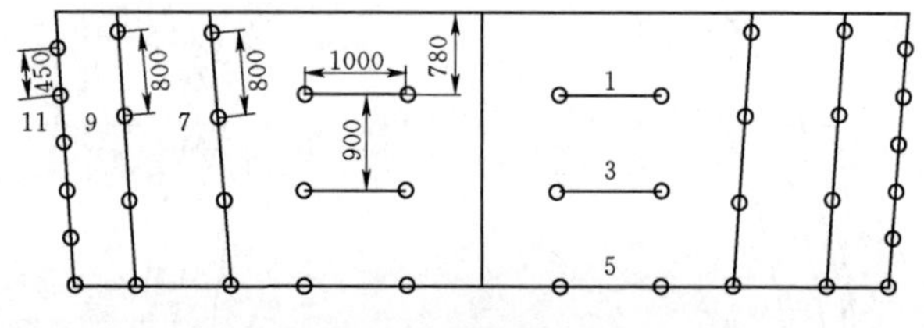

图 9　下台阶炮眼布置图（单位：mm）

根据爆破设计可得出最大爆破振速为 2.37cm/s。

隧底爆破开挖时要严格控制超欠挖。隧底断面面积 4m^2，炮眼数量 18 个（见图 10)。

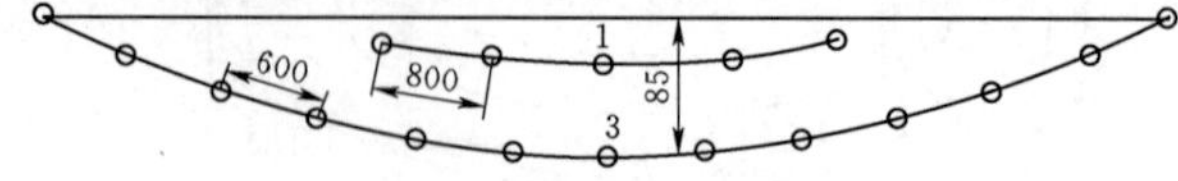

图 10　隧底炮眼布置图（单位：mm）

（2）爆破参数确定。

1）爆破参数选择。本隧道采用低密度、低爆速、低猛度的乳化炸药，电雷管起爆，非电毫秒管引爆。起爆顺序：起爆器→击发笔→导爆管→非电毫秒雷管→炸药。

通过爆破试验确定爆破参数，试验时参照表 3。

表 3　　光面爆破参数表

岩石种类	周边眼间距 E/cm	周边眼最小抵抗线 W/cm	相对距离 E/W	装药集中度 q/(kg/m)
极硬岩	50～60	55～75	0.8～0.85	0.25～0.3
硬岩	40～50	50～60	0.8～0.85	0.15～0.25
软质岩	35～45	45～60	0.75～0.8	0.07～0.12

2）布眼。

(a）掏槽眼。采用斜眼掏槽，以便减少钻眼数量。双侧壁导坑法开挖断面较小时，也应考虑直眼掏槽。

(b）周边眼。周边眼尽可能靠边布置，眼距适当缩小，并减少炮眼内的装药量。确保爆破后岩壁平直、成型规整，减少对围岩的扰动。

因在施工现场周边眼钻孔时机械位置的限制，钻孔方向可适当外插，眼底可偏出轮廓线 5～10cm。岩性较软时，周边眼位可在设计开挖轮廓线以内 5cm 左右，爆破后采用风镐修整洞壁。

(c）掘进眼。掘进眼介于掏槽眼和周边眼之间。它的作用是扩槽和破碎岩石。掘进眼根据隧道围岩与岩石性质，均匀排列。

根据围岩特点合理选择周边眼间距 E 及周边眼的最小抵抗线 W，辅助炮眼交错均匀布置，周边炮眼与辅助炮眼眼底在同一垂直面上，掏槽眼加深 20cm。最小抵抗线按下式计算：

$$W=E/M$$

式中：E 为按光面爆破要求确定的周边眼间距；M 为光面爆破炮眼密集系数，选取 $M=0.8$。

3）装药结构及药量计算。周边眼装药结构：用小直径药卷间隔装药，岩石很软时采用导爆索代替药卷。严格控制周边眼的装药量，借助导爆索进行间隔装药，使药量沿炮眼全长均匀分布。以确保隧道周边成形良好，并减少对围岩的扰动。其他眼：均采用连续装药结构。

所有装药炮眼用炮泥堵塞，周边眼堵塞长度不小于 30cm。表 4～表 7 为开挖药量计算表。

表 4　　上台阶开挖药量计算表

炮眼名称	段别	孔数	孔深	装药长度	单孔装药量		总装药量	备注
		个	m	m	卷	kg	kg	
掏槽眼	1	6	0.8	0.25	1	0.15	0.9	0.2kg/卷 0.25m/卷
	3	6	0.8	0.25	1	0.15	0.9	
	5	6	0.8	0.25	1	0.15	0.9	
辅助眼	7	2	0.6	0.25	1	0.2	0.4	
内圈眼	9	8	0.6	0.25	1	0.2	1.6	
周边眼	11	23	0.6	0.25	1	0.2	4.6	
底板眼	13	6	0.6	0.25	1	0.2	1.2	
合计		57				1.25	10.5	

表 5　　中台阶开挖药量计算表

炮眼名称	段别	孔数	孔深	装药长度	单孔装药量		总装药量	备注
		个	m	m	卷	kg	kg	
辅助眼	1	8	1.2	0.5	2	0.4	3.2	0.2kg/卷 0.25m/卷
	3	8	1.2	0.5	2	0.4	3.2	
	5	8	1.2	0.5	2	0.4	3.2	
周边眼	7	14	1.2	0.5	2	0.4	5.6	
底板眼	9	8	1.2	0.5	2	0.4	3.2	
合计		46				2.0	18.4	

表 6　　下台阶开挖药量计算表

炮眼名称	段别	孔数	孔深	装药长度	单孔装药量		总装药量	备注
		个	m	m	卷	kg	kg	
辅助眼	1	4	1.2	0.25	2	0.4	1.6	0.2kg/卷 0.25m/卷
	3	4	1.2	0.25	2	0.4	1.6	
底板眼	5	4	1.2	0.25	2	0.4	1.6	
内圈眼	7	8	1.2	0.25	2	0.4	3.2	
内圈眼	9	8	1.2	0.25	2	0.4	3.2	
周边眼	11	12	1.2	0.25	2	0.4	4.8	
合计		40				2.4	16	

表 7　　隧底开挖药量计算表

炮眼名称	段别	孔数	孔深	装药长度	单孔装药量		总装药量	备注
		个	m	m	卷	kg	kg	
辅助眼	1	5	3	0.25	3	0.6	3.0	0.2kg/卷 0.25m/卷
底板眼	3	13	3	0.25	3	0.6	7.8	
合计		18				1.2	10.8	

3.4　初期支护技术

普亚村 3＃隧道出口下穿公路段围岩为Ⅴ级加强，地质结构上覆第四系全新统坡残积粉质黏土，下伏石炭系（C）板岩夹砂岩、泥灰岩，围岩节理裂隙发育，岩体破碎，岩质软硬不均，岩体较完整～破碎均有，隧道正常涌水量约 2600m^3/d，雨季最大涌水量 3100m^3/d；在隧道出口洞身段下穿既有公路施工中，采用 I25a 型钢架支撑、钢筋网、系统锚杆及喷射混凝土构成其初期支护体系。边墙应采用 $L=4$m 的 ϕ22 砂浆锚杆，拱部采用 $L=4$m 的 ϕ22 中空注浆锚杆，拱架间距设计为 60cm，ϕ8 钢筋网设置规格为 20cm×20cm，C25 湿喷混凝土，喷射厚度为 30cm。为提高钢架底脚承载力面积，采用 U32 槽钢进行拱脚底部钢架支垫，应用 ϕ42 锁脚锚管进行钢架锁定，提高其稳定性，保证隧道支护性能，保障施工安全，如图 11 所示。

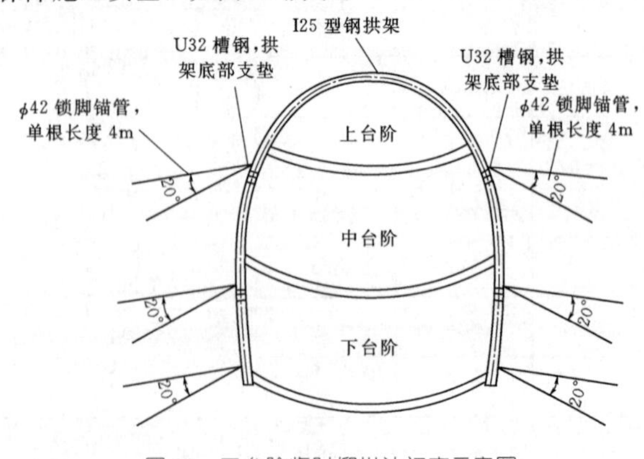

图 11　三台阶临时仰拱法初支示意图

4　实施效果评价

本隧道洞口段下穿既有公路施工开挖月进尺 45m，施工过程中监控量测数据稳定，爆破振动在控制范围内，通过采用监控量测及爆破开挖控制措施，降低了施工风险，保证了施工进度。

5　结语

磨万铁路Ⅳ标Ⅰ分部普亚村 3＃隧道工程采用地质分析技术、超前支护技术、开挖控制技术、参数分析技术、监控量测控制技术及复杂地质条件下围岩动态设计技术，既保证了工期、质量和施工安全，又确保了既有公路的正常运营，可供类似工程借鉴。

参考文献

[1]　朱胥仁. 铁路隧道下穿高速公路施工技术 [J]. 科技创新与应用，2019 (29)：141 - 144.

[2]　林弟涛. 铁路隧道下穿既有高速公路隧道施工控制技术研究 [J]. 中国建材，2019 (4)：123 - 125.

[3]　刁敏. 铁路隧道下穿既有高速公路隧道施工应用研究 [J]. 设备管理与维修，2018 (21)：129 - 130.

[4]　李子建. 浅谈复杂地质条件下铁路隧道下穿高速公路施工技术 [J]. 海峡科技与产业，2018 (07)：70 - 71，74.

[5]　罗尘. 高速公路浅埋铁路隧道下穿的施工沉降分析 [J]. 工程技术研究，2017 (10)：42，44.

铁路工程隧道施工超挖超填及超喷管控措施

权　力/中国水利水电第十四工程局有限公司

【摘　要】针对铁路隧道施工超欠挖管控，为加强施工项目成本管控，通过对施工项目工序优化，确定了经营管理清单的方向、重点、难点及时间节点经营管理清单调整，系统梳理项目部二次经营、内控管理项目；研究分析承包合同后制定项目经营清单，过程中严格实施，根据生产进度结合执行的实际情况及时调整执行措施。

【关键词】铁路工程隧道　超挖超填　管控措施

1　工程概述

森村2＃隧道我部管段DK225＋080～DK230＋742，施工长度5662m，其中Ⅲ围岩长2301m，Ⅳ级围岩长2374m，Ⅴ级围岩长987m，Ⅳ级、Ⅴ级围岩占比59.4％。隧道地质条件复杂，洞身段以石炭系（C）板岩夹砂岩、泥灰岩等为主，不良地质主要为顺层偏压、滑坡、软岩大变形。围岩裂隙水较发育，预测涌水段较多，预测隧道正洞内一般涌水量为31300m³/d，雨季最大涌水量为37600m³/d；围岩破碎，存在塌方可能，隧道位于琅勃拉邦构造缝合带南侧，构造较为复杂，次级构造发育，洞身发育有5条断层。

那迷村1＃隧道进口里程DK230＋964，出口里程DK231＋316，全长352m，最大埋深约为50m，全隧均为Ⅴ级围岩，洞身围岩主要有石炭系（C）板岩、砂岩夹灰岩。岩体破碎，自稳性差，不良地质为岩溶。

那迷村2＃隧道进口里程DK231＋659，出口里程DK236＋115，全长4456m，Ⅲ级围岩1360m，Ⅳ级围岩1820m，Ⅴ级围岩1276m，Ⅳ级、Ⅴ级围岩占比69.5％。隧道洞身最大埋深约341m，最小埋深约22m。测区属构造侵蚀、溶蚀低山地貌，测段隧道洞身分布那迷1＃断层，呈北东向，与线路相交于DK236＋098，交角约75°。两翼均为石炭系灰～灰黑色板岩、砂岩夹灰岩。隧道通过浅变质岩地层，岩性主要为板岩、砂岩夹灰岩、岩质软硬不均，岩体受区域构造影响较大，岩体较完整～破碎均有。同时隧道通过可溶岩与非可溶岩接触地带可能揭示地下溶洞，产生突泥、突水。预测隧道正常涌水量12000m³/d，雨季最大涌水量为14000m³/d。测段不良地质为岩溶、顺层偏压，特殊岩土为松软土。

卡西隧道进口里程DK245＋165，出口里程DK248＋541，全长3376m，其中Ⅲ级围岩550m，Ⅳ级围岩1035m，Ⅴ级围岩1791m，Ⅳ级、Ⅴ级围岩占比83.7％。隧道最大埋深约265m，隧道为疑似瓦斯隧道（目前未检测到），洞身段围岩主要为三叠系（T）砂岩、泥岩夹页岩、煤线。洞身发育有万荣向斜、卡西背斜；地下水主要为上部土层孔隙潜水与基岩裂隙水，该地层含煤线，地下水一般对混凝土结构具有硫酸盐侵蚀及盐类结晶破坏侵蚀，环境作用等级分别为H1、Y1。隧道正常涌水量5800m³/d，雨季最大涌水量7000m³/d，不良地质有煤层瓦斯、仰坡顺层。受区域地质构造影响，洞身节理裂隙发育，全、强风化带厚且风化差异性围岩稳定性差，通过向斜背斜核部地段，地下水较丰富，可能会发生涌水、坍塌。隧道进、出口地形平缓、埋深小。出口仰坡顺层。

拉孟山隧道进口里程DK253＋703，出口里程D1K261＋585，全长7882m，其中Ⅱ级围岩50m，Ⅲ级围岩1955m，Ⅳ级围岩4279m，Ⅴ级围岩1598m，Ⅳ级、Ⅴ级围岩占比74.6％。此隧道为低瓦斯隧道（目前未检测到），隧区属构造剥蚀，溶蚀中山地貌，地形起伏大，最大埋深约424m。洞身段围岩主要为三叠系（T）砂岩、泥岩夹石英砂岩、煤层（线），二叠系（P）灰岩、白云质灰岩。地下水主要为第四系孔隙潜水、基岩裂隙水及岩溶水，其中DJK256＋697～D1K259＋490段下伏T地层含煤线，对混凝土结构具有硫酸盐侵蚀性及盐类结晶破坏侵蚀，环境作用等级分别为H1、Y1，预测隧道正常涌水量约33000m³/d，雨季最大涌水量约44000m³/d。测段位于万荣向斜南西翼，该向斜发育于万荣河谷东岸，洞身发育有次级构造拉孟山断层，段内不良地质为滑坡、岩堆、岩溶，煤层瓦斯、顺层偏压。本隧特殊岩土为松软土，根据附近河流高程，推测隧道处于岩溶垂直渗流带和季节变动带中，在可溶岩与非可溶岩接触带岩溶发育，隧道施工可能遇溶洞、暗河等岩溶形态。

2 隧道工程超挖、超填、超喷原因分析

超挖超填情况：累计喷混凝土设计量 109241.89m^3，实际消耗量 214649.38m^3，绝对超喷量 105407.49m^3，绝对超耗率 96.49%。

主要原因有思想认识、地质原因、钻爆技术、机械设备和工人技能、混凝土性能。

(1) 隧道架子队前期成本意识较差，超欠挖控制积极主动性不足，重视开挖进尺，忽略超挖控制；现场管理人员管控措施不全面，现场管控存在思想误区，认识不到位，导致前期超喷、超填较大。

(2) 隧道各工点施工条件差，主要以泥灰岩、泥岩、板岩、炭质板岩、石灰岩等为主，岩性较差，地下水发育等。隧道Ⅳ级、Ⅴ级围岩占总长度的 72%，隧道进洞阶段，普遍存在洞口浅埋、偏压、富水等不利情况，目前揭露的Ⅳ级、Ⅴ级围岩均存在富水状态，导致混凝土超耗大。

(3) 前期部分洞口不重视钻爆设计，随意性强，现场技术人员经验不足，实践能力欠缺；管理缺乏主观能动性，不能适时调整参数。

(4) 钻爆工人工艺水平参差不齐。钻爆和喷射工艺水平不高，操作人员能力有限，操作技能有待提高。

(5) 受地材的影响，混凝土性能存在波动情况，坍落度、流动性、和易性等不稳定，现场喷射混凝土施工难度增加，导致回弹量加大。

3 采取的材料核销方案及施工成本控制措施

3.1 技术方案控制措施

工程施工过程中，应对网络进度作经常性的检查、调整。确保关键线路资源配置，做到关键节点不滞后；对非关键线路要充分利用调节工期，使资源得到合理充分利用。要利用技术经济论证调整、优化、完善施工技术方案，使工程施工所需成本始终保持在最低投入水平。已在实施过程中的施工方案，也应进行经常性的检查，如发现在落实过程中出现偏差，应及时采取措施纠偏。测量和试验是保证项目质量、成本的关键，规范测量放线，把住测量关，对测量放线加大检查力度，测量队做好详细的工作记录；实际配比要与报价配比作比较，如出现超耗情况，须将超耗原因分析清楚，并努力优化配比。确属客观原因造成，难以降耗的，要充分收集资料，分析论证，提交报告以备补偿。把好主材材质试验关，对不合格的材料必须及时停止使用。

3.2 现场开挖施工质量和成本控制措施

开挖是隧道工程施工进度、安全、质量和成本管控的源头，做好开挖的控制是最重要的工作之一。项目部自开工以来，非常重视隧道的开挖管理，2017 年 7 月即颁布了第一版“隧道超挖超填考核管理办法”，项目部成立隧道超欠挖管理领导小组，办法重点对隧道开挖过程中钻爆设计、钻爆作业及工艺提出要求，由总工牵头、生产副经理、工程部负责人、技术部负责人、现场技术员、架子队负责人、开挖班长等各级管理人员紧盯掌子面围岩，深入对接班组，针对不同围岩类别进行爆破设计，指导现场施工，采用合适的工艺工法及参数，控制超欠挖，提高施工效率，确保过程可控；办法中根据不同围岩级别（设计是否用钢拱架）规定了相应考核控制标准。过程中根据围岩情况、支护形式，结合现场实施情况，先后进行了 5 次修订调整，有效地控制了项目部隧道的超挖超填。

施工前，技术部编制作业指导书并对作业人员进行岗前培训及技术交底，各级管理人员紧盯掌子面围岩，结合超前地质预报分析，对现场围岩进行判定。进而确定开挖工法（全断面、台阶法）和开挖进尺，针对性地编制钻爆方案并进行交底。

现场采用全站仪快速放样，放样时将隧道断面、隧道中线用红铅油精确地标在掌子面上，并做出明显的高程标识点，精确定位炮眼位置（根据钻爆设计方案）。

由隧道开挖班组长根据钻爆设计将每台钻机钻孔范围及顺序分配明确，在钻工均准确获知炮眼的深度、角度、间距等参数后开始钻孔施工。

钻孔完成后开始装药，药量、分段及联网按钻爆设计方案执行，其中周边眼采用小直径药卷、导爆索间隔装药（绑扎在竹片上）。

每次爆破后与现场爆破班组一起检查爆破效果，观察超欠情况、周边残孔、块度大小、开挖面凹凸等情况，结合测量断面（喷射混凝土工程量），共同分析原因及时修正爆破参数，并根据下一循环岩层节理裂隙发育、岩性软硬情况，修正眼距、用药量，循序渐进，整体提高开挖控制质量。

根据当前循环的爆破效果，结合每排炮的残孔情况，对钻工进行考核，重点是钻孔的外方角控制，钻孔间距，钻孔的“一钎到底”连续性等，有效激励一线班组人员。

结合围岩监控量测数据和初支断面的情况，由总工组织，工程技术部会同现场技术主管、洞口负责人等共同商议，及时调整预留变形量，减少预留变形量引起的超填量增加，也避免预留变形量不足造成的侵线。

现场实际隧道超挖情况统计方法：隧道开挖出渣完成后，特别是自稳性较差的Ⅳ级、Ⅴ级围岩，需要立即进行初期支护施工，受单线隧道现场施工条件影响，无法保证开挖断面测量的时间和作业空间，因此现场超挖情况一般采用技术员现场尺量（报检时利用拱架做参照物），结合喷射混凝土工程量的数据来统计超挖情况。

3.3 现场喷射混凝土施工质量和成本控制措施

开完成后，及时进入下一道支护工序，要求现场做好工序衔接，做到工序“负搭接，零衔接”。项目部重点从混凝土原材料控制、配合比优化、机械设备配置及操作手法等方面进行管控。

原材料及配合比方面，项目部选用自产机制砂掺拌部分当地河沙，提高混凝土的可喷性，降低回弹量；每个拌和站均安排 2 名试验员，过程中出现混凝土异常，试验人员及时到现场解决，事后进行总结提高；项目部督促各队伍配置性能良好的设备（机械手或车载一拖二湿喷机），聘请有经验的混凝土喷射手，过程中加强操作人员的培训，使其熟练掌握喷射混凝土操作工艺，确保混凝土初支表面平整、内部密实，同时减少混凝土回弹量。

喷射工序完成后，现场技术员统计回弹量，会同计合部、工程技术部、安质部（或驻现场三检人员）、试验室、现场工程部、架子队现场及洞口负责人共同检查喷射混凝土的质量（表面平整度、密实度等），同时分析回弹量是否合理，研究改进措施。

3.4 仰拱及二衬施工质量和成本控制措施

根据质量验收相关规定，结合第三方检测的要求，项目部对仰拱开挖规格进行精准控制，有效地控制了仰拱及填充混凝土的超填量。测量检测部每周公布仰拱填充面的实测标高，指导现场有效控制填充面的高程。

仰拱模板和二衬台车均由项目部统一找专业厂家定制，仰拱模板采用定型钢模，刚度满足现场多次循环使用的要求，有效控制“矮边墙”的规格尺寸，使得二衬台车与之紧密结合，减少了纵向施工缝的错台，二衬台车采用“三逐两孔两振”设计，保障了混凝土的浇筑质量。

采取上述措施后，每周对二衬和仰拱浇筑量进行统计，对比设计量，分析超浇原因，从钻爆设计（开挖轮廓控制）、预留变形量等方面进行优化调整，即满足质量规范要求，又减少超填量。

3.5 持续优化技术措施手段

针对铁路工程隧道施工超挖超填及超喷，围岩极碎、岩层极薄、岩性不一、地质复杂多变等特点，中老铁路历时近三年，隧道软岩开挖支护过程中，以“技术方案超前选择、施工资源配备到位、及时支护、安全监测指导开挖、灵活运用工法施工”，项目部由组织专业爆破技术人员编制了爆破施工专项方案及隧道作业指导书，并报上级单位审核通过后，由项目部技术部组织技术交底及岗前培训指导现场施工。

针对设计图纸给出的预留变形量对现场施工人员技术交底到位，现场管理人员及架子队操作人员对预留变形量技术指标熟悉并掌握，过程中根据围岩监控量测情况，适时调整。

测量放线管控：测量人员采用全站仪快速放样将隧道断面、隧道中线用红铅油精确标在掌子面，并做出明显高程标识点以精准定位炮眼位置。

钻孔管控：在施钻过程中，跟班人员要做好督促检查，确保每个孔的钻眼质量。钻眼完毕，按炮眼布置图检查炮眼的位置、数量和深度，并做好记录。主要验收标准如下：掏槽眼眼口间距误差和眼底间距误差不大于 5cm；辅助眼深度、角度按设计施工，眼口排距、行距误差不得大于 10cm；周边眼位置在设计断面轮廓线上，允许沿轮廓线误差不大于 5cm，眼底不超出开挖断面轮廓线 15cm；内圈炮眼至周边眼排距误差不大于 5cm。当开挖面凸凹面较大时，应按实际情况，适当调整炮眼深度，力求所有炮眼（除掏槽眼和底板眼外）眼底在同一垂直面上。

装药起爆管控：炮眼经验收合格，用高压风将炮眼吹洗干净后方可装药。装药分片分组负责，严格按爆破参数表及炮孔布置图的规定进行，装药量和雷管段号要“对号入座”。周边眼采用小直径药卷间隔装药，待起爆网路连接完成经检查无误并确保安全的前提下方可进行起爆。

当班对该循环的爆破效果进行检查，结合每排炮的残孔情况，超挖情况进行分析，重点检查钻孔的外方角控制，钻孔间距，钻孔的“一钎到底”连续性等，并对钻工进行考核，有效激励一线班组人员。经加强管控，喷混凝土控制卓见成效，根据统计半年数据分析（2020 年 1 月 1 日至 2020 年 7 月 3 日）喷混凝土设计量 9829.13m^3，实际消耗量 17865m^3，绝对超喷量 8035.87m^3，绝对超耗率 81.85%。较开累绝对超喷率 96.49%，降低 14.74%

采取光爆控制技术，每周以图文并茂的形式在生产周例会上进行专题分析，过程采取周（月）考核措施并及时兑现，顶拱超挖控制基本在 12cm 以内，超挖情况得到进一步改进，总体喷射混凝土超喷得到了有效的控制，实现了一定的经济效益。

4 结语

本隧道工程采取的超挖、超填、超喷控制措施，经济效果显著，可供类似工程借鉴。

参考文献

［1］ 秦栋华. 隧道超欠挖质量控制及处治措施［J］. 山西建筑，2017，43（34）：175－177.
［2］ 陈旺. 隧道光面爆破及超欠挖现象分析与控制技术措施［J］. 建材与装饰，2019（10）：278－279.
［3］ 许丽霞. 钻爆法施工隧道成本控制分析［J］. 建筑技术开发，2017，44（11）：82－83.
［4］ 余国新. 浅谈测量对隧道超欠挖的控制［J］. 铜业工程，2015（1）：51－52.
［5］ 王艺锟. 隧道洞身开挖施工中超欠挖原因及解决方法——以赤竹坪隧道为例［J］. 工程技术研究，2019，4（13）：163－164.
［6］ 杨仲伟. 浅析隧道钻爆超欠挖控制措施［J］. 交通建设与管理，2015（10）：48－49，52.

铁路连续梁临时支座设置及解除技术

孙新利　陈　伟　李星月/中国水利水电第十五工程局有限公司

【摘　要】 结合中老铁路欣合楠里河特大桥连续梁墩梁固结临时支座的设置和解除，介绍了临时支座的各种设置方式、受力计算以及各种解除技术，保证了连续梁挂篮对称悬灌施工时的平衡和结构安全。

【关键词】 连续梁　临时支座设置方式　解除技术

预应力混凝土连续梁具有变形小、结构刚度好、养护简单、抗震性能好等优点，是大中跨径桥梁的常用结构型式，施工中通常采用挂篮悬臂浇筑施工。由于梁体永久支座在施工中不受应力，且无法提供悬臂T构产生的不平衡弯矩，故通常采用将墩与梁体进行临时固结锁定后，形成T形刚构的型式，再进行挂篮的悬臂浇筑施工，待连续梁合龙后再拆除临时固结措施，实现结构体系的转换。

1　工程概况

新建铁路磨丁至万象线位于老挝境内，北接中国境内的玉溪至磨憨线，南联泰国境内规划的曼谷至廊开线，线路起点为中老边境的口岸磨丁，向南经老挝北部的南塔省、乌多姆塞省、琅勃拉邦省、万象省后到达线路终点——老挝人民民主共和国首都万象市。欣合楠里河特大桥位于万象省欣合县，跨越楠里河水库。

欣合楠里河特大桥跨河主桥采用48m＋80m＋48m连续梁，采用单箱单室、变高度、变截面箱梁，跨中及边支点梁高3.3m，中支点梁高6.0m。箱梁顶宽7.0m，底宽4.0m。全桥顶板厚为30cm，底板厚36～60cm。共划分为13种43个梁段，两中支点上为0＃段，0＃梁段长12m；挂篮对称悬浇1＃～9＃梁段，梁段长3m、3.5m、4.0m；中跨合龙段10＃梁段长2m；边跨非对称悬浇梁段11＃梁段长4m；边跨现浇段12＃梁段长5.6m。在梁端及0＃块处设横隔板，全联共设4道横隔板，横隔板中部设有孔洞，以利检查人员通过。

梁体设三向预应力，分别为纵向、横向、竖向。纵向：腹板单束9根钢绞线，钢波纹管，内径80mm；顶、底板单束7根钢绞线，钢波纹管，内径70mm。横向：顶板横向单束2根钢绞线。竖向：梁体腹板竖向采用ϕ25 PSB830精轧螺纹钢筋，采用内径35mm的钢波纹管。

连续梁先合龙中跨，接着在跨中施加压重，利用边跨挂篮施工边跨不平衡段，最后在边墩旁搭设托架并结合挂篮浇筑两边跨梁段。

2　临时支座设置选择

临时支座形式有硫黄砂浆、钢箱砂筒、方木原木、钢筋混凝土几种形式。

硫黄砂浆临时支座，在临时支座中央设置一层5cm厚的硫黄水泥砂浆，要求达到M40等级，硫黄水泥砂浆可购买成品料，使用前做通电烧除试验。临时支座的顶面和底面设置一层塑料薄膜隔离层以利拆除，临时支座硫黄水泥砂浆内预埋电阻丝，拆除时通电溶解，利用风镐对支座混凝土破碎拆除，混凝土处理完后，再用氧气乙炔割除临时支座钢筋，硫黄砂浆的优异性为硬化快、强度高，但其成本高、污染环境，拆除时电阻丝容易发生故障，硫黄砂浆在加热过程中液化程度并不理想，从而使临时支座拆除耗时费力。

钢箱砂筒临时支座是利用封闭容器内的干燥细沙，在容器底部或侧面开口溢出，减少容器内的细沙体积，使细沙上的垫块降低，达到解除支座目的。钢箱砂桶设置需要考虑钢桶强度和细砂的压缩高度。钢箱砂桶临时支座制作简单，操作方便，上、下套筒分离轻便，易于在高空作业搬运、操作，缺点是承载力低，无抗弯力矩；方木原木临时支座材料来源方便、费用低、制作容易、操作简便，其缺点是承载力低，无抗弯力矩。

结合本工程特点，为抵抗挂篮施工时产生的不平衡弯矩，选用钢筋混凝土临时支座。临时支座设置于墩顶永久支座两侧，沿桥梁横纵向尺寸分别为1.2m×1.1m，支座高度0.6m，临时支座的混凝土等级为C50，竖向临时锚固主筋为HRB400 ϕ32精轧螺纹钢筋。中老铁路欣合楠里河特大桥连续梁临时支座设置见图 1、图 2。

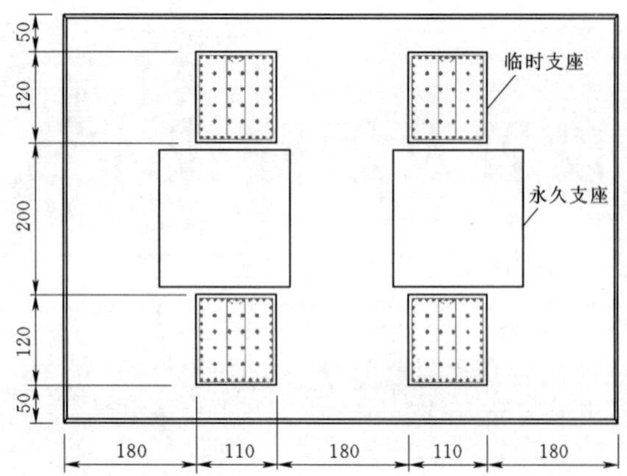

图 1　钢筋混凝土临时支座设置平面图（单位：cm）

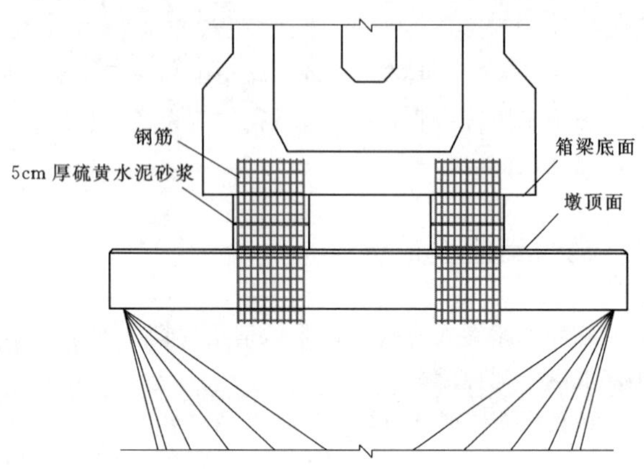

图 2　钢筋混凝土临时支座锚筋布置立面图

3　受力分析

临时支座所受荷载分为两部分，一部分为梁体传至支座的竖向压力荷载（梁体重量、挂篮重量），另一部分为 T 构两侧混凝土浇筑不平衡重以及人员、机械不平衡重所引起的弯矩变化。中老铁路欣合楠里河特大桥连续梁各梁段重量见表 1。

表 1　　连续梁节段特性表

节段名称	0#	1#	2#	3#	4#	5#	6#	7#	8#	9#
节段长度/m	12	3	3	3.5	3.5	4	4	4	4	4
重量/t	450.2	79.9	76.3	79.3	77.2	75.4	74.4	61.5	60.7	60.7
合计/t	450.2	645.4								

3.1　ϕ32 精轧螺纹钢筋抗拉强度设计值计算

精轧螺纹钢筋的极限抗拉强度为 980MPa，屈服强度为 785MPa，截面面积为 804mm^2。

每根 ϕ32 精轧钢抗拉力

$$F=\sigma A=785\times10^3\times8.04\times10^{-4}=631.1(\text{kN})$$

3.2　锚筋抗拉力矩计算

梁体倾覆时支点取在临时支座中心线处，则受力锚筋抗拉力臂为 2m。

锚筋抗拉力矩

$$M=(631.1\times2.0\times56)\times2=141366.4(\text{kN/m})$$

3.3　每根钢筋预埋深度计算

钢筋抗拉设计值 $f_y=785\text{N/mm}^2$，墩身混凝土强度 C35，轴心抗拉强度设计值 $f_c=1.57\ \text{N/mm}^2$。

$$L=af_yd/f_c=1.1\times0.14\times785\times32/1.57=2464(\text{mm})$$

现场实际埋深 2.6m，满足设计要求。

3.4　稳定计算

混凝土浇筑时最大不平衡荷载按 9#段一边浇筑完成，另一端未浇筑考虑，则最大倾覆力矩为

$$M_1=60.69\times10\times37=22006.2(\text{kN/m})$$

安全系数：$\lambda=M/M_1=141366.4/22006.2=6.65$

3.5　抗压计算

临时支墩采用 C50 钢筋混凝土，当其中一个临时支墩承受最大压力：

$$F_c=(450.2/2+645.4)\times10/2=4352(\text{kN})$$

C50 混凝土抗压强度为 22.4MPa，$L_0/b<8$　$\phi=1$

$[N]=\sigma_cA=2.24\times110\times120\times0.7=20697.6(\text{kN})\geqslant4352\text{kN}$ 满足要求。

临时支座竖向临时锚固主筋为 HRB400 ϕ32 精轧螺纹钢筋，每个支座布置 56 根，支座周边布置 40 根，钢筋间距 10cm，支座中心布置 16 根（4 排、每排 4 根），间距 25cm，钢筋长度 2.6m，上下端分别伸入梁底和墩顶。钢筋及临时支座位置要求准确，若锚固钢筋与梁体钢筋冲突，可适当调整梁体钢筋。

通过受力分析，临时支座锚筋抗倾安全系数 6.65，完全满足要求，不需要采取预张紧措施。

4　临时支座拆除

连续梁合拢段 10#块混凝土浇筑后，在混凝土强度达到设计值的 95%，弹性模量达到设计值的 100%，并且满足 5d 龄期要求后，依次张拉相应的纵向预应力钢束至设计张拉力，随后拆除体外支撑及主墩临时支座，

实现连续梁结构体系转换。

钢筋混凝土临时支座拆除方法，可以采用的方法有静态膨胀剂拆除、机械切割拆除、风镐破碎拆除、绳锯切割拆除。静态膨胀剂拆除是放入静态膨胀剂，先将支座混凝土胀裂，然后人工破除临时支座混凝土，其缺点是混凝土中钢筋密集，膨胀剂难以置入，可操作性差，施工周期长。传统的风镐破碎施工方法，势必会造成牵引力的减弱而影响整体结构，加上风镐破碎所产生的震动，不仅会使被切割断面本身受损，而且会波及周围的结构造成破坏。风镐拆除所产生的粉尘污染及施工周期长也是一个突出的问题。人工在拆除支座时，因为不同步，容易造成箱梁的标高误差和扭转。

欣合楠里河特大桥连续梁 6＃、7＃墩位于主河道两侧，距上游高速公路桥 60m，桥下当地村民渔船来往频繁；临时支座结构为钢筋混凝土结构，钢筋间距为 10cm×10cm，临时支座高度为 60cm；混凝土标号高，临时支座与永久支座间距小，仅为 15cm。

欣合楠里河特大桥连续梁钢筋混凝土临时支座拆除采用金刚石绳锯切割技术。施工电源由原有连续梁施工配电箱接入，施工用水由下面既有河道由水泵抽至临时托架上临时蓄水桶内。在拆除范围外侧以黄色警示带隔离，悬挂中文和老挝语警示牌，并安排专人安全值守。采用钻孔机 2 台，绳锯 2 台。必须在拆除临时支座前，应确保外荷载均已被清除、移走或卸载，同时连续梁永久支座安装完成。利用连续梁 0＃块施工时安装的托架作为作业平台，在托架的四周焊接防护栏杆，并安装防护网，地板铺设防水板，收集废水，防止污染河道水源。在支座适当位置安装膨胀螺丝固定切割机和导轮。以一个临时支座为一个切割单元，按照左右对称同时切割。切割临时支座上下各切割一道，使临时支座脱离，采用塔吊运输至河岸，自卸车运输至弃渣场。

绳锯切割拆除主要关键点：①拆除临时支座时，应对称、均匀施作，临时支座切割时，切割顺序为先切割小里程方向临时支座，后切割大里程方向临时支座，以防止连续梁左右受力不一致而导致梁体结构受损；②测量队在连续梁顶设置观测点，观测梁体高程变化，在连续梁跨中和支座位置安装应力感应装置，随时监测应力变化情况，发现异常情况应立即停止作业，查明原因，保证施工安全。

绳锯切割机体积轻巧，拆除快速简捷、节省劳力，切割能力强，作业效率高，切口平直，做到了整齐分离、无损切割。整个切割拆卸施工过程效率高、无震动、无粉尘、噪声低，杜绝了传统施工方法给整体结构造成破坏及对周围环境造成的各种污染，比采用人工凿除节省时间。

5 结语

特大桥连续梁选用钢筋混凝土临时支座，抵抗挂篮施工时产生的不平衡弯矩，有效保证了施工质量安全，采用绳锯拆除支座，安全环保，工期短。

中老铁路楠名河大桥双壁钢围堰设计与施工

王建军/中国水利水电第三工程局有限公司

【摘　要】 结合中老铁路工程楠名河大桥2#、3#墩工程实践，介绍了陡坡地段、基底岩石地段双壁钢围堰设计及施工，通过对围堰的选型、结构设计、结构检算，双壁钢围堰施工前采用水下控制爆破施工技术爆破水下基岩，有效地克服围堰下沉遇到的技术难题。实践证明，该桥的双壁钢围堰设计合理，工艺结构科学，为今后深水承台施工积累了经验。

【关键词】 铁路桥梁　双壁钢围堰　建模计算　设计与施工

1　引言

中老铁路磨万段是中国“一带一路”倡议与老挝“变陆锁国为陆联国”战略对接项目，向北连通玉磨铁路，向南连接泰国铁路网，并经泰国铁路与马来西亚、新加坡铁路相连。中老铁路是中国昆明经老挝、泰国、马来西亚至新加坡的泛亚铁路通道的一部分，其建成后将使老挝变“陆锁国”为“陆联国”。

2　工程概况

楠名河大桥位于老挝琅勃拉邦相嫩县，全长223.992m，连接普亚村3#隧道出口和达隆1#隧道进口，横跨两隧道之间山谷，桥址上覆第四系冲洪积（Q4al+pl）细砂。卵石土，坡残积（Q4dl+el）粉质黏土；下伏基岩为石炭系（C）板岩夹砂岩，泥灰质岩等，地质结构复杂。桥梁位于DK196+750.000～DK196+973.992，全长223.992m，桥跨布置形式为5×32+2×24，共计7跨。2#、3#墩为水中墩，墩身高度为44.5m，位于南康3水电站水库库尾，长期被水淹没，此段河面宽约60m，两侧位于陡坡上。

桥址区位于楠名河河谷，呈宽阔的U形，枯水期楠名河实测水面高程347.3m左右，河道顺直，线路经过区域属构造剥蚀中低山地貌，地形起伏较大地面高程332～415m，相对高差大于80m；地面山坡陡峻，坡角大于50°，坡面植被发育，基岩出露较少。楠名河水库最高回水位高程为351.41m，洪水期水流流量为$Q_1/100=1775m^3/s$，洪水期水平高程为$H_1/100=348.19m$，洪水期水流流速为$V_1=5.23m/s$。

3　双壁钢围堰设计

3.1　钢围堰结构设计

2#、3#墩位于楠名河南康3水电站水库库尾，经过现场实际测量水位，楠名河枯水期水位最低在344.426m，汛期最高水位在348.380m。楠名河在形成库区后水位抬高，水流缓慢，为了安全，按照汛期水库最高水位作为防汛标准，在此基础上再加入安全高度（0.6m），作为钢围堰的顶标高348.980m，以满足度汛需要。

壁净空尺寸为12.7m×8.9m。根据工期计划，钢围堰需钢围堰底面标高为336.980m，顶面标高为348.980m，钢围堰高度为12.0m。钢围堰的立面图见图1。

3.2　钢围堰结构计算

运用Midas Civil有限元软件建立围堰模型，围堰内外面板通过板单元模拟，横向加劲肋通过板单元模拟，水平桁架杆通过梁单元模拟，箱型柱及其加劲肋通过板单元模拟，内支撑采用梁单元模拟，两端释放梁端约束，使其起轴向支撑作用，灌注的混凝土通过实体单元模拟，围堰结构模型见图2。

围堰结构按两种工况进行计算：工况一，完成混凝土封底抽水后，最高水位（348.200m）是对围堰结构外侧作用的水土压力；工况二，承台混凝土浇筑时混凝土侧压力对围堰结构内侧的压力，此时按较低水位（344.380m）进行计算。

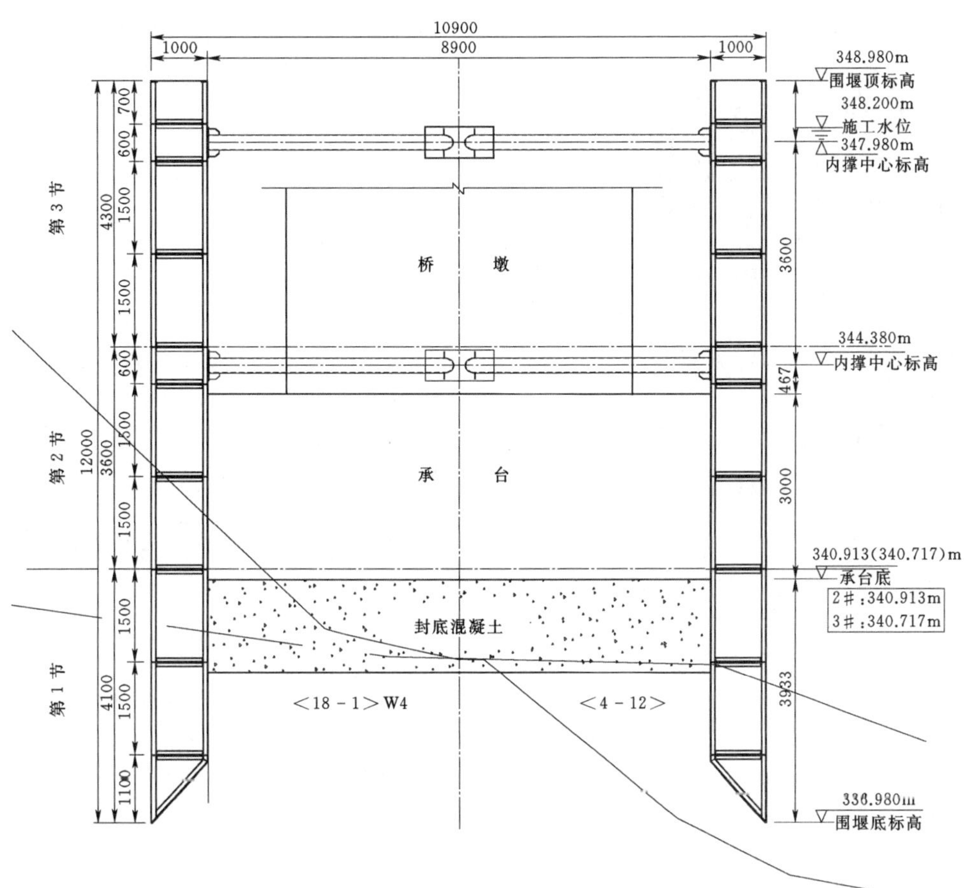

图1 2#、3#墩双壁钢围堰立面图（单位：mm）

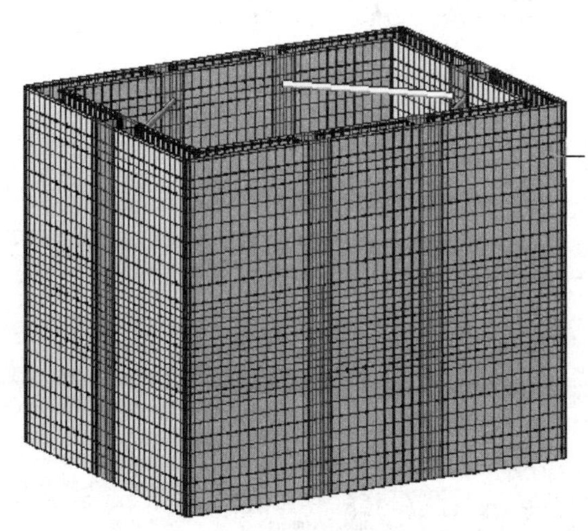

图2 围堰结构模型

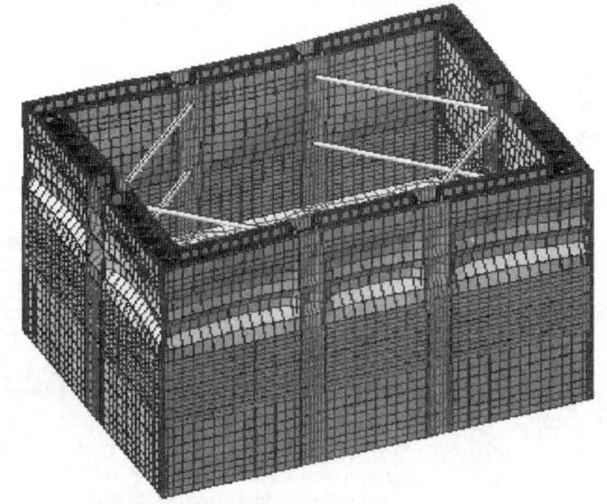

图3 工况一模型荷载分布图及围堰总体变形图

3.2.1 工况一外侧水土压力作用下围堰结构计算

工况一所承受的荷载为围堰外侧的水土压力，采用流体压力面荷载来模拟，荷载分布见图3。

模拟工况一后，运用Midas Civil有限元软件通过对围堰壁板应力、箱型柱及其加劲肋、横向加劲肋、水平桁架杆、围堰面板背楞、内支撑以及总体变形的计算，结构整体变形较小，符合要求，结构刚度、强度和整体稳定性符合临时结构要求，该双壁钢围堰是安全可靠的，见图3。

3.2.2 工况二混凝土浇筑时侧压力作用下围堰结构计算

工况二所承受的荷载为围堰外侧的水压力和内侧的承台混凝土侧压力，此时水位取最低的水位（344.38m）进行计算，采用流体压力面荷载来模拟，荷载分布见图4。

3.2.3 封底混凝土计算

封底混凝土达到设计强度后，抽干围堰内的水，此时封底混凝土受到由于内外水土压力差形成的向上的水

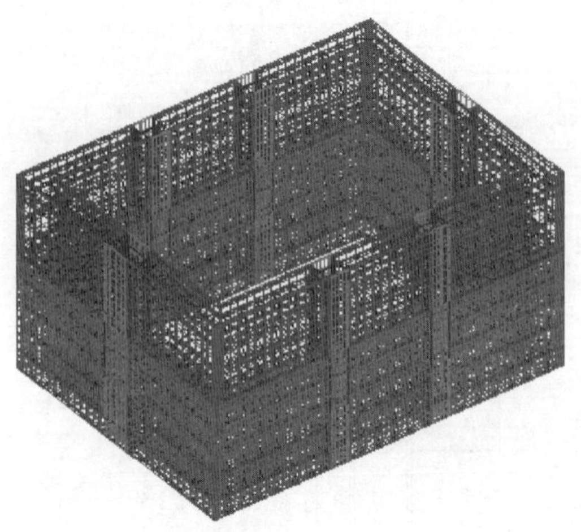

图 4　工况二模型荷载分布图及围堰总体变形图

的浮力 P，封底混凝土必须在自重，与钢护间的黏聚力 N_1 及与钢管组合桩的黏聚力 N_2 作用，下抵抗水的浮力 P。

拟定封底混凝土标号为 C20，取其抗拉设计值 $f=1.10$MPa，考虑施工阶段混凝土的允许弯拉应力取 1.5 倍安全系数，则[σ]＝0.73MPa。钢护筒与封底混凝土间黏结强度取[τ]＝150MPa。混凝土封底厚度取为 1.5m，钢护筒外径为 1.8m，考虑到封底混凝土顶面浮浆的存在。则封底混凝土在计算黏聚力时取有效厚度为 1.0m。

(1) 混凝土抗浮力计算。根据计算得封底混凝土自重与封底混凝土与钢护筒黏聚力及封底混凝土与钢围堰黏聚力之和为 19874.9kN，大于水的浮力 14393.5kN，封底混凝土抗浮满足要求。

(2) 封底混凝土抗裂计算。根据本承台桩基布置情况，将封底混凝土看成承受均布荷载的四边简支板，简支板边长为混凝土灌注桩的斜长净间距 2.124m，考虑到封底混凝土顶面浮浆的存在，则封底混凝土在计算抗裂时取有效厚度为 1.0m。按照四边简支板计算得混凝土拉应力为 0.07MPa＜[σ]＝0.73MPa，满足抗裂要求。

4　双壁钢围堰的施工关键工艺

4.1　水下基坑爆破施工

由于底部为岩石层，为满足承台及钢围堰施工的需要，2 个主墩采用先炸后挖、全断面梅花形钻孔定向水下爆破施工。钻孔布置见图 5。

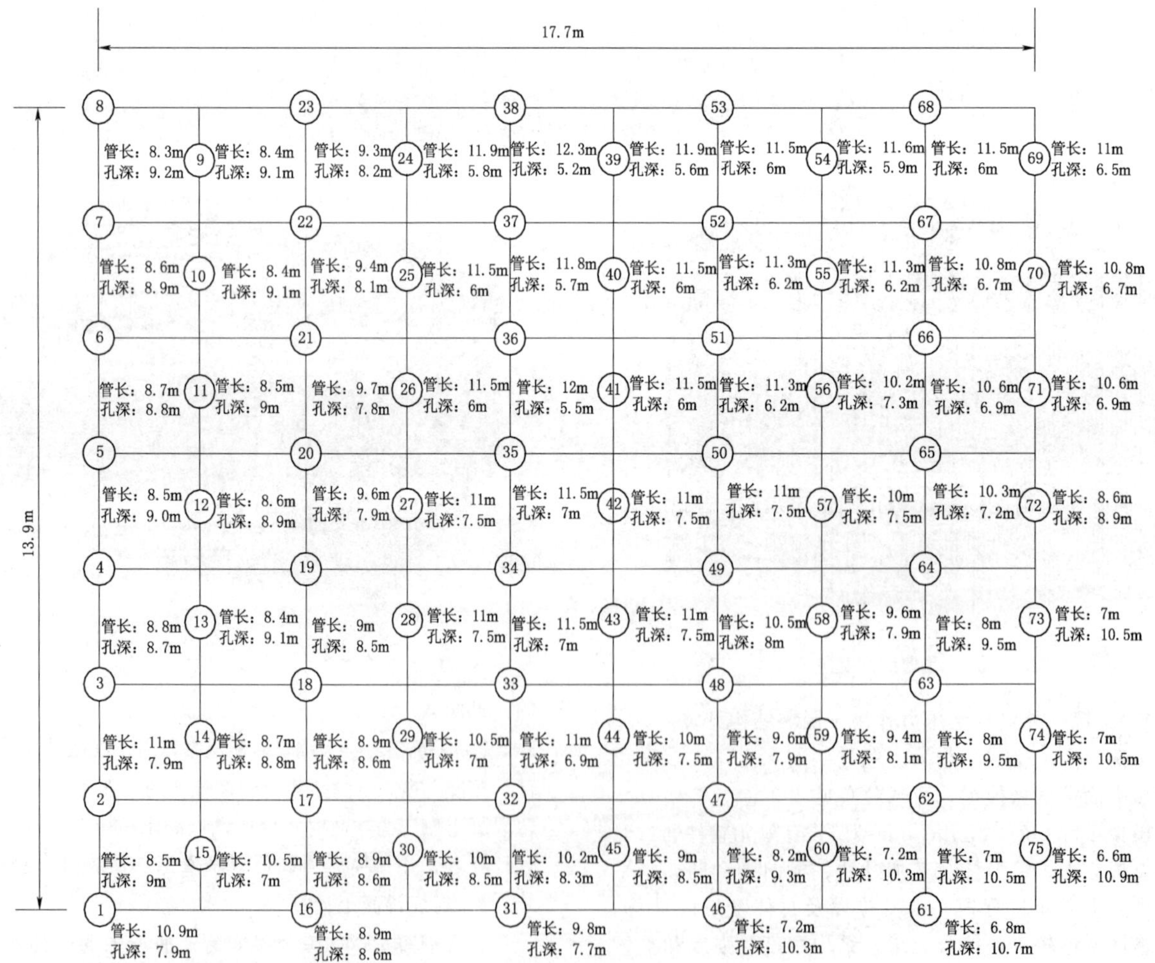

图 5　爆破孔平面布置图

4.1.1 爆破参数

（1）爆破范围及炮孔布置。由于钢围堰设计为矩形，尺寸为12.7m×8.9m。为保证钢围堰刃角位置爆破效果和方便长臂挖掘机清渣施工，采用矩形爆破范围并适当扩大范围，布孔尺寸为17.7m×13.9m，炮孔布置为15排，排距为1.0m，10列，孔距为2.0m，钻孔总数75个。

（2）钻眼参数。根据现场实际情况及爆破岩石的性质和爆破深度，爆破深度第1层为4m，第2层为3.1m。超钻深度 $h_1=0.2H_1=0.2\times4=0.8(\mathrm{m})$，$h_2=0.2H_1=0.2\times3.1=0.62(\mathrm{m})$，其中0.2为超钻系数。

（3）装药参数。单位耗药量计算：$q=q_1+q_2+q_3+q_4$，式中 q_1 取 $1.1\mathrm{kg/m^3}$；$q_2=0.01H_0$，H_0 为水深，第1层取6.8m、第2层考虑剩余取10.8m；$q_3=0.02h_3$，h_3 为覆盖层厚度（m），第2层考虑剩余清渣取1.0m；$q_4=0.03H$，H 为孔深。第1层炸药单耗 $q=1.1+0.01\times6.8+0.02\times0+0.03\times4=1.288(\mathrm{kg/m^3})$；第2层炸药单耗 $q=1.1+0.01\times10.8+0.02\times1.0+0.03\times3.1=1.321(\mathrm{kg/m^3})$。

单孔装药量：考虑到水深的影响，单孔装药量可按下式计算 $Q=k_1qabH$，式中 k_1 为水下爆破药量增大系数，一般为1.1～1.3，这里取1.3；a 为孔距，m；b 为排距，m；H 为开挖层厚度，m。第1层单孔装药量 $Q=1.3\times1.288\times2.0\times1.0\times4=13.395(\mathrm{kg})$；第2层单孔装药量 $Q=1.3\times1.321\times2.0\times1.0\times3.1=10.647(\mathrm{kg})$。

4.1.2 钻孔控制要点

爆破过程中和清渣完成后，需要对基坑标高进行测量及验收，可采用单波束或多波束水深测量系统配套仪器进行全断面扫测核实。若有需要，可安排潜水员进行水下探摸，并且清理出围堰刃脚区域的碎石，保证围堰刃脚范围内的爆破面大致水平。确保开挖标高符合设计施工要求。

4.1.3 钻孔平台

钻孔平台利用既有钢栈桥平台，并用两根42工字钢，中间采用槽钢连接形成钻孔平台轨道，1台钻孔设备安装在钻孔平台两侧轨道上，对称布置，人工控制前后左右移动。水下爆破施工见图6。

图6 水下爆破钻孔施工

4.2 双壁钢围堰安装

4.2.1 双壁钢围堰的加工

根据围堰受力及加工方便原则，围堰平面分为12块进行加工，最大节块宽5.2m×高4.3m，最大重量6.7t。围堰块件加工在钢结构加工厂内进行，制造完成后运输至施工现场，运输过程确保围堰结构不变形。

4.2.2 吊装平台搭设

根据设计图纸制作拼装平台，见图7。围堰拼装时，于墩中心位置停放一台履带吊进行吊装作业，其中平台利用既有钻孔平台，履带吊就位后拆除承台区域以外花纹钢板、工字钢和分配梁，围堰拼装完成后接通靠主栈桥的横梁、分配梁和桥面系，移动履带吊，拔出围堰内临时钢管桩进行封底混凝土施工。

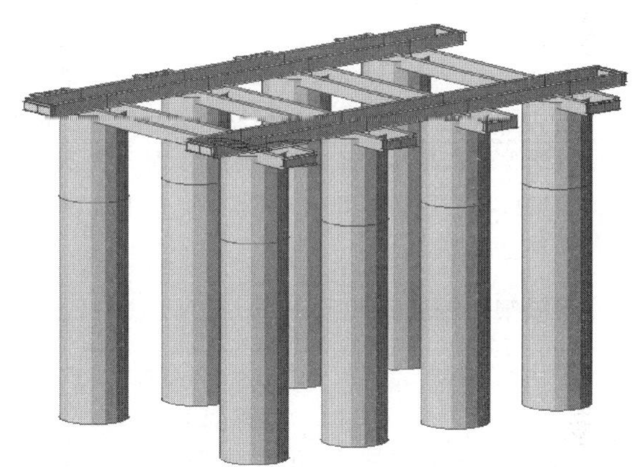

图7 双壁钢围堰拼装平台

4.2.3 底节钢围堰拼装下放

（1）裙边施工（刃脚）。考虑水下基础开挖后局部存在凹凸情况，可能造成封底混凝土外溢，影响封底混凝土质量。底节焊接完成后，实测围堰下放处河床凹凸情况，对于深度超过1m的位置采用施作裙边方法进行封堵，裙边于刃脚外侧焊接6mm厚钢板而成，钢板宽度为30cm，高度为1m，裙边钢板与围堰外壁钢板搭接处满焊，保证连接强度。焊接完成后裙边内侧绕钢围堰四周安装一层土工布，防止裙边缝漏浆。

（2）底节围堰下放。底节钢围堰高度4.1m，重量46.6t。底节围堰用50t履带吊下放至自浮状态，第二节围堰在自浮状态下进行拼装。

4.2.4 吊装就位、接高

底节围堰下放至自浮状态后（伸入水面0.987m，外露3.113m），在底节围堰上接高次节围堰，围堰接高对称进行施工，保证底节围堰的平衡。在底节围堰顶端拼接板上标出第二节围堰侧板的控制点，开始拼装第二节侧板，围堰节与节之间拼装必须保证竖肋角钢和隔舱板对齐，拼装过程同底节，以此类推。次节围堰接高完成后安装次节围堰内支撑，围堰注水下沉至顶节围堰接高顶节围堰。

钢围堰下放时设1层内支撑，钢围堰内支撑中心线高度为9.0m，每层内支撑顺桥向采用ϕ245×7mm钢管制作，每层设置4根，钢板进行局部加强。内支撑和钢围堰接头位置用三角加劲板焊接，同时加强焊缝质量检查，形成稳定的内支撑结构。

4.2.5 下沉、清基础

刃脚下到标高后，下潜水员用2cm的钢板焊成楔形盒子支垫钢围堰刃脚，以确保钢围堰的稳定。为保证封底混凝土的可靠性，在外侧采用编织袋装黏土将刃角外侧填塞密实，再覆盖一层沙石，从而防止封底混凝土外逸。

4.2.6 钢围堰内部清基础

围堰内回填砂卵石、泥沙清理主要依靠水下搅拌器搅松泥土、吸砂泵进行，2♯、3♯墩基坑内河床标高至336.980m。

清基完成后，需对整个基坑顶面高程进行测量，确定基底是否平整，并绘制测量地形图，最后派潜水员潜水核实。为保证护筒与封底混凝土之间的黏结力，护筒外壁附着的残泥利用高压射水进行清除，同时派潜水员铲除护筒外壁的浮锈。

4.3 双壁钢围堰定位

为了保证吊杆拉力基本一致，要求钢围堰下放过程中其四角高程偏差小于10cm。钢围堰下放前在围堰吊点附近从贝雷梁处挂钢卷尺，记录好围堰顶面处卷尺刻度。千斤顶下放时每顶行程30cm，随时测量下放距离。两次回程后在下放平台上记录卷尺刻度，推算钢围堰顶面高程。若高程偏差超过提升要求，及时进行调整。同时，于钢围堰四角围堰壁上粘贴1块反光贴，随着围堰接高于每节段上增设，采用全站仪复核围堰平面位置是否满足精度要求。接高拼装采用两台浮吊对称式拼装，施工时要通过精密测量防止不均匀沉降而使位置产生偏移。

4.4 钢围堰封底

封底混凝土厚度为1.8m，封底混凝土采用一次性浇筑，封底混凝土方量为204m^3。在护筒上搭设封底操作平台，派潜水员对围堰刃脚底缝隙进行摸底，根据情况对其封堵。布置水下混凝土导管及储料斗，同时做好其他相应准备工作，围堰平面内分8个灌注点，采用由上游和下游对称浇筑顺序，逐点拔球、多根导管合作的施工方法进行。

4.5 钢围堰拆除

在围堰内注水，注水到相应位置时拆除相应的角撑，继续注水直到堰内水位与堰外水位标高相同，水下割除双壁钢围堰并吊装运走。

5 结语

楠名河大桥2♯、3♯墩承台均采用此型双壁钢围堰施工，针对该河段的地质、水文特点、地形和位于水库库尾等特点，通过采用双壁钢围堰施工工艺，并采用水下控制爆破结合长臂挖掘机清底，解决了裸岩钢围堰下沉就位控制难题。实践表明，该施工方案质量可控、安全可靠，总体施工顺序合理，操作性强且成本低、效益好。对类似桥梁基础施工具有参照意义。

参考文献

[1] 魏贤华. 水中裸露基岩中大直径双壁钢围堰施工技术[J]. 铁道建筑技术，2009 (3)：28-33.

[2] 李军堂，秦顺全. 天兴洲长江大桥主墩双壁钢围堰基础施工的技术创新 [J]. 世界桥梁，2006 (2)：17-19，37.

[3] 贺祚. 东湖大桥双壁钢围堰设计与施工技术 [J]. 国防交通工程与技术，2017，15 (6)：54-56，59，63.

中老铁路隧道风险工序变形实时监测预警

吴青瑜　徐有亮　陈家湘/中国水利水电第十四工程局有限公司

【摘　要】 中老铁路建设是国家“一带一路”重要项目工程，是中国与老挝连接的重要友谊之路，是我国向国际展示中国铁路建设高标准、高质量、高要求、高效率的铁路建设，也是打造中国制造的精品铁路工程。老挝境内80%为山地和高原，且多被森林覆盖，山高谷深，北高南低。中老铁路隧道占据整条线路50%以上，其中森村2#隧道是中老铁路最长隧道，长达9384m。本文主要的目的就是研究“隧道风险工序实时监测预警器”（以下称“预警器”）在施工过程中的作用，预警器工作原理，实时监测方法（拱顶沉降实时监测、拱腰收敛实时监测），以及在实时监测中的精度要求做详细说明，通过隧道风险工序施工过程实时监测，揭示施工过程围岩变化情况，给隧道施工人员和设备提供准确预警信息，防止施工时可能发生的塌方对现场人员的伤害。

【关键词】 实时监测　预警信息　围岩变化

1　概述

隧道风险工序实时监测预警是隧道施工的重要部分，通过实时监测预警器对风险工序进行实施监测预警，当隧道风险工序开挖累计变形或变形速率超过预设值时，发出声光报警，提醒现场工作人员采取必要的工程措施，调整施工工法、工艺，防止变形继续加大，在发生紧急报警时，能够发出声光信号，给施工人员的紧急撤离提供逃生时间，避免被垮塌围岩困住。实现中国制造高标准、高质量、高要求、高效率隧道施工。

2　国内外隧道围岩监测现状

2.1　人工全站仪监测

通过人工架设全站仪，人工测量事先埋设好的反光棱镜、标贴的测点位置，测量工程师导出数据经过计算机软件得出观测点的沉降。该方法的缺点为：①需要人工操作，无法做到实时监测和自动预警；②操作复杂，需要多个测绘工程师互相配合才能操作一台仪器；③全站仪设备昂贵；④监测过程与现场施工互相干扰，只能在短时间内测出一个数据后搬离仪器，避免影响施工进度；⑤需要在测点安装棱镜标贴，比较麻烦；⑥需要专业的测绘团队进行操作。

2.2　激光断面扫描监测

通过在监测断面安装电机驱动的旋转激光测距仪进行扫描测距，通过网络传输到隧道外的电脑上，与隧道设计进行对比，进而判断隧道变形的情况。其缺点为：①需要在正常施工的监测断面上安装设备，容易干扰隧道正常的施工；②容易被施工机械触碰破坏，隧道爆破施工破坏；③有电机等机械部件，在高粉尘、潮湿的洞内容易出现故障，可靠性较低；④需要通过网线连接到洞外的计算机设备进行计算，系统复杂，不易使用和维护；⑤隧道的施工断面需要不停地往前推进，仪器需要不断的布线组网，需要有专门组件的专业团队进行配合施工；⑥施工干扰没法避免和滤除，如人员、机械对扫描激光的遮挡，放炮、粉尘对激光散射带来的误差影响；⑦价格昂贵。

2.3　机械断面收敛测量仪监测

通过互相连接的机械性的壁杆装置，测量壁杆间的角度变化，将角度换算为变形值。其缺点为：①需要在正常施工的监测断面上安装设备，容易干扰隧道正常的施工；②容易被施工机械触碰破坏，隧道爆破施工破坏；③设备笨拙，安装使用不方便；④需要通过网线连接到洞外的计算机设备进行计算，系统复杂，不易使用和维护；⑤隧道的施工断面需要不停地往前推进，设备需要不断的布线组网，需要有专门组件的专业团队进行配合施工；⑥价格昂贵。

2.4 摄影测量监测

通过装在监测点的灯泡发出代表位置的光，用照相机拍摄不同时间点的照片，网络传输到洞外的计算机软件进行判断识别，通过同一个位置的灯泡位置的变化推算出该点的沉降变形数值。除上述监测方法的所有缺点外，本方法还存在隧道监测点给灯泡供电布线麻烦，照片光线受施工车辆遮挡、粉尘影响较大等缺点。

3 “预警器”构成及使用

本装置由硬件和嵌入式软件共同组成“预警器”，为自研设备，需要监测时，将“预警器”固定在常规相机三脚架上，设置于已浇筑好的矮边墙上，不会对施工产生干扰，也不存在被施工机械破坏的可能，可随三脚架整体搬移到新的监测点，以适应隧道施工面的不停推进。

3.1 隧道风险工序变形实时监测预警器的优点

通过与目前国内外对于隧道施工过程围岩监控量测的主要手段和方法进行对比，隧道风险工序变形实时监测预警器具有以下优点：

（1）一体化设计。一台设备就能实现一整套监测系统的功能。监测原始数据不需要传输到洞外计算机进行处理，设备内嵌数据滤波处理算法，在设备内即可一体化完成数据采集、滤波、参数配置、报警等整个功能。

（2）安装位置灵活。设备不需要安装在监测断面，不需安装反光标，不会对施工产生干扰，也不存在被施工机械破坏的可能。

（3）便携移动。设备重量轻，体积小巧，易于携带。设备固定在常规相机三脚架上，可随三脚架整体搬移到新的监测点，以适应隧道施工面的不停推进。

（4）使用简单。设备配置有显示屏，可以直观地显示数据曲线。不需要专业的技术人员进行操作，现场施工人员经过简单的培训，即可通过显示屏直观的配置和使用设备。设备内的处理器内嵌智能算法，对以下干扰因素自适应，自动滤波：①施工机械、人员在现场不停经过，对激光的遮挡干扰；②烟雾、粉尘、震动会对激光测距数据的干扰；③大型施工设备在运行过程中产生的强电磁干扰。

（5）数据导出。现场监测的全程数据能够通过 TF 卡进行导出。

（6）设备可靠。隧道内环境恶劣，设备能在爆破冲击、粉尘、潮湿、电磁干扰等环境下正常使用。

（7）自带电池。设备自带锂电池，无须现场排电源线，使用极为方便。

（8）现场记录。传感器把施工现场的数据存储到内置存储卡上，便于电脑分析和存档备查。

（9）设备价格低廉。通过一体化的整体设计，降低了设备成本和使用频率。

3.2 确定实现功能的算法、公式及流程图

3.2.1 监测拱顶垂直沉降位移

建立如图1拱顶监测模型空间示意图，安装本测量设备，设备前方①方向发射出激光，对其进行校准，然后移动设备，将激光投射到变形面监测点 A 形成光斑，设备自动测量到光斑的激光直线距离，而实际需要监测 A 点沿 AS 方向的垂直位移，所以需再求出 EA 方向的激光与水平方向 ES 的夹角 α。

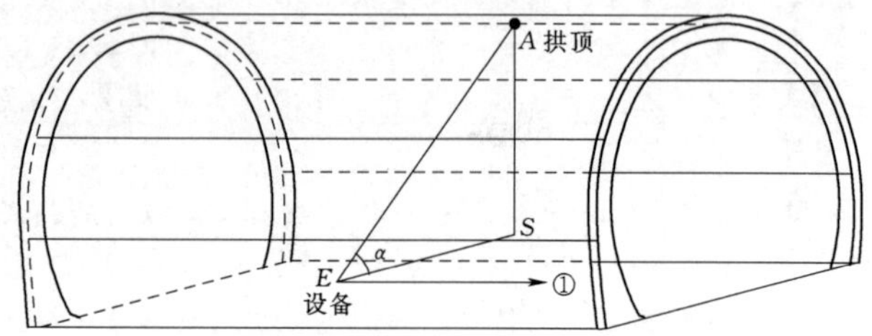

图1 拱顶监测模型空间示意图

图2拱顶监测模型侧视图，假设隧道拱顶发生了 H_1 的沉降位移，那么变形面上的激光光斑将由位置 A 移动到位置 B，激光的距离减少了 ΔL，显然 $\Delta L = L_1 - L_2$，变形面的平均沉降位移 $H \approx H_1 = \Delta L \sin\alpha$。当拱顶初期喷混凝土表面粗糙程度在可接受范围内时，激光光斑会呈现椭圆形，而激光测距是计算光斑质心到设备的距离，相当于把椭圆形光斑范围内凹凸不平的粗糙变形面到设备的距离做了平均值。当拱顶监测点变形面发生 H_1 的垂直位移时，将引起大于 H_1 的激光距离 ΔL 的改变，ΔL 数据变化灵敏度大于直接沉降位移 H_1 的变化，十分有利于实时报警用途的监测。显然测量 ΔL 的值比测量 H_1 的值方便得多，不需要在断面位置安装仪器，可以避免对施工的干扰。从前述可看出，只需要再求出激光束与水平面的夹角 α，即可轻易得出 H_1。而角 α 通过设备内的姿态传感器，经过积分计算后获得。所以结合模型图可以算出：$\Delta H = \Delta L_{EA} \sin\alpha$。

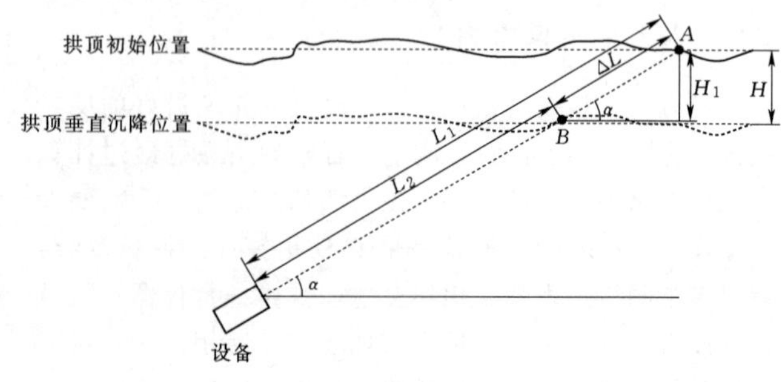

图2 拱顶监测模型侧视图附图

3.2.2 监测边墙拱腰收敛

建立图3中的边墙监测模型空间示意图，安装本测量设备，设备前方①方向发射出激光，对其进行校准，然后照射到变形面监测点 A 形成光斑，设备自动测量到光斑的激光直线距离。而实际监测需要 A 沿 AC 方向的垂直位移，所以需求出 EA 方向的激光束投影 ES 与隧道前进方向 ED 的夹角 β。

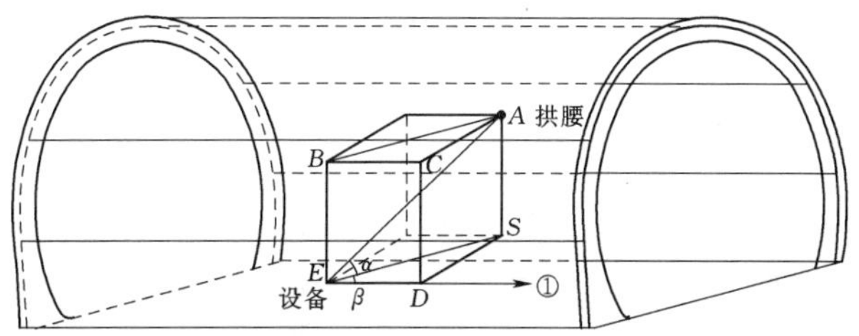

图3 边墙监测模型空间示意图

图4为拱顶监测模型侧视图，假设隧道拱腰发生了 W_1 的收敛位移，那么变形面上的激光光斑将由位置 A 移动到位置 B，激光的距离减少了 ΔL，显然 $\Delta L = L_1 - L_2$，变形面的平均收敛位移 $W \approx W_1 = \Delta L \sin\beta$。当拱腰初期喷混凝土表面粗糙程度在可接受范围内时，激光光斑会呈现椭圆形，而激光测距是计算光斑质心到设备的距离，相当于把椭圆形光斑范围内凹凸不平的粗糙变形面到设备的距离做了平均值。当拱腰监测点变形面发生 W_1 的水平收敛位移时，将引起大于 W_1 的激光距离 ΔL 的改变，ΔL 数据变化灵敏度大于直接沉降位移 W_1 的变化，十分有利于实时报警用途的监测。显然测量 ΔL 的值比测量 W_1 的值方便得多，不需要在断面位置安装仪器，可以避免对施工的干扰。从前述可看出，只需要再求出激光束与水平面的夹角 α 和隧道前进方向的夹角 β，而角 α 和角 β 通过设备内的姿态传感器，经过积分计算后获得。即可轻易得出 W_1。所以 $\Delta L_{ES} = \Delta L_{EA}\cos\alpha \rightarrow \Delta W = \Delta L_{AC} = \Delta L_{SD} = \Delta L_{ES}\sin\beta \rightarrow \Delta W = \Delta L_{EA}\cos\alpha\sin\beta$。

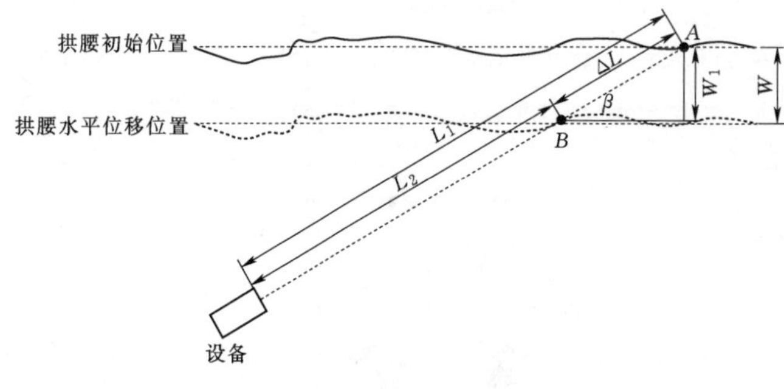

图4 拱顶监测模型侧视图

3.2.3 设备报警的处理

及时查看设备报警值和报警曲线，根据设定的报警值做出响应。

3.2.4 如何停止设备蜂鸣器长鸣和红色报警灯闪烁

（1）清除报警按钮。设备报警后蜂鸣器长鸣，可按下清除报警按钮清除报警，清除报警10min后，如果被监测点还处于报警状态，则蜂鸣器会再次长鸣。

（2）设置位移报警值。例如原来设置的位移报警值是±5mm，当设备报警后，蜂鸣器长鸣；不要蜂鸣器长鸣，可把累计位移报警值设置为±10mm，这里的示例只是一个参考，设置多少需根据实际现场情况设定。

3.2.5 使用注意事项

（1）设备的放置。

1）设备安装至三脚架后，放置在已经浇筑好仰拱的矮边的墙上，见图5，注意避开钢筋对激光的遮挡。

2）设备安装至三脚架的时候，每个位置的螺丝都需拧到位，防止监测过程中，随着时间的推移，监测角度发生变化而影响测量结果。

3）根据测点位置调整三脚架的高度，确定高度后，需把三脚架的每个脚都拧紧，防止监测过程中三脚架的脚自行伸缩变形引起监测误差。

4）在监测过程中，尽量避开人员和机械可触碰区域，防止触碰引起监测误差。

（2）监测过程中设备的位置。当选定一个测点开始监测后，不能移动设备的位置；移动位置会导致错误的监测结果，形成误报警。

（3）监测过程中对设备的操作。当设备开始监测后，如需要对仪器进行一些操作，在操作触摸屏的时候，避免触碰太过用力导致设备或三脚架位置发生变化，防止监测误差。

（4）监测点的选择。监测点的选择应选择在每个拱圈的中间，且表面相对平滑的位置。

（5）累计位报警值和位移速度报警值的关系。速度位移报警值的设置应不大于累计位移报警值，否则速度报警无监测意义。

图5 实时监测预警器放置图

4 现场实测成果

从2017年10月20日明确研发方向，到2017年12

月 13 日投入现场测试。2017 年 12 月 13 日至 2018 年 7 月 5 日期间对森村 2＃隧道、那迷村 1＃隧道、那迷村 2＃隧道、卡西隧道和拉孟山隧道共进行实时监测 66 次。其中 3～6m 段Ⅳ级围岩开挖拱顶最大沉降为 1mm，Ⅴ级围岩开挖拱顶最大沉降值为 16mm，6～12m 段Ⅳ级围岩开挖拱顶最大沉降值为 30mm，Ⅴ级围岩开挖拱顶最大沉降值为 13mm；2.4～6m 段Ⅳ级围岩开挖拱腰最大外扩值为 11mm，Ⅴ级围岩开挖拱腰最大收敛值为 8mm，最大外扩值为 26mm，6～12m 段Ⅳ级围岩开挖拱腰最大收敛值为 5mm，最大外扩值为 20mm，Ⅴ级围岩开挖拱腰最大收敛值为 23mm，最大外扩值为 11mm。

监测设备初始设置位移报警值为±5mm，速度报警值为＋3mm/10min，随着对使用过程中监测数据的分析，为保证施工安全，同时避免因为预设报警值过小，频繁报警使工人对报警提示产生麻痹感，目前认为位移报警值为±20mm 时，速度报警值±5mm/10min 比较合适。

该装置是依托本项目进行研发并应用到项目实际生产过程，使用过程中及时有效的预警，化解了隧道仰拱开挖过程中的安全风险，保障了施工安全。鉴于该装置在本标段的成功应用，建设单位组织到了相邻标段的风险隧道使用，效果良好。特别要说明的是，由于单个项目的施工周期较短，该装置仍需要通过大量现场使用进行优化升级。

5 结语

结合隧道具体地质和环境条件，分析隧道开挖对测量监测可能产生的各种影响因素，总结出一种新的计算方法，同时优化软硬件，进而开发出一种全新的，安全可靠的监测系统，是很有必要的。

中老铁路隧道围岩监控量测信息化应用

徐　英　孙　敏　宣　斐/中国水利水电第十四工程局有限公司

【摘　要】 隧道的开挖是根据不同的围岩等级、围岩的自稳能力来制定开挖工法，软弱围岩、硬岩体则是对预留变形值的设置，隧道施工已将围岩监测纳入，而隧道围岩监测离不开信息处理，为更好更有效的传递数据和分析数据，现场监控量测是监测隧道工程施工变形的重要手段，其监控量测的变形指标是隧道结构变形的直观反映。围岩变形指标的量测信息化是监控量测工作的发展方向。隧道工程占中老铁路工程比例大，安全风险高，围岩监控量测信息化为工程安全判定提供有利的数据分析。本文把量测的数据经整理和分析得到的信息及时反馈到设计和施工中，进一步优化设计和施工方案，为施工安全和质量提供了保障。

【关键词】 隧道　监控量测　信息化管理

1　引言

中老铁路由磨丁口岸至老挝首都万象铁路，全长422.4km。中老铁路隧道占据比重大，隧道围岩较差，线路经过山间洼地，及隧道洞口和洞身处于偏压、浅埋等地段，尤其是中老铁路卡西县境内那迷村1#隧道、卡西隧道。那迷村1#隧道全长380m，虽然洞身不长但是整个隧道进出口都处于浅埋、偏压地段，而且围岩属于软质岩、泥岩自稳性差。卡西隧道单线隧道，隧道进口里程DK245＋165，出口里程DK248＋550，全长3385m，隧道最大埋深265m，全隧穿越三叠系（T）砂岩、泥岩夹页岩、煤层（线）、粉质黏土、粉砂、中砂地层。那迷村1#隧道进口浅埋、偏压，卡西进口浅埋、偏压、冲沟。

本文结合该隧道施工中的监控量测信息化实例，阐述了隧道围岩现场监控量测及其信息化实践方法，并对量测数据进行了分析和处理，得出了相关变形指标的规律，为控制工程变形提供了数据支撑。

2　围岩监控量测信息化系统的优势

与传统的围岩量测比较起来，围岩监控量测信息化系统的优势非常明显。

（1）传统的围岩量测主要依靠测量技术员手工完成，观测困难，工作量大，实践起来干预因素多，大多时候监控量测只是敷衍了事，难以形成工序管理。而实施信息化后大大降低了测量技术员的工作量。采用全站仪观测现场干预因素也降低了，因此围岩信息化系统的应用使围岩量测作为工序化管理成了可能。

（2）及时性。传统的围岩量测手段数据采集完成后需要在办公室计算数据，计算结果需要层层上报，过程繁多，流程复杂，难以快速到达决策者手中，信息化系统的应用能够使围岩变形情况通过手机客户端第一时间到达管理者手中，危险情况下决策者可以第一时间采取措施避免安全事故发生。

（3）准确性。传统的监测流程往往是人工模式，数据采集、记录、数据处理等过程需要人工完成，数据可塑性不强，哪个环节出了问题都不能保证数据的准确性，围岩量测信息化系统通过自动采集、自动处理数据有效地避免了数据失真问题。

（4）闭合性和可追溯性。传统的围岩量测出现测量异常时现场采取的措施及采取措施后的评价无从追溯，围岩量测信息化系统异常预警处理后可以清楚地查到当时的预警原因以及当时采取什么样的措施，采取措施后的效果，实现闭合性和可追溯性。使用隧道围岩量测信息化系统后变形曲线、周报、月报、日报等报表可以随时打印存档，相对于传统测量模式更加便捷。

3　监控量测管理等级和总体要求

（1）位移总量控制基准分为管理Ⅰ级（红色预警）、管理Ⅱ级（黄色预警）、管理Ⅲ级（绿色正常）。位移总量控制基准值（U_0）要按照《铁路隧道监控量测技术规程》（Q/CR 9218—2015）的要求进行动态调整，实测值（U）对应的安全评价分级及其应对措施见表1。

表 1　　对应措施表

安全等级	处理措施
正常（绿色）	正常施工
预警Ⅱ级（黄色）	加强监测，必要时采取网喷混凝土等措施进行补强
预警Ⅰ级（红色）	暂停施工，增设横、竖支撑进行抢险，后续施工时，应加强支护，调整施工工法

（2）测点位移速率不小于 5mm/d 时，由监理工程师组织施工单位在施工现场进行原因分析，并采取处理措施；当速率连续 2d 大于 10mm/d 时，由监理单位组织施工单位进行原因分析和制定处理措施并上报建设单位建设指挥部（工作组）批准；当测点位移速率大于 15mm/d 时由公司建设指挥部（工作组）组织设计、监理、施工等单位进行原因分析，并制定处理措施。

4　隧道监控量测信息化系统的应用

首先由工程部现场测量组负责将那迷村 1＃隧道、卡西隧道的参数录入系统。现场数据采集时应当现场分析，首先观察监测点位是否松动，是否存在破坏现象，观察初支面是否存在裂缝等。现场围岩监测点的埋设按照规范要求进行埋设，观测时严格按照要求观测，出现异常时应当加强观测。那迷村 1＃隧道埋设完成后对拱顶位置数据采集分析，如图 1 所示。

收敛数据采集：观测手簿通过蓝牙连接徕卡 TS-02 全站仪进行数据采集并存储。数据上传及分析：通过网络将采集的数据用手机上传至服务器，服务器接收到数据后自动分析计算数据，形成分析报告，给出预警警报，如图 2 所示。

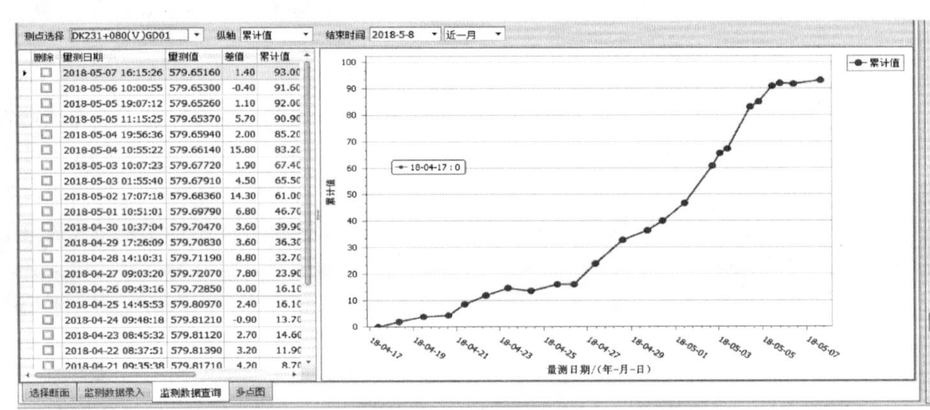

图 1　那迷村 1＃隧道出口拱顶变化

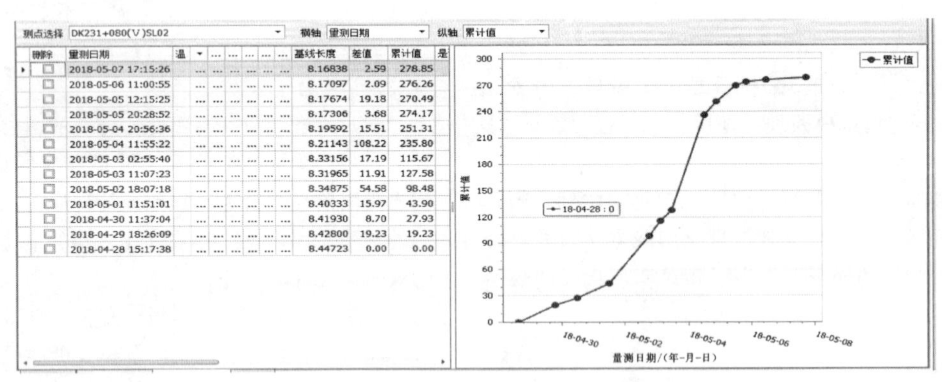

图 2　那迷村 1＃隧道出口收敛变化

数据的应用：各级管理者都在手机上安装了客户端移动终端，及时查看各自权限内的隧道工点每个断面具体围岩变化情况，如图 3 所示，据围岩变化采取相应措施，测量技术人员可以在电脑客户端随时进行各种报表生产打印。

预警信息的推送和处理：系统分析数据后对于预警值的监测数据及时发出预警并推送到手机客户端，各级管理者都可以根据自己管辖的范围进行现场检查，采取措施后在平台写明预警原因、采取的措施及消除预警形成闭合环。措施施工完成后达到的效果如图 4 所示。

那迷村 1＃隧道部通过实验段得出一定的经验，通过数据分析后适当调整预警值，因那迷村 1＃隧道Ⅴ级

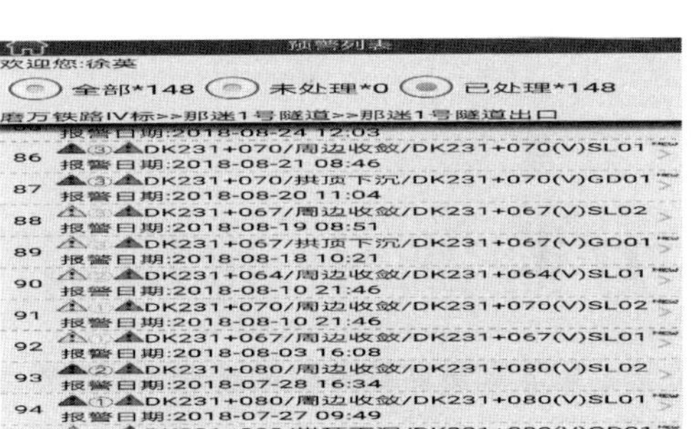

图 3　手机软件预警提示

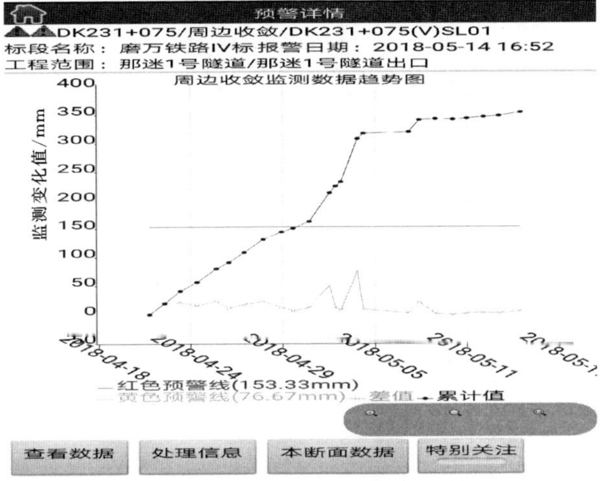

图 4　预警详情图

围岩浅埋偏压预警值由 180mm 调整为 250mm，卡西隧道进口 V 级围岩浅埋偏压预警值由 180mm 调整为 250mm。通过动态预警值的调整不仅充分利用了围岩量测信息化系统的预警功能，又能掌握不同围岩情况的安全状态，避免过多的假性预警出现，根据围岩量测信息化数据回归分析还能有效地控制超欠挖，有效的解决施工超挖超填现象，工程效率有效提升。

隧道围岩监测现已纳入关键工序，对围岩位移的监控量测也是不能完全遵循围岩稳定后施工二衬的原则，尤其是在洞口段通常围岩比较差，偏压、浅埋等不理条件，应当及时施工二衬。有的隧道洞口段因二衬施工不及时导致围岩变形过大导致侵线，造成初期处理侵线返工。因此在围岩位移出现线性变化或者不断波动而且仍然有不稳定状态，甚至出现凹形曲线变化时，应当立即制定措施方案，采取加强支护或者立即进行二衬施工作业，必要时暂停开挖，以控制围岩的变形，保证施工安全，因此隧道围岩监测数据分析并非单一数据分析，而是集数学统计学、岩土力学、现场观察、经验积累等多方面综合应用，是评估围岩特性和指导隧道施工不可缺少的科学手段。

隧道监控量测指导现场施工，对围岩和支护、衬砌受力状态进行量测。现场测量监控是监视围岩稳定，判断支护、衬砌结构设计是否合理，施工方法是否正确的一种手段，也是保证新奥法安全施工、提高经济效益的重要条件，为施工中可能有的工程变更提供科学依据，它贯穿整个隧道施工过程。

隧道围岩监控量测的目的是掌握围岩动态及围岩支护系统变形变化趋势，验证支护结构型式、支护参数，确定二次支护时间，了解支护结构在不同工况时的受力状态和应力分布，评价支护结构、施工方法的合理性及其安全性，判断围岩和支护系统是否稳定，为变更设计、调整施工方法提供科学依据。

5　结语

隧道围岩监控量测信息化系统在本工程中节省大量数据处理的时间，提高工作效率，能第一时间判断预警位置和预警值，能够有效地为施工支护提供参数。在施工过程中为安全施工提高有效的信息保障，及时将预警信息推送至平台，由系统平台及时反馈至现场管理者和决策者手中，确保安全施工。该系统通过现场采集数据综合分析，判断各围岩级别累计预警值是否合理，根据数据综合分析为下一步开挖提供开挖外放参数，从而有效的控制隧道的超欠挖，节约施工成本，减少施工支护时间。隧道围岩监控量测信息化系统特别适用于围岩较差，浅埋、偏压隧道。

物联网技术在连续梁应力监测中的应用

程平均　张鹏升　刘坤乾/中国水利水电第十五工程局有限公司

【摘　要】中老铁路欣合楠里河特大桥连续梁施工过程中梁体应力监测采用了物联网技术，在中跨合龙段混凝土中埋设了振弦式应变计，在梁体箱室内混凝土表面不同部位设置了表贴式应变计、静力水准计等监测仪器，这些监测仪器和箱室内安装的无线网关有线连接，仪器监测到的信息通过无线网关发射并接入互联网，从而实现了数据的自动、实时、连续传输，电脑终端接收数据后，专用软件对数据进行分析处理，通过设置预警阈值，当监测值超出分级预警阈值时实施报警，从而实现预警管理。

【关键词】物联网　连续梁　应力监测　预警管理

1　引言

中老铁路欣合楠里河特大桥位于老挝欣合县境内，大桥全长639m，跨河主桥为（48+80+48）m 连续梁。在连续梁施工过程中，梁体应力监测采用了物联网技术，实现了实时、连续、准确和远程监测，监测数据实时自动上传至互联网，工作人员不必亲自到现场采集数据，在办公室利用电脑终端随时随地接收数据信息，软件对数据进行分析和处理，在软件中可设置预警阈值，监测数据超过阈值时自动报警。

2　监测系统架构设计

本项目整体架构为在无线传感网技术的基础上，用高精度无线智能传感器加云服务的模式，实现对楠里河特大桥重点部位的实时监测，让管理者可以随时了解和查看桥梁结构的安全状况，为管理者提供科学、实时的决策依据，使桥梁安全等级处于实时可控的状态。

楠里河特大桥结构实时监测系统通过在桥梁结构的关键部位布设相应的传感器监测点，对桥梁的环境荷载、运营荷载、桥梁特征和桥梁响应等参数进行实时监测。同时，利用各种数据分析方法，对监测数据进行智能处理，从而有效地评估桥梁结构的健康状况，为桥梁的施工和运营管理提供科学依据，整体架构如图 1 所示。

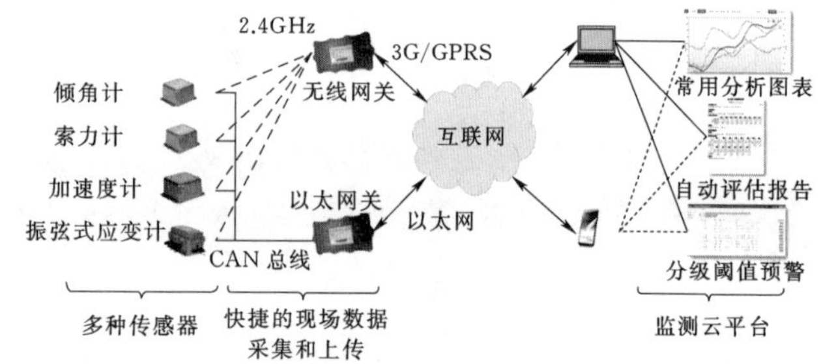

图 1　监测系统整体架构

3　无线传感网子系统

无线传感网子系统是楠里河特大桥结构监测系统重要组成部分，其工作在具体的桥梁结构环境中，以无线传感网网络的形式存在。无线传感网是该技术的亮点所在，也是本项目与国内现有桥梁结构健康监测系统的根本不同之处。监测子系统在完成目标物理量测量的前提下，充分利用了无线传感器网络技术，实现监测区域内的数据采集和传输。

无线传感网系统由两部分组成，分别是无线智能传感器和智能网关。不同类型的无线智能传感器内集成了不同的传感器，能够采集各种不同物理量数据。此外，无线智能传感器内还集成了多种智能算法，能够提高采样精度，降低数据传输量。同时，无线智能传感器内集成了一个轻量级智能操作系统，能够接收多种指令改变采集参数和工作逻辑，完成复杂的采集任务。

智能网关是无线传感网的核心，所有的智能传感器数据都将汇集到智能网关，并通过网关进行协议转换，之后，通过以太网或者 3G/4G 蜂窝网络将数据传输到后端服务器进行进一步的数据处理分析和存储。

4 应变监测点布设

对于连续梁工程，在桥墩施工前就应确定总体监测方案，监测内容和项目包括环境温湿度、桥墩倾斜、主梁挠度监测、结构应变，实际检测内容和项目由桥梁设计单位根据桥梁结构受力和变形特征或根据规范要求选定。监测方案设计完成后，要对桥梁施工单位进行设计交底，在要求的施工阶段或施工节点按方案埋设或安装监测仪器，施工单位现场配合安装。仪器安设完成后，给仪器联通电源，监测系统开始运行工作，系统的设计、安装和运行一直贯穿于桥梁的施工和运营整个生命周期的全过程。

应变监测传感器根据实际应用情况，采用自带温度测量的表面固定应变计，通过对关键断面上的应力（应变）监测点的连续采集，监测桥梁在荷载作用下的工作性能，从而掌握桥梁结构在活载作用下内力变化情况；并且通过对比在一段时期内的桥梁主要测试断面的应力变化情况，可为识别桥梁结构是否存在病害提供数据支撑。根据设计图纸，可对如下关键截面作为应变监测测点的布设截面，不同截面受力状况不同，应力测点布置也应不同，跨中及支点截面主要正应力较大，根据连续梁受力特点，跨中测点布置在梁体底板和顶板，1/4 跨截面剪力较大，应力测点布置在腹板。跨中应变计布置见图 2。

图 2 跨中底板振弦式应变计与无线智能振弦采集仪连接

无线智能振弦采集仪用膨胀螺栓固定在箱梁腹板上，和振弦式应变计连接，见图 3。

振弦式应变计埋设在混凝土中，与无线智能振弦采集仪连接，见图 4。

5 数据处理与分析

5.1 监测数据处理

连续梁监测数据由传感器测量记录下来，形成一个

图 3 无线智能振弦采集仪固定在腹板上

图 4 振弦式应变计埋设在混凝土中

数据规模很大的数据“仓库”，这些数据中绝大部分是对后期进行数据分析时有用的数据，但也有一部分数据属于失真数据，例如数据测量缺失，异常的粗大误差等，如果把这些数据也录入到数据库中，首先对桥梁状态的评价及预警毫无意义，其次还会造成数据库运行效率大大降低，甚至造成数据库卡死，无法发挥软件处理数据的优势，所以要对这些数据进行过滤剔除，不参与最终结果的分析。

5.2 监测数据的分析

连续梁的监测数据分为静态监测数据和动态监测数据两大类，具体如下。

5.2.1 静态监测数据的分析

静态监测数据与动态监测数据相比，具有数据规模小，测量目的性强的特点。每一组测量数据都是为了了解桥梁整体或局部在某一受力状态下的性能。因此在一定时间内测得的数据都是十分宝贵的，所以只要数据本身无特别大的错误（大的异常或失真），都应该保存下来，方便今后的分析。

进行数据分析的目的，主要是通过其幅值与分级预警标准值的比较以判别结构的状态以及通过已有的监测数据对之后的监测结果进行预测两个方面。

因而，相应的对该部分数据进行的主要分析工作也可分为两个部分。

（1）进行时间域内的幅值统计，即进行最大值、最小值、平均值和有效值的计算。

（2）以已有的数据为依托，采用统计学方法进行趋势分析。

5.2.2 动态监测数据的分析

桥梁动态监测数据的处理实际上是一个海量数据处理的问题，必须通过工具或者程序进行处理。解决这一问题需要先进的硬件设备，优秀的数据库软件，以及高效的数据分析算法。

鉴于动态监测数据与静态监测数据在本质上的差异是以一定的振动频率来体现的，因而，该部分数据分析的核心工作是明确结构的振动频率和幅值，这项工作主要是采用傅里叶变换方法来完成。

6 预警管理

6.1 基于模型分析的阈值预警

欣合楠里河特大桥连续梁应力监测采用基于有限元模型修正方法进行问题的分析。分析识别报警方法是通过传感器监测大桥结构反应的有限点数据，对大桥结构模型进行修正，并进行动、静态特性分析，从而设置相应的响应阈值，然后与实时监测值进行比较，自动判别是否触发报警和进行紧急处理，如果超限就实施报警。

6.2 安全预警阈值确定

桥梁结构的预警功能是指对传感器采集的数据值与设定的阈值（上警限、下警限）进行比对，根据比对结果判断是否发出警报，需要比对的传感器采集数据是一时间段内数据的均值，比对的对象是一经过综合计算分析后的阈值。

确定预警指标的阈值需要在细致分析不同类型梁桥的分级指标基础上，需根据以下原则按不同类型来进行。

（1）通过影响桥梁安全性能的指标，在众多的指标中选择反映桥梁安全的关键因素，进行定量分级，即确定各安全指标阈值，评价桥梁的状态。

（2）综合运用现有先进理论将影响各种桥梁安全性能定量和定性指标进行量化，那些难以定量的指标可以用赋值的方法进行量化或尽量建立量化和定性之间的相关性。

（3）对每种结构类型进行大量的反复测试，调整影响各种结构类型桥梁分级指标的临界值，最终确定各种梁桥分级指标阈值。

（4）对本项目安全预警确定的指标，经在不同外界环境条件下以及不同工况组合下的有限元计算分析，考虑外界环境条件对桥梁结构安全的影响，并结合专家调研及相关标准要求、综合考虑各种因素后确定的预警控制指标阈值。

7 数据分析报告

监测数据的维护主要是对监测数据进行分析处理，系统智能推送监测报告等工作。报告内容如下：

（1）桥梁情况概述。

（2）桥梁健康监测测点布置及设备选型。

（3）监测数值分析与结论。

（4）桥梁主要传感器部分原始监测数据。

在监测过程中切实做到定期提交监测报告，建立有效的监测制度，做好大桥的健康“档案”管理工作。

各级管理人员通过系统平台提供的警情状态，可进行历史数据调用，排查异常数据，总结桥梁结构监测指标发展变化规律、辨别警情；根据桥梁结构具体运行状态进行监测指标采样频率调整，加强关注病害发展快速的重点区域，确定预警等级，并根据应用平台提供的专家知识库，辅助管理人员制定处置对策。图 5 为国内某一危桥在梁体拆除过程中采用物联网技术无线自动远程所监测到的混凝土应变典型数据，从图 5 中可以看出，监测系统每隔 5min 发射、接收和记录一次监测到的数据，2015－03－08 07：46：03 时监测点混凝土应变值为 50.56630329，间隔 5min 后监测到的数据突然变成 0.172817819，说明在拆除过程中可能钢绞线突然被截断，梁体混凝土应力瞬间释放，混凝土应变发生急剧变化。

测点号	设备号	时间	频率	信噪比	温度/℃	应变
7	25817-0	2015-03-08 07:21:03.000	1040.69	86	28.157	48.67235468
7	25817-0	2015-03-08 07:26:04.000	1040.55	75	28.1266	48.22350934
7	25817-0	2015-03-08 07:31:03.000	1040.56	83	28.157	48.3063794
7	25817-0	2015-03-08 07:36:04.000	1041.37	84	28.0811	50.45081197
7	25817-0	2015-03-08 07:41:03.000	1041.5	80	28.0357	50.73535212
7	25817-0	2015-03-08 07:46:03.000	1041.44	86	28.0357	50.56630329
7	25817-0	2015-03-08 07:51:04.000	1041.72	79	28.066	51.40982114
7	25817-0	2015-03-08 07:56:03.000	1041.5	86	28.0963	50.84443212
7	25817-0	2015-03-08 08:01:03.000	1024.08	80	26.9851	0.172817819
7	25817-0	2015-03-08 08:06:03.000	1025.26	78	26.9417	3.365695052
7	25817-0	2015-03-08 08:11:03.000	1024	83	26.9561	-0.101008359
7	25817-0	2015-03-08 08:16:03.000	1024.1	84	26.9561	0.176027069
7	25817-0	2015-03-08 08:21:03.000	1024.69	75	26.9706	1.837186752
7	25817-0	2015-03-08 08:26:03.000	1024.15	85	26.9562	0.314734927
7	25817-0	2015-03-08 08:31:03.000	1025.1	77	26.9417	2.921949252
7	25817-0	2015-03-08 08:36:03.000	1024.26	84	26.9561	0.619340022
7	25817-0	2015-03-08 08:41:04.000	1024.61	76	26.9561	1.589328556
7	25817-0	2015-03-08 08:46:04.000	1024.76	73	26.9853	2.057699376

图 5 某桥梁梁体混凝土应变监测数值表

平台根据日常管理需要提供日报、季报、年报等数据分析报告。其中，日报结论与建议参照专家知识库进行智能推送，季报及年报分析结论及具体建议经人工交互进行推送。

结合各级管理者岗位职能及权限有选择的自动推送

相关报告内容，例如：向桥梁主管负责人进行监测结论与处置建议推送，向各级专家顾问/技术负责人推送监测原始数据及数据分析过程与结论。

8 系统的经济性和可靠性

该系统具有高稳定性和高抗干扰能力的优势，并具有适应性强、兼容性广等特性，与传统的监测系统相比，在系统架构、硬件系统及软件系统三个方面具有明显技术优势。

传统的监测系统布线复杂，安装、维护成本高，传感器静态采样频率低；仪器拉线供电受环境影响大，需要考虑线缆防雷问题，工作寿命短；仪器安装、维修、更换复杂，影响仪器工作的连续性。采用物联网监测系统技术，大幅减少了传统方式所需的模拟信号线缆、大型采集仪、滤波器、大型工控机等设备、器件，从而降低购置成本，以及与其安装、使用紧密相关的布线、防护等成本，比传统方式降低50%以上的建设、运行和维护成本。并且该系统组网效率高，网络可靠性良好，可节约60%建设时间。

9 结语

采用物联网技术对大跨径连续梁进行监测，与在混凝土中埋置应变计、在混凝土表面安装表贴式应变计、人工采用仪器现场采集数据的传统方式相比，其监测准确、实时、连续，节省了人力物力，在大跨径桥梁、危桥、隧道、高边坡、水库大坝等建筑物变形、应力监测中比传统的方法优势明显，经济高效，具有很好的推广价值。

中老铁路隧道浅埋偏压顺层地段施工技术

吴青瑜/中国水利水电第十四工程局有限公司

【摘　要】 隧道施工受到围岩的影响明显，如果围岩的稳定性和可靠性不足，就可能会导致隧道施工的安全性受到干扰甚至可能会导致隧道出现塌方的现象，严重威胁隧道的安全。浅埋、偏压及软弱围岩是隧道工程中常见的围岩类型，如不能采取合理的隧道施工技术，会导致隐患增加，严重危及现场人员的安全。本文结合工程实例，对浅埋、偏压及软弱围岩的不良影响和具体隧道施工技术进行阐述，通过对相应施工措施的效果分析，总结了浅埋偏压顺层地段隧道适用的开挖和支护措施。

【关键词】 隧道　偏压　浅埋　顺层　施工技术

1　引言

偏压是隧道建设中常见的不良现象。随着隧道建设范围的扩大，受地形、地质及线路走向等方面的限制，隧道在傍山、河谷地段常出现偏压现象，对于地下隧道而言，由于其埋深相对较浅，因此引起偏压的原因多为地形偏压。相比于无偏压隧道，偏压隧道的受力更为复杂，开挖难度也较大，偏压形成的不平衡力对隧道安全存在不同程度的威胁。

新建铁路磨丁至万象线位于老挝境内，北接中国境内拟建的玉溪至磨憨线，南联泰国境内规划的曼谷至廊开线。线路起点为中老边境口岸磨丁，向南经老挝北部的南塔省、乌多姆赛省、琅勃拉邦省、万象省后到达线路终点——老挝人民民主共和国首都万象市，线路全长414.516km。磨丁至万象线新建隧道76座，隧道总长197.83km，隧道长度占线路长度的47.73%。那迷村1#隧道起讫里程D1K230+966～D1K231+315，全长352m，隧道最大埋深约为50m，设计为单线有砟隧道，洞内线路坡度为单面下坡。那迷村1#隧道全隧地表上覆第四系全新统坡残积层粉质黏土，厚2～8m；隧道通过浅变质岩地层，围岩岩性为板岩夹砂岩、灰岩，薄～薄层构造，节理发育，岩体差异风化严重，是典型的浅埋偏压顺层地段隧道。

2　施工过程遇到的问题和采取的措施

2.1　雨季进洞

受现场条件和前期准备等众多因素影响，在完成边仰坡、抗滑桩施工后，该隧道于2017年6月8日进洞，正值当地的雨季，根据实际围岩情况，综合考虑，在设计10cm的预留变形量的基础上，加大至20cm进行开挖控制，并制作对应规格的型钢钢架，采取三台阶法，使用人工配合机械开挖掘进。进洞阶段考虑尽量少的地表和植被破坏，优化了明洞8m。

2.2　浅埋偏压

进洞后持续发生5～22mm/d的沉降和收敛，查看地表后，发现局部有裂缝，立刻采取了人工夯填+砂浆填缝+整体采取了花胶布隔水封闭的措施，将安全步距控制在20m内，并严格执行短进尺的方式，正常有序地进行开挖。

采取上述措施后，受围岩自身情况影响，阶段性发生3～15mm的沉降和收敛，预留变形量一直保持20cm，二衬浇筑前初支检测，较设计断面大了3～12cm，未出现较大的侵线情况，整体受控。

2.3　顺层偏压

洞身正常有序的开挖至DK231+058桩号时，线路右侧以板岩、砂岩为主，粉质、泥质结构，薄层状构造，强风化～全风化，岩质软，多呈土状，且遇水易软化，局部呈土夹碎石状，挖掘机能掘动；线路左侧为砂岩、灰岩，细粒质、隐晶质结构，薄层状构造，弱风化，岩质较硬，围岩软硬不均。受构造影响，该段局部岩层扭曲变形严重，可见小型褶皱，产状紊乱，岩体结构受到破坏，造成岩体破碎。岩层走向与线路夹角为10°～15°，倾角约45°，倾掌子面左前（线路右后），存在围岩顺层，且灰岩层间夹有小于10mm极薄的泥岩、板岩强风化～全风化层夹层，层间结合力差，见图1。

图1　围岩顺层

监控量测数据红色预警，采取停止掌子面施工，跟进仰拱闭合成环措施后变形未得到有效控制，DK231＋060桩号拱顶沉降12.9mm/d，累计值52.7mm，水平收敛28.22mm/d，累计收敛84.59mm；DK231＋065桩号拱顶沉降12.1mm/d，累计值91.9mm，水平收敛16.69mm/d，累计收敛81.3mm；DK231＋070桩号拱顶沉降12mm，累计值82.1mm，水平收敛15.57mm，累计收敛63.93mm；DK231＋075桩号拱顶沉降12.4mm，累计值53.6mm，水平收敛28.25mm，累计收敛68.58mm。

观察初支变形情况发现，线路右侧拱腰部初支混凝土已出现裂缝，宽度约1.2mm，长度约13m，且有继续延伸的迹象，部分初支混凝土出现剥落、掉块现象，掌子面采取增设临时横支撑和竖向支撑，每台阶钢架加密一组锁脚锚管，锚管长度4m，同时进行径向注浆，径向注浆管采用ϕ42小导管，长度4.0m，纵环向间距1.0m（见图2）。

观察洞外地表发现，沿洞身轴线方向左右两侧均出现开裂现象，裂缝共计4条，宽度1～2.5cm，长度18～34m，预判洞身覆盖范围地表不稳定，向线路右侧移动。对地表裂缝采取砂浆封堵、黏土夯填的方式处理减少地表水渗入，宽度在1～2.5cm的裂缝灌注强度M7.5的水泥砂浆。

经过采取上述措施处理，D1K231＋060、D1K231＋065、D1K231＋070、D1K231＋075桩号处的洞身沉降和收敛变形均得到了有效控制，项目部邀请建设方、设计、监理等单位的专家到现场进行指导，共同商议采取如下措施。

3　施工技术措施

3.1　超前支护

对于围岩破碎，稳定性差，已发生坍塌和掉块段

图2　初支变形

落，为保证施工安全和有效控制超欠挖，采取加密超前小导管或采用中管棚，对于富水段落采取双液注浆。

3.2　调整开挖工法及预留变形量

上台阶分两次开挖完成，形成“三台阶四次开挖”；缩短台阶长度按短台阶法施工，控制上、中、台阶长度在6m以内减小临空面；钢架预留变形量调整为30cm，见图3。

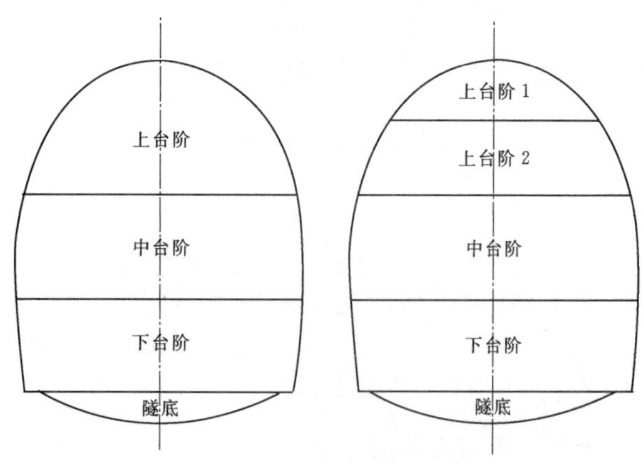

图3　三台阶法开挖及三台阶四次开挖

3.3 加强初期支护

将初支钢架由原设计 I18 工字钢调整为 I20b 工字钢，每台阶钢架施作完成增加一组 Φ 字钢锁脚锚管，锚管长度 4m、角度同设计要求并进行注浆锚固，钢架间使用I16 工字钢连接，环向间距 1.0m，交错布置，与钢架连接部位使用角钢焊接增加钢架竖向刚度。

3.4 初支闭合跟进

仰拱初支需及时跟进，根据现场施工组织安排及作业空间等条件，在下台阶落底后，48h 内完成仰拱初支闭合施工，以 1～2 榀为一个施工循环，控制掌子面与仰拱初支端头的距离不超过 20m，根据本隧地质情况，仰拱施工安全风险较大，在施工过程中使用仰拱实时监测报警系统对拱顶下沉、净空收敛数据进行监测见图 4，专职安全员值班盯守，出现数据超限报警立即组织人员撤离。

图 4 仰拱施工实时监测

3.5 临时约束及洞身土体加固

由于围岩收敛变形过大，掌子面附近 6m 长洞身段拱墙部位存在初支侵限风险，为有效控制变形，采取暂停掌子面开挖，在上、中、下台阶设置临时横撑约束变形，同时对线路拱墙及顶部进行径向注浆措施，径向注浆管采用 ϕ42 小导管，长度 4.0m，纵环向间距 1.0m，注浆完成后使用柱形钢筋与钢架连接牢固。

3.6 地表裂缝处理

地表裂缝采取砂浆封堵、黏土夯填的方式处理减少地表水渗入，宽度在 1～2.5cm 的裂缝灌注强度 M7.5 的水泥砂浆；宽度在 1cm 以下的裂缝就地取土回填并使用小型夯实设备进行夯实处理。

3.7 地表及洞内监测

沿地表裂缝延伸方向埋设观测点，使用全站仪进行沉降及位移观测，监测频率根据数据变化情况确定，2～7d/次；加密洞内监测频次，出现预警数据，将监测频率增加至 1 次/d。

4 措施取得的效果

施作横向支撑、径向注浆后 D1K231＋060、D1K231＋065、D1K231＋070、D1K231＋075 桩号初支结构变形得到有效控制，以 D1K231＋060 桩号监控量测数据回归曲线为例，如图 5 所示，监控量测数据稳定。

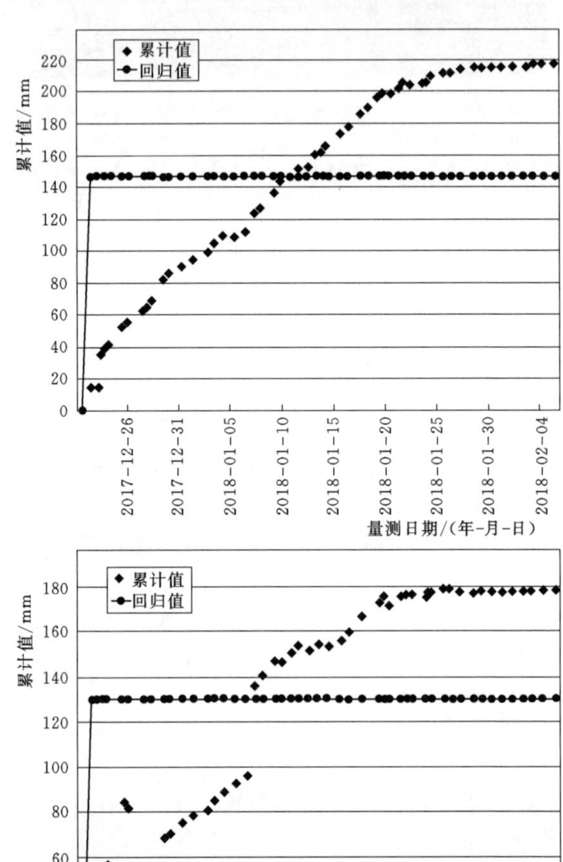

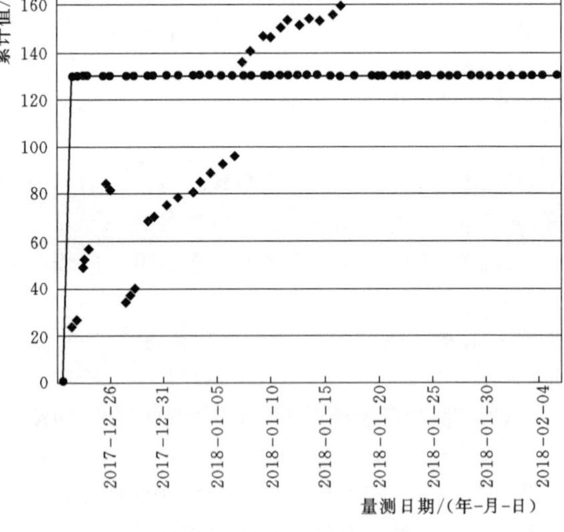

图 5 D1K231＋060 桩号监控量测数据回归曲线

后续洞身开挖继续按"短进尺、强支护、早封闭、勤量测"的原则，严控安全步距不超过限值，除工序转换时会出现个别断面变形较大以外，洞身初支结构变形均处于可控范围，同时施工过程中开挖工法的选择按"岩变我变"的原则，适时采用三台阶法开挖及四台阶法开挖，其中三台阶法开挖实际施工效率可达 39.6m/

月，四台阶法开挖实际施工效率可达 25.8m/月，并于 2018 年 11 月 14 日安全、顺利贯通。

5 结语

隧道进洞阶段要统筹施组，结合当地的气候情况，选择合适的时机进洞，尤其是地质较差的短隧道，本项目进洞阶段恰逢雨季，现场采取了大量的措施，虽实现安全进洞，但是耗费过大，经济性差。进洞后坚持岩变我变的原则，应根据实时探明的围岩情况进行支护措施的调整，提前采取措施。选择合适的预留变形量，设计根据围岩级别和支护参数给了一个预留变形量建议值，施工中要灵活运用，尤其进洞段，本工程进洞阶段考虑了 20cm，洞身变形大的段落加大至 30cm，在现场采取相应措施后基本受控。针对围岩风化程度高且存在浅埋、顺层偏压等多种不良地质，施工过程中应注意岩面快速封闭、仰拱快速跟进，本项目进洞阶段采取的 20m 距离，有效缩短了掌子面揭露到封闭的时间。而在洞身段，当出现较大变形时，现场采取的距离是控制在 12～15m，同时将预留变形量放大至 30cm，并将封闭时间控制 2 周左右。合理的预留变形量和快速封闭，有效实现“控变防塌”。同时通过加固土体，提高其自稳性，如在临时支撑的情况下采取径向注浆也是行之有效的措施，存在的不足是受工作面条件约束，注浆效果不佳且多了施工工序，增加了施工时间，若从地表进行加固，虽然效果好但工程量大，造价高，不经济。

本栏目审稿人：张建中

浅析中老铁路工程组织与管理

李　斌　李文锐　郑光义/中国电建老中铁路工程指挥部

【摘　要】 中老铁路作为“一带一路”倡议联通东南亚的重要项目，工程建设面临诸多难题和挑战。中国电建承建的中老铁路磨万段Ⅳ、Ⅴ标段，从项目组织投标、队伍进场及过程管理中面临的困难及采取应对措施，对各参建局进行统筹、引领、指导，使项目取得了预期的效果。本文就该工程建设组织管理中的一些实践经验进行分析，为类似国际铁路施工组织与管理提供经验和参考。

【关键词】 中老铁路　铁路工程　组织与管理

在全球经济一体化的时代，薄弱的交通基础设施已经成为制约社会和经济发展的瓶颈。由于老挝位于中南半岛北部的内陆国，北面与中国云南接壤，东面与越南相邻，南面与柬埔寨相连，西面于泰国比邻，西北面和缅甸交界。交通极不顺畅，从泰国经友谊桥至万象南部的塔纳廊，有一段3.5km长的米轨铁路，这是目前老挝境内唯一的一段铁路。为了突破重山封锁，变“陆锁国”为“陆联国”，全面带动老挝经济、社会发展，成了老挝重要的国家发展目标。为此，在中国“一带一路”倡议下，中老铁路磨万段的建设成为老挝战略对接项目，也是两党两国领导人共同推动的政府间合作项目。

一、项目基本情况

中老铁路是中老两国决策和推动的重大战略合作项目，是中老两国第一个合资建设、共同运营的重大项目，也是国家“一带一路”倡议走出去的首条铁路。中老铁路磨万段。北起于中老边境口岸磨憨/磨丁，向北接中国云南省玉—磨铁路，向南至老挝首都万象市。全线采用中国技术标准，使用中国设备，按照中国铁路标准设计、建设、运营，国家一级铁路，单线，客货混运，电力牵引，设计时速160km/h，线路全长414.332km，合同工期为2017年1月1日至2021年12月31日。该项目总概算为374.25亿元人民币。中老铁路项目采用BOT模式，由中老两国合资设立老中铁路公司负责建设、运营和移交，特许经营期（50＋25）年。

二、中国电建承建的Ⅳ、Ⅴ标工程概况及特点

该项目经业主招标，水电国际中标土建Ⅳ标、电建股份中标Ⅴ标段站前综合工程（不包括桥梁工程的预制、架设及轨道工程等）。线路起讫里程DK179＋520～DK343＋300（含相嫩2＃隧道，不含丰洪），正线建筑长度165.016km，项目中标价为58.75亿元人民币。其中，Ⅳ标线路长度74.99km，合同额为31.77亿元，Ⅴ标线路长度90.026km，合同额为26.98亿元。桥梁59座长19.697km；隧道30座长80.85km，路基长64.5km，区间土石方923.3万m^3，站场11个，土石方226万m^3，涵洞251座，见表1。

表1　标段主要工程量

标段	合同额/亿元	起讫里程	长度/km	路基/km	桥梁	隧道
Ⅳ标	31.77	DK179＋520～DK253＋614	74.99	10.298	23座/7.3km	17座/49.1km
Ⅴ标	26.98	DK253＋614～DK343＋300	90.026	54.882	36座/12.2km	13座/31.8km

中国电建承建的项目，Ⅳ标以隧道为主，隧道占比达76.4%，地处无人区，地质条件极为复杂，施工安全风险高；其中森村2#隧道（9384m）为全线最长隧道。Ⅴ标以路基桥涵为主，路基占比为61%，人口密聚，征地拆迁难；岩溶发育、煤层段落多等不良地质，施工难度大；其中拉孟山隧道（7888m）为全线高风险隧道；且标段地处国际旅游风景区，环保要求高。同时，老挝国内季节明显，雨季时间长，施工有效期短。

三、管理模式及任务分配

中国电建设中标承建该项目工程后，迅速组织成立了中国电建老中铁路工程指挥部。指挥部既是电建股份公司派出的管理机构，又是两个标段的项目经理部。各参建局成立项目分部，按照施工任务划分组织实施。随后，为了进一步落实责任主体，由发包人、承包人、分包人签订了《三方协议》，将分包人纳入中国国内铁路建设施工信用评价并承担履约责任。指挥部管理职责调整为“目标控制、统筹协调、资源整合、监督检查、考核评价、指导服务”。调整后按照精干、高效、集约的原则，人员配置12人。设万象指挥部和琅勃拉邦分指，不设部门机构。按照岗位责任和相互协作方式，采用A、B角管理模式，分工明确，管理不留死角，全面引领、指导开展工作。每年度由项目部对每位员工进行考核评分、内部员工互评和指挥长综合考评等多项措施进行员工业绩考核，直接与工资挂钩，全面提升了广大参建员工的工作积极性和主观能动性。

四、组织管理中的困难及应对措施

（一）前期投入、中标风险大

该项目中国电建虽然是投资合作方，但只是潜在投标人。投标前，在没有任何支撑的条件下，业主要求提前一年进场，进行便道修整，临建施工，克服山大沟深的无人区和雷区风险影响，积极为设计勘察提供方便，存在着较大风险。老中线分为五个标段招标，投标中，是否能够中标且中标自身最有利的标段和先期已投入临建施工的标段存在诸多不定因素。为此，指挥部先期组织参建局对全线线路、工程重难点、控制性工程等现场踏勘，对线路范围内地形、地貌、水文及不良地质等进行调研、分析，选定了意向性标段。先期进行便道及临建施工，为后续中标快速进场进行铺垫准备。同时，指挥部充分发挥电建集团在老挝20年的经营成果和经验，及时在老挝为业主各方提供了诸多便利。特别是在2015年12月先期操办了老中铁路开工奠基仪式等工作，在业主心方树立了良好形象。主动对接老挝政府，利用军队进行雷区探测，为前期施工扫清障碍，保障了人员安全。指挥部精心组织，周密部署，全力以赴做好编、投标等各项工作，保证了中标段与初期投入和选定标段吻合，避免了先期投入风险，为后续顺利、快速组织进场抢占了先机。

（二）队伍资源配置、劳动力保障困难

该项目最大的特点是隧道多，且隧道地质条件极为复杂，施工安全风险高。因此，在施工资源组织和劳务队伍的选择尤显关键。队伍选择的好坏，是施工组织管理中首要环节。因整个集团子企业进入铁路市场时间不长，均有自身长期合作的队伍（水电队伍），铁路隧道专业化队伍不多，施工能力参差不齐等问题。为此，指挥部首先在进场前就结合集团内合格（分包商/黑名单）目录，对参建局作了硬性要求，隧道施工必须使用铁路隧道专业化队伍。同时，积极与中铁工集团联系引进部分专业化队伍。过程中加强对配置队伍资质和业绩等进行审查，对部分隧道队伍营业资质不具备铁路工程施工能力的，部分队伍是福建平潭人在异地注册的，提出调整建议（已签订合同的建议用国内项目进行置换），完善劳务队伍配置，规避了后期中施工履约风险，保障了工程顺利进展。

磨万铁路为老挝境内第一条大规模铁路建设项目，本地合格的技术工人更少，且受语言沟通障碍不便，造成属地用工难度大。因此，为充分解决施工中劳务人员配置困难和老挝的劳务人员就业问题。指挥部积极主动与当地政府联合，积极推动举办了各类培训班，进行多项技能培训。据统计，该项目举办各类培训班达60多期，培训人员达3000多人/次，为老挝培育了大量的技能人才，给最大化属地用工，补充了施工组织中用工不足问题，同时，也为解决当地就业起到了积极作用。

（三）初始图招标、施组问题多

因该项目招标是按照初始图进行招标，施工组织设计也是按照初始图编制，因此，在施工中面临着许多实际困难。如森村2#隧道原设计要求建设弹性支承块预制厂，负责8.07km无砟道床预制任务，由于预制工程量小、施工精度要求高、铺设施工难度大，后期维护问题多等因素；楠名河大桥需设置32m站台梁共7孔，采用后张法进行现场预制。因地形狭窄，场地受限，不具备预制场建设条件，且桥墩高达45m，架设困难等，提出优化建议，为后续施工组织顺利进行拓宽前进道路。如森村2#隧道横洞、拉孟山斜井原设计位置，均在多年沉积的松散坡积体上，易塌滑，进洞成型困难，经协调将其位置进行变更移动，为安全进洞创造了条件；孟卡西楠里河及朋松楠松河特大桥连续梁施工中采用支架现浇替代原设计的挂篮施工，充分解决了因征拆影响导

致的工期问题。

老挝陆地从北至南，仅有磨憨/磨丁口岸一条13#公路运输通道，口岸通关手续烦琐，经常性长时间堵塞，通关时间长；且道路雨季期间易塌方、溜坡，道路中断等问题。为保障南部物资Ⅴ标供应，与业主协商，增加了海运方案，使原规划设在万象市的物资基地，改建到Ⅴ标段内，减少运距约120km，节约了物流成本，增加了物资储量，保障了物资供应。采用海运方案，也为后续业主调整铺轨方向带来新思路和方法。

（四）物资保障难度大

受老挝本地建设物资稀少，钢材等重要物资需自中国或泰国进口供应，物资进口免税申报程序多降低了物资供应的时效性；受老挝国内交通基础设置差影响，建设过程中砂石料、水泥钢材等大宗物资运输难度大。结合项目所在地特点，根据当地资源情况，为发挥集团规模效益，对该项目所需水泥、粉煤灰、添加剂、衬砌台车等大宗物资设备，按照公司管理规定，统一组织了框架式集中招标采购。柴油采购以老挝政府和业主推荐的供应商名录为基础，进行了集中询价谈判采购，在免税的基础上再优惠。集中采购减少采购批次，节约采购开支；积极发挥规模效益和批量的优势，提高议价能力，享受较高的商业折扣，降低采购成本。由于统一订货渠道，从源头上确保供应商的正规性，使采购质量和到货率得到保证。通过公开、公平、公正的集采方式，择优选择能力较强、信誉好的供应商，真正实现了规模效益，降低了采购成本，为工程建设提供了有力保障。更重要的是，集中采购增加了透明度，有效的防治腐败的发生，为“廉洁工程”奠定了基础。

（五）标准化管理要求高

按照业主要求中老铁路要建设成为“标志性工程”，中国铁路走出去的“样板工程”“示范性工程”。在管理中，因各参建局均有自身的一套标准化管理。为了在中老铁路项目上，消除各局标准化差异，统一对外一个整体形象。指挥部组织参建局共同编制了现场管理标准化、过程控制标准化、制度管理标准化等标准化管理手册和实施细则及现场安全文明施工和质量卡控要点，夯实了管理基础。在实际过程中，针对现场管理人员对标准认识不到位和标准把控不高的现象及切实解决标段间施作标准的差异性。本着眼睛向内看问题，向外学经验，组织项目部及架子队主要人员295人/次到玉磨铁路和相邻标段观摩学习。同时，以隧道进洞前的安全和标准化工地建设为目标，为打造文明示范性工地，组织内部联检，互检互学，自找问题、对比差距、互学经验和方法，横向对比、取长补短、学习好的经验，达到认识上和行动上自我提高的效果，实现了参建单位管理标准化和外树集团形象的目的，受到了业主的一致好评，最终将中国电建统一的标准化管理作为老中全线的标准，进行推广和运用

（六）质量要求高

按照业主要求将中老铁路建设成为“精品工程”。为全力推进落实“精品工程”的管理思路，强化现场管理和过程控制。指挥部始终坚持以工程质量为核心，以技术创新为支撑，按照“标准建设、试验先行、样板引路、首件验收”的要求，严把质量关，精心雕琢，奋勇担当，积极努力将“路桥隧”打造成为精品工程。大力规范隧道施工工艺、工法，从隧道开挖工序开始，对仰拱钢边止水带夹具、钢筋卡控具、土工布、防水板挂设、防水板电磁焊接技术及三缝焊接技术、二衬钢模台车软搭接、二衬混凝土“三逐两振两孔”浇筑等工艺，逐工序强化，加强培训和指导，提高了作业工人工艺、工法水平。对隧道、桥梁、路基需要的小预制构件加工、钢构件加工等全面实现工厂化，杜绝小作坊制作。特别是在小预制构件生产上采用定型模具，振动台振捣，集中养护等工艺工法，充分保证了产品的规格和质量。在储存、转运上采用托架加捆绑打包，叉车配合吊装等方式的综合运用，确保了产品转运过程的快捷和安全性。梁场工程上，采用定型钢筋胎具进行钢筋定位绑扎等即规范又标准，从生产源头和过程中进行控制，充分保证了产品质量。因此，在施工过程中始终坚持“用工装保工艺”，“用工艺保质量”的原则指导各项工作。全面提高了施工工艺质量水平，为实现“精品工程”建设及后续申报詹天佑奖、铁路优质工程奖奠定了基础。

（七）传统与非传统安全管理难度大

该项目30座隧道（80849m），地处琅勃拉邦缝合带，区内地质构造极其复杂，地层岩性多样、岩层产状多变且变化频繁、围岩地质多为炭质薄层板岩、岩层破碎、自稳能力差。指挥部高度重视隧道施工安全，监督落实隧道的施工工艺、工装和工法，以预防为主进行隧道安全检查和巡查。对季节性施工安全，结合老挝的季节性特点，重点检查和落实雨季施工安全和营地防洪度汛安全。依据《铁路建设项目质量安全管理红线管理规定》，强化现场质量管理，重点对隧道开挖支护、衬砌厚度、安全步距和桥梁连续梁满堂支架、挂篮及路基填料等施工，加强过程控制和检查。对检查中发现的问题，建立问题库，实行整改销号闭环管理，严格按照要求落实整改，确保安全生产。

同时，管段内匪患严重，为加强人员安保风险控制，充分利用老方军警力量进驻工地、工点，做好安保工作，确保施工人员安全。加之，老挝经济相对落后，医疗条件极差，为了保障人员身体健康，要求各项目部统一建立了医务室，从国内聘请医务人员进驻，利于人员看病就医，确保了队伍稳定。

（八）环水保压力大

在Ⅴ标拉孟山隧道出口至万荣县靠 13＃公路右侧有 9 座隧道施工中，隧道施工的石粉、弃砟、油渍等极易对南松河造成污染，而下游的万荣国际风景区外国人漂流休闲极多，水保工作不到位将造成严重不良的国际影响。因此，在隧道开工之前，统一建设三级沉淀池进行污水处理；对于特殊地段采用设置集中污水处理站进行净化，该段落共建议业主增设置了 4 处集中污水处理站。在弃砟上统一集中管理，表层土层覆盖，绿化恢复。在便道管理上全部硬化，加强洒水除尘和维护管理，使之全员增强环保意识，实现了环保零投诉。

（九）外事与舆情管理难度大

在首次国际铁路施工管理中，面临着外事风险大，特别是经济纠纷，媒体传播速度快，稍有管理疏漏，将会造成不良的国际影响。因此，指挥部加大了对外事与舆情的管控力度，一是从项目进场，就要求全员提高认识、高度重视、分析国际工程中可能存在各类潜在舆论风险源；二是积极做好日常管理，提升各类服务水平，避免出现负面舆情；三是重视对关键工点的监控及负面排查；四是加强网络舆情监测，强化网络信息工作。在舆情发酵前有效地处置舆情；五是坚持内部学习及教育，做好舆情应对；六是加强与大使馆、领事馆联系、沟通。特别在 2019 年 12 月 27 日成功策划、隆重举行了森村 2＃隧道（提前工期 7 个月）贯通仪式。中老两国主流媒体中央电视台、人民日报、环球时报、凤凰卫视和老挝国家电视台等进行了现场采访、报道和播报，实现了对外宣传企业品牌形象的良好效果。

五、结语

中老铁路（国际）工程管理是电建集团（股份）公司继京沪高铁之后由集团组织成立指挥部管理的第一个国际铁路项目，也是中国电建集团首个“走出去”参与投资合作、建设的铁路项目，在其特殊的环境和管理模式下，通过摸索、实践、总结，在项目组织与管理中，科学引领各项目部，以施组为主线，标准化管理为抓手，四化支撑为手段，围绕“建精品工程，铸廉洁之路”建设目标，细化施组安排，狠抓质量、安全、环保、进度，不断稳定外部协调等工作，精心组织，超前谋划，稳步推进工程建设，确保合同履约、创收、维护企业品牌等具有重要指导实践作用。正如国铁集团副总经理王同军的评价：“刚进场时，我们对电建队伍有点担心。通过中老铁路的建设，体现了中国电建的铁路工程建设实力，可以肯定中电建是铁路工程建设中的重要队伍。在某些铁路工程方面不比铁路专业队伍差，应该说中国电建确实成为中国铁路建设的一支重要力量，是可以依靠的力量，政治可靠，作风过硬，能打硬仗。在中老铁路建设上充分展现了中国电建建设铁路工程的专业能力和水平，也展现了丰富的国际工程建设经验”。

参考文献

［1］ 曹吉鸣，林知炎. 工程施工组织与管理［M］. 上海：同济大学出版社，2002.

浅谈集中采购在中老铁路项目的实践

马保华　曹玉田/中国电建中老铁路工程指挥部

【摘　要】 市场经济条件下，物资设备采购管理一直是企业价值链管理的核心环节，控制采购成本已经成为企业重要的利润源泉。中老铁路项目是“一带一路”倡议下，中老两国战略合作的基础设施建设项目，开展集中采购，是实现中老铁路项目物资设备控制成本、增加收益的有力措施。本文重点剖析了集中采购在中老铁路项目的实践情况，提出国际工程项目实施集中采购的模式和策略。

【关键词】 中老铁路项目　物资　集中采购

中老铁路是“泛亚铁路”的重要组成部分，是我国“一带一路”倡议与老挝“变陆锁国为陆联国”战略对接项目。中老铁路磨万段，北起中老边境口岸磨憨/磨丁，向北连接中国境内玉磨铁路，向南经老挝琅南塔、乌多姆赛、琅勃拉邦、万象省到首都万象，全线采用中国技术标准，使用中国设备，按照中国铁路标准设计、建设、运营；为老挝国家一级铁路，全线单线运行，客货混运，电力牵引。线路全长 414.332km，设计时速 160km/h，合同工期 2017 年 1 月 1 日至 2021 年 12 月 31 日，总工期为 5 年。

中老铁路项目物资设备成本约占工程成本的 60%以上，中老铁路工程指挥部（以下简称“指挥部”）在项目管理工作中，高度重视项目物资设备采购工作，按照“公开、公平、公正、科学、择优”的原则，通过集中采购的“集量”作用，整合项目分散掌握的供应商资源，从战略上调整供应商结构，谋求更广泛的资源渠道，增大资源采购数量，形成批量竞争优势，提升采购质量、效率和效益，调整优化项目采购环境，优化采购管控流程，实现降本增效，不断提升项目管理水平。

采用集中采购的方式，不仅能减少物资设备采购的批次，充分发挥规模效益和批量的优势，提高议价能力，提升物资采购效率；而且还能享受较高的商业折扣，有效降低物资采购的成本，同时通过集中物资采购，还能统一订货渠道，从而在源头上确保供应商的正规性，使采购质量和及时到货率得到保证。

一、基本情况

中老铁路项目四标段和五标段（ZLZQ-Ⅳ、ZLZQ-Ⅴ），由中国电力建设股份有限公司（以下简称中国电建）承担工程施工任务。铁路项目全长 165.016km（起讫里程 DK179＋520～DK343＋300），主要工程内容包括 30 座隧道，59 座桥梁，251 座涵洞，64.65km 路基，11 座站场。按照合同约定，由甲方提供的物资有：钢材约 12 万 t、防水板约 187.51 万 m^2，橡胶止水带约 21.94 万 m、钢边止水带约 17.03 万 m，大宗重点自购物资水泥约 96 万 t、粉煤灰约 26 万 t、柴油约 3400 万 L、混凝土添加剂约 2.44 万 t、衬砌台车 44 台套以及物流服务商。

二、项目所在地物资供应市场情况

老挝人民民主共和国属于发展中国家，当地基础工业不发达，资源较匮乏。中老铁路项目建设所需要的物资种类多、数量大，部分物资运距远，成本高。在项目Ⅳ、Ⅴ标管段内，只有两家生产水泥厂家，年产量不足 20 万 t，且产品质量不稳定，需要改进。而电建海投水泥厂和云能老挝水泥厂，则均位于老挝甘蒙省，距施工现场平均运距约 550km，到货价格贵，运输成本较高。

据了解，2016 年年底前老挝投产的用于混凝土生产的粉煤灰生产厂只有 1 家，在建的 3 家，预计 2017 年 2 季度末试运行，年产在 30 万 t 左右，基本可以满足工程施工的需要。但在项目沿线用于混凝土生产的主要骨料沙子和碎石却分布不均匀，当地具备规模的砂石料场较少，且采购成本很高。由于这些基础材料严重不足，碎石、河沙出厂价格高，运距远、运输费用大，综合成本高；项目开工后，由于对碎石、河沙等地材用量较大，可能会促使这些地材大幅度涨价，造成成本翻倍。

此外，老挝当地目前只有 3 家混凝土添加剂生产厂家，分别位于万象市，距万荣 160km，产能无法完全满足施工需要。部分混凝土添加剂需要进口，供应价格较高。

民爆产品在老挝仅有一家生产厂，炸药厂产能10000t/年，近年年产量保持在6000t左右，属单一来源采购，成本较高，乳化炸药价格1980美元/t。油料是老挝政府管控资源，只能在其规定的供应商名录中进行选择，采购谈判难度增大。

其次，受当地经济发展水平和自然条件所限，当地交通状况较差。中老铁路项目物资设备供应道路只有一条双向两车道的N13#公路，而Ⅳ、Ⅴ标项目所在地沿线多为山区公路，不仅地势险要，而且陡峭多弯，交通事故频发，特别是雨季多路段易塌方，经常造成交通中断，造成工程停工待料。

三、实施集中采购，提升采购质量，保证物资供应

（一）强化物资采购管理，做好采购成本预测

针对中老铁路Ⅳ、Ⅴ标项目所在地的具体情况，项目指挥部利用有限的时间，对当地各厂家物资生产情况进行了实地考察和调研，详细收集了各厂家的生产能力、资质、出厂价格、运输距离、运输价格等相关信息；同时对相关材料进行取样、检验，对混凝土原材料进行了143批次取样试验。此外，依照采购物资品种、规格型号、技术标准、数量、交货条件和需用时间以及供应能力、价格比较等，进行了认真研判和采购成本预测。

在充分调研的基础上，指挥部确定了在物资设备采购中实行“统一组织、统一招标、集中采购、规范实施”的物资设备采购原则，并在此基础上制定了中老铁路项目物资设备采购招标方案、统一组织项目物资设备采购的招标活动。有效保证了Ⅳ、Ⅴ标项目所需物资设备的供应，为项目的顺利实施提供了物资保证。

（二）提前谋划，科学管控，确保项目的物资供应

按照股份公司《物资设备集中采购管理办法》规定，指挥部依据中老铁路Ⅳ、Ⅴ标项目所需物资设备采购货物品种、数量、技术标准以及厂家交货状态等，在综合各方面市场信息的基础上，采取了以邀请招标的方式，邀请了当地有实力的相关企业，对包括水泥、粉煤灰、减水剂、速凝剂、钢模台车、物流等大宗重点自购物资，在公开、透明、规范的基础上进行了集中招标采购，不仅极大地节约了所需物资的采购时间，也节约了物资采购成本，提高了物资采购的工作效率。

雷管、炸药等民爆物资，属于当地政府重点管控物资，这些民爆物资在当地只有一家供应商，属单一来源采购项目，存在着不确定的货源供应风险。为此，项目指挥部于2015年就进行了提前布局，与供应商进行了接洽和友好协商，双方签订了保证民爆物资供应的协议。

对柴油的采购，指挥部以老挝政府和老中公司推荐的7家供应商名录为基础，与供应商进行了集中询价谈判采购，实现了规模效益，有效降低了采购成本。

此外，对于河沙、碎石等骨料，项目部根据Ⅳ、Ⅴ标项目沿线的具体情况，在实地考察的基础上，经过综合研判和测算，决定采取自主开采和联合开采的方式，为工程施工提供所需的骨料，在管段内自设了砂石料生产场，在降低工程成本的同时，变被动为主动，较好的控制了骨料供应市场的价格波动。

（三）强化合同管理，加强物资供应管控

充足的物资供应是工程建设能否顺利进行的基础和保证，为了保证工程施工所需物资的按时供应，督促物资供应商认真履约合同，确保工程施工的需用，指挥部聘请了当地的专业律师，就物资供应合同在当地执行的合法性等进行审核。同时，指挥部还认真做好了以下三个方面的工作：

一是加强与合同供应商的沟通与联络，取得供应商的理解和支持；在具体操作中结合工程施工需求实际，增强合同的柔性执行，妥善处理急需和延迟需用的关系。

二是延伸管理供应商资源，衔接好需用与库存的关系，保持需用量与库存量处于合理的平衡点，减少资金占用，加速资金流转。每季度末向供应商递交下季度“物资采购计划”，以便供应商筹措安排资源，每月末向供应商递交下月度“物资采购计划”，并采取“发货通知单”的形式，合理安排每批进货节点、规格型号和数量等，确保实际供需信息畅通和物流顺畅。

三是利用《物资供应合同执行情况统计表》，建立物资供应合同管理台账，按照交货质量、交货期和服务等指标对供应商进行考核，并将供应商履约考核情况进行备案。

四、充分发挥集中采购的优势

对于重要物资的集中采购，应建立在具备一定必要性的前提下进行，倘若是小批量物资的购入，集中采购模式的应用不仅难以在供应商处拿到优惠价格，也虚增了业务处理、发送运输的成本。集中采购是为保证各项业务处理活动的效率、质量，应有针对性的设计、编制采购管理制度，并通过实施常态化的监督、管理，最大限度的发挥集中采购的优势。

（一）降低采购成本、提高市场竞争力

重要物资的集中采购是以公开招标的方式来选择供应厂商，不仅能够促进了各供应厂商之间的良性竞争，同时依据详细的采购计划，制定出有利于自身采购的招标标准和投标规则，进而获得较为经济、合理、优质的产品，有效降低了采购成本。此外，对于一些价格浮动较为频繁的原材料，通过集中采购，最大限度地降低了价格浮动所带来的财务风险以及市场风险，保证了项目所需物资的正常供应。

（二）规范采购行为，做到“阳光采购”

在物资设备的集中采购过程中，指挥部坚持做到“四公开，三确保”，即：采购货物品种、数量和质量指标公开，参与竞标供应商及其竞价公开，竞标程序公开，采购评审结果公开；确保采购程序合规、合法和科学，确保采购公平与公正，确保采购质量和效益最佳。使整个物资集中采购过程公开、透明、规范、监督受控，达到了“阳光采购”的目的，有效杜绝了物资采购中违规违纪现象的发生。

（三）整合采购资源，提升采购质量

高质量的原材料是保证工程质量的根本，也是控制生产费用、保证工程顺利进行的有效手段。在集中采购的模式下，通过集中采购平台的“集量”作用，整合各参建项目需求资源，增大资源采购数量和规模，形成批量竞争优势，在统一、规范化的物资采购中，可以保证原材料的供给和质量。

当然资源整合不是采购数量的简单汇总，而是从战略上调整供应商结构，谋求更广泛的资源渠道，进而提高物资采购质量、提升物资采购效率，实现企业效益的最大化。

五、结语

中老铁路项目物资成本占工程成本的60%以上，采购价格高低会直接影响项目经济效益。物资采购价格高低取决于采购过程控制的优劣，集中采购是提高采购效果的主要手段，是项目经济效益的增长点，也是提升项目创效能力的关键环节。

参考文献

［1］ 杨荣静．浅谈建筑施工企业如何实现物资集中招标采购［J］．山西建筑，2009（24）：257－258．

［2］ 程书萍，许婷．大型工程物资采购创新管理研究［J］．中国物流与采购，2009（2）：60－61．

［3］ 刘培．国际工程物资采购和管理风险分析与对策［J］．铁路工程造价管理，2014（3）：74－76．

国际铁路工程项目经营管理探讨

李　斌　杨浩东/中国电建中老铁路工程指挥部

【摘　要】 世界经济结构一体化逐步升级，越来越多的中国建筑企业走出国门、走向海外，积极参与国际工程项目竞争，其中中老铁路项目就是中国标准和中国技术走出去的代表性项目。中老铁路是中老两党两国共同决策和推动的政府间的合作项目，是泛亚铁路的重要组成部分，也是“一带一路”的标志性工程。本文以中老铁路项目施工成本风险防范为研究对象，重点探讨如何提高项目经营管理、降低铁路施工成本，促进我国企业对老挝市场风险的认识和管理能力。并提出的思路和理念可供我国驻老挝承包商参考，同时对整个东南亚乃至全球其他海外地区经营管理工作也有一定的借鉴意义。

【关键词】 国际　铁路工程　经营管理

一、项目简介

中老铁路磨万段，北起中老边境口岸磨憨/磨丁，向北连接中国境内玉磨铁路，向南经老挝琅南塔、乌多姆赛、琅勃拉邦、万象省到首都万象，全线采用中国技术标准，使用中国设备，按照中国铁路标准设计、建设、运营，国家一级铁路，单线，客货混运，电力牵引，设计时速160km/h，线路全长414.332km。合同工期自2017年1月1日至2021年12月31日。总工期5年。中老铁路是中老两国合资建设项目，总概算374.25亿元人民币，项目建设采用BOT模式，由老中铁路公司负责建设、运营和移交，特许运营期（50＋25）年。

中国电建承担的施工任务是中老铁路ZLZQ－Ⅳ、ZLZQ－Ⅴ标段，全长165.016km（起讫里程DK179＋520～DK343＋300），主要工程内容包括30座隧道，59座桥梁，251座涵洞，64.65km路基，11座站场，工程中标价58.75亿元。

中老铁路项目工程中标后，成立中国电建老中铁路工程指挥部，下设四个工程局，负责统筹、引领、指导、协调服务参建的四个工程局。按参建单位的施工业绩及能力分配施工任务，经建设方同意，将两个标段划分为四个施工标段，Ⅳ标段由中国水利水电第三工程局有限公司和中国水利水电第十四工程局有限公司施工；Ⅴ标段由中国水利水电第十工程局有限公司和中国水利水电第十五工程局有限公司施工，四个工程局分别对业主全权负责。

二、经营管理模式

中国建筑企业走出国门不是简单照搬国内模式，而是根据不同国家和地区的实际，结合国内铁路工程建设管理的经验，进行经营管理模式创新，以确保国际铁路工程建设，取得良好的社会经济效益。

老挝本地资源匮乏、工业落后，铁路沿线地形复杂、施工条件差，土地私有化程度高，给项目经营管理尤其是施工成本控制带来很大的潜在风险，为此，项目通过现场调查和研究，确定了以三次经营管理模式，既投标中的管理（第一次经营管理）、工程建设中管理（第二次经营管理）、变更索赔（第三次经营管理），对该项目工程进行全周期管理。

（一）一次经营

一次经营就是企业为了获取工程项目所发生的一切经营行为。它的最终目的是在固化的条件下获取合同。因此，一次经营是在项目投标过程中，为顺利中标所开展的现场踏勘、投标中标以及合同签订等经营活动。

现场踏勘作为国际工程投标阶段先行工作，对整个项目预计合同总收入和施工总成本起着举足轻重的作用。调查除甲供材料外的当地工料机市场价格和供应情况，研究当地水文地质资料和所在国政策，尤其BOT框架模式下涉及施工单位的免税及优惠政策，如企业所得税、个人所得税、增值税以及工程所在国的优惠政策，了解当地风俗习惯和社会稳定问题。做好资料收集和分析总结。

认真研究招标文件，制定投标计划书，注意国际投标和国内投标方式的不同以及国际时差问题。按照招标文件要求编制投标书，准时投标，直至项目顺利中标。

国际工程是跨国的经济活动，国际铁路工程合同随着铁路工程国际化逐渐与国际接轨，日趋成熟。但也需重点把握施工承包合同分类研究、合同风险评估以及政府指定分包合同的研究和约定。合同谈判中要着重研究合同条款涉及材料的调差、设计变更、汇兑损失、风险包干费以及暂列金的使用范围和约定等。

（二）二次经营

二次经营就是指甲乙双方履行合同时所发生的一切经营行为。它的最终目的是在合同履行过程中通过降本增效获取最好的管理效益。所以，二次经营是项目中标、合同签订后，组织项目进场，在合同履约过程中成本控制所进行的系列经营活动。在一次经营的基础上以项目管理为平台，在建立、创造良好的外部和内部良好氛围的基础上，通过对合同条款的研究，把握和利用工程量清单调整、材料价差调整、国际工程的特殊性（税收策划、外账处理、清关和出口退税）、施工过程中的变更、索赔等机遇和平台，适时开展以增加项目收入、控制项目施工成本。

成立经营管理领导小组，建立以指挥部为中心、项目经理部（分部）为实施主体的经营管理体系，明确二次经营目标，编制二次经营工作目标策划书，并在项目推进过程中不断完善、更新，定期进行工程经营活动分析。

二次经营工作涉及部门多、持续时间长、不确定因素多，是内容庞杂的系统工作，因此，要切实发挥项目经理的主导作用。项目经理要亲自组织策划，督促各部门对设计变更、优化设计等资料的收集整理。做到“有理有据、图文并茂、签证齐全、说服力强”，确保二次经营资料的合法合规。同时实行管理人员绩效及经济奖惩管理机制，调动经营管理者的积极性。

(1) 项目经营施工管理中，把施工成本控制作为日常工作的重点，把合同外收入的调增作为阶段工作的突破口，通常分两阶段实施。

施工准备阶段是项目二次经营工作的重点策划和立项阶段，重点从招投标文件、合同条款入手，根据现场实际情况编制实施性施工组织设计，施工组织设计要充分考虑现场实际施工方案发生的变化及可能产生的二次经营项目。经批准实施性施工组织设计是合同文件的重要组成部分，为后期经营工作的开展提供重要依据。

施工阶段是收集各种现场实际证据资料的关键时期，特别是国际工程人员涉及中方和外方各级管理人员更换频繁的情况，由专人负责经营项目有关资料的收集整理和保管，争取在第一时间完成签证，防止漏签，从施工图量差清理入手，同时收集和掌握业主及监理单位下达的变更施工的指令，收集并保存好相关会议资料、审批方案，做好突出现场工程难度和费用的资料记录（影像及图片等），并及时找监理进行签认。

(2) 中老铁路项目采用初步设计图招标，概预算参照国内模式编制并执行。老挝实际发生的如人工、材料、机械、雨季施工、政府指定分包等 10 个方面的问题使得施工成本远高于预期，为此，在二次经营中需特别注意、提前策划并适时采取应该措施。

随着现场施工的展开，当地工人紧缺，致使单日工费上涨迅速，涨幅大，由开工的 40 元/工日上涨到 150 元/工日左右，涨幅最高达 275%。实际用工比例变化大，当地用工总体数量供应不足，且熟练工数量也无法满足施工需求，不得不由更多的中国工人进行补充。致使实际施工过程中，用工比例发生较大变化，据统计，中国工人占比提高了 10%，导致综合人工费大幅上涨（见表 1）。因此，为控制人工费的过快上涨，要重点优化施工组织，计划好施工高峰总人数，拟定最优人工配比，同时极为重要的是做好人工数量统计，尤其是劳务工“三账一册”、人工工资支付凭证的收集，为后期可能的人工调差提供支撑资料。

表 1　人工比例统计对比表

序号	项目	中标员工比例/%		实际员工比例/%		比例相差/%	
		中方	外方	中方	外方	中方	外方
1	×标项目部 1	56	44	78	22	22	−22
2	×标项目部 2	56	44	67	33	11	−11
3	×标项目部 3	56	44	73	27	17	−17
4	×标项目部 4	56	44	42	58	−14	14
5	合计	56	44	66	34	10	−10

老挝物资匮乏，大宗材料除钢材外，到场价格不断攀升，本项目合同规定：“物价波动引起的价格变化一律不予调整”，施工单位承担部分材料涨价风险。周转材料在老挝范围内周转使用次数有限，周转材料的摊销原则和国内存在较大区别，且跨国界的调遣费用高，如：桥梁工程的墩台身模板和隧道工程所用二衬台车在使用后，基本达不到国内周转使用次数，由于运费过高和关税通关等问题，基本不会运回国内或者第三国使用再次使用和周转。摊销量不足、调遣费用高、剩余残值高，实际承担成本大。为此，应提前对周转材料进行专项成本分析，按写实的方法测定实际摊销次数，并和中标概算所取定额进行对比，将问题反映给建设单位和设计单位，以期望在投资检算中给予调整。

老挝境内机械设备资源有限，现场所用设备租赁单价较高，机械设备配件主要通过进口，机械维护成本较高，老挝雨季时间长，机械窝工严重。跨国施工，设备调遣费用大大增加。在机械组织进场中，论证并采用陆运和海运的优势方案降低调遣费；采用集中招标方式批次购买，降低采购成本；同时分析、论证和采用租售配比的最优方案。

隧道围岩变化不调价，初步设计时老挝可利用地质资料有限，交通条件受限、存在大量未爆炸物，造成设计深度不足，合同约定：对隧道围岩变化不再调价。据现场四个项目部统计，某×标项目部其地处琅勃拉邦地质缝合带，地质构造复杂，岩层破碎、自稳能力差，地层岩性多变、变化频繁、隧道变化率最为突出，隧道正洞开挖 42.38km，变化 28.77km，变化率 67.9%，其中围岩由强变弱 26.6km，占比 92.5%。现有合同条件下，围岩变化不调价，绝大部分费用由施工单位承担（见表2）。针对该问题，项目应争取建设方和设计方等多方认可，争取隧道工程按“动态设计”过程管理，尽量让施工单位少承担成本风险。

表 2　中老铁路隧道工程围岩变化率统计

序号	项目	正洞开挖/m	变化数量/m	变化率/%	强变弱		弱变强	
					m	变化率/%	m	变化率/%
1	×标项目部 1	42379	28774	67.9	26622	92.5	2152	7.5
2	×标项目部 2	21035	12421	59.0	7057	56.8	4496	36.2
3	×标项目部 3	12556	2179	17.4	1349	61.9	830	38.1
4	×标项目部 4	3127	367	11.7	102	27.8	265	72.2
5	合计	79097	43741	55.3	35130	80.3	7743	17.7

免税、优惠政策问题。该项目投标时为增值税免税项目，由于该项的免税、优惠政策执行未到位，水泥、粉煤灰、砂石、火工品、施工用电等仍含增值税，由施工单位承担。免税、优惠政策属于国家政府间协调、发包方具体解决的问题，因此，每一项政策的实施，都牵涉施工单位的直接利益。施工单位应该在二次经营活动中，主动配合建设方争取更多的免税、优惠政策。

政府指定发包方履约问题。政府指定分包往往是国际工程显著的个性特点，为保证本地企业参与并获得铁路施工经验、加大本地劳务用工就业，当地政府要求铁路项目给予特许的指定分包。指定分包的个性特点决定了可能出现的个性问题，如×标的政府指定发包方（老挝××公司），由于施工组织问题，工期滞后严重，部分工点由非关键工程变成全线重点控制工程。其提出退场申请，除正常验工外，还要求给予巨额补偿，而总承包单位不得不回收剩余分包工程，面临抢工、赶工的被动局面，造成很大成本风险。针对指定发包方履约问题，总承包方首先尽可能地协助分包方提高技能和施工经验，同时要提前做好应急方案，做最坏打算，有预见性的分多种情况，做好施工组织准备。如发生分包方停工或不讲理索赔问题，总包方需启动应急预案予以解决，将成本风险降到最低。

雨季施工时间长问题。老挝属于热带和亚热带气候，一年只有雨季（5—10 月）和旱季两个季节。由于雨季的原因造成路基和桥涵工程施工设备闲置时间长，人工、机械窝工严重。在施工中，应优化路基、桥涵施工组织，合理控制流水步距，自由时差短、受拆迁大的单位工程必须优先开工，以减少人工、机械窝工，从而降低施工成本。

汇率损失问题。承发包方式合同以人民币进行结算，但实际以美元拨付工程款，人民币对美元汇率变化，导致各阶段可能产生一定的汇兑损失。有效减少汇兑损失的方法是在签订合时，对涉及工程款支付条款采用固定汇率方式进行约定。

外账处理问题。国际工程的外账处理是施工生产外很重要的一项工作，稍有操作不当，不仅影响项目成本，还可能给企业带来违规违法的风险。因此，外债工作在项目之初就必须由有丰富经验的专业人员负责，研究透工程所在国的有关税务和财务的法律法规，制定有效的外账处理体系和方案，确保工程完工成本最低，账务清晰，合规合法。

中老铁路项目建设要求标准高，加大成本支出问题。建设方多次提高项目施工标准，由合同约定标准变为“精品工程”“示范性工程”“标志性工程”，现场均按新规定执行，没有对应的任何补偿，加大了施工成本。应收集全资料，争取在后期经营中解决。

（三）三次经营

三次经营就是指在项目完工后，竣工结算、审计和清欠过程所发生的一切行经营行为。因而，三次经营是工程进行到收尾阶段或完工后，在一、二次经营基础上所进行的索赔补偿等经营活动。

“三次经营”管理的工作重点是概算清理。概算清理是对已竣工的铁路建设项目从筹建到竣工交付的全部建设费用、投资效果和财务情况进行全面清理和系统总结，直接影响末次计价。

概算清理是长期、持久的系统工程，往往在项目竣工后数年还在持续推进。挑选合适的人员从一开始就和项目各方保持良好的业务对接和有效联系，且人员保持相对固定，按规定上报项目投资梳理资料，包括投资检算、Ⅱ类以上变更、价差调整、征地拆迁、新增工程、标准提高以及预备用费等，确保项目及时、足额的予以批复，力争减少费用的核减，最大限度地保证项目经营成果。国际工程较国内存在更多的复杂性和不确定性，该工作一般尽量提前做，效果会更好。

三、结语

国际铁路工程经营管理要贯穿于整个工程管理的全过程，才能给国际铁路工程项目带来好的经济效益，因此，国际铁路工程项目经营管理的成败决定着施工企业的最终合同收入。实践证明，通过三次经营活动，提高了经营管理水平，将项目成本风险降到最低或者合理范围，达到预期效果，为企业创造更多的利润。

参考文献

[1] 王锡岩，甄淑慧. 国际工程承包项目风险管理分析[J]. 项目管理技术，2008 (4)：40-44.

[2] 王宗敏. 我国国际工程承包风险管理研究 [D]. 南京：河海大学，2007.

[3] 蔡锦明，畅颜亚，程趟. 对外承包工程风险类型及规避对策 [J]. 建筑，2007 (9)：19-21.

[4] 何伯森. 国际工程合同与合同管理 [M]. 北京：中国建筑工业出版社，1999.

[5] 徐阳. 国际承包工程面临的风险及对策 [J]. 国际经济合作杂志，2001 (1)：39-43.

[6] 于二娟，苏宏亮. 浅析建设工程施工合同的索赔管理[J]. 科技与生活，2010 (9)：63.

国际工程政府指定分包风险管理与控制

李　斌　李文锐/中国电建中老铁路工程指挥部

【摘　要】在“一带一路”倡议的旗帜下，中老两国战略合作的基础设施建设项目中老铁路应运而生。老挝当地企业参与项目建设是两国政府间合作的协定内容，具有合规性，但作为总承包方则存在较大的履约风险，以及容易引起国际诉讼事件等。本文依据中老铁路项目对老挝政府指定分包企业存在的风险进行了分析和研究，提出了相应的管理办法和控制措施。

【关键词】国际工程　政府指定分包　风险控制

一、项目基本情况

中老铁路是中国和老挝两党、两国决策和共同推动的重大战略合作项目，是“一带一路”走出去的精品工程、示范性工程。项目立足巩固和发展中老两国传统友好关系，共同打造牢不可破的具有战略意义的命运共同体，与老挝“变陆锁国为陆联国”战略对接。中老铁路建设意义重大，工程责任艰巨。

中老铁路磨万段，北起中老边境口岸磨憨/磨丁，向北连接中国境内玉磨铁路，向南经老挝琅南塔、乌多姆赛、琅勃拉邦、万象省到首都万象，全线采用中国技术标准，使用中国设备，按照中国铁路标准设计、建设、运营，国家一级铁路，单线，客货混运，电力牵引，设计时速 160km/h，线路全长 414.332km。合同工期自 2017 年 1 月 1 日至 2021 年 12 月 31 日。总工期为 5 年，总概算 374.25 亿元人民币。

中国电建承担的施工任务是中老铁路 ZLZQ－Ⅳ、ZLZQ－Ⅴ标段，全长 165.016km（起讫里程 DK179＋520～DK343＋300），主要工程内容包括 30 座隧道，59 座桥梁，251 座涵洞，64.65km 路基，11 座站场，工程中标价为 58.75 亿元人民币。

根据《老挝人民民主共和国政府和中华人民共和国政府关于铁路基础设施开发和老中铁路项目的协定》《施工总价承包合同》《老挝建筑企业参与施工工作的函》及《与老挝企业合作事宜》等政策性文件，老挝国内建筑企业将作为指定分包商参与老中铁路建设。

2016 年 9 月 13 日，老挝政府明确第Ⅳ标段指定分包企业是××路桥公司（以下简称 A 公司）、第Ⅴ标段指定分包企业××公司（以下简称 B 公司）。

A 公司承担施工任务包括 3 隧 2 桥 1 涵洞及区间路基工程，分包合同额度××亿元。

B 公司承担施工任务包括 3.5km 路基及附属工程，涵洞 13 座，分包合同总额××亿元。

管控好政府指定分包企业的重要意义。老挝本地建筑企业作为政府指定分包方参与中老铁路项目，可以很好地从总包方学习中国铁路施工技术，取得铁路建设施工经验和铁路工程施工业绩，提高本地施工企业承揽同类大型工程的施工能力。中国铁路企业第一次走进老挝市场，也可以依托分包方与当地的社会关系，更快地推动铁路项目建设，如征地拆迁、三电迁改等前期工作。同时铁路项目引入本地大量劳务用工，总包方举办各种劳动技能培训班，很好推动工人上岗就业，提高了当地社会的就业率。由于当地企业的参与，有利于更好地宣传中老铁路建设，促进当地经济和社会的发展。作为“一带一路”的重大先行项目，稳妥推进意义重大，将给当地带来更多经济活力和更大发展机遇。

二、政府指定分包存在的风险分析

中老铁路施工建设中，政府指定的分包商充满美好的期待和关切，但由于没有和缺乏铁路施工经验、资源配置不足、合同履约能力有限，尤其现场组织管理不到位造成的进度滞后，安全质量以及群体事件发生的风险极高，分包合同履约风险较大。

分包商和总包方在法律义务上存在连带责任关系，如果分包商违约，合同主体单位即总包方要承担责任，要面临抢工赶工的被动局面，造成较大的连带责任风险和成本风险。

由于项目施工条件差、铁路施工经验不足等原因造成分包商经营亏损，无力继续组织施工，中途退场的情况时有发生，如A公司由于施工组织不力，截至2019年2月末，整体施工仅完成23.3%，较Ⅳ标整体完工比例58.5%相比滞后较为严重，且部分工点已经由非关键工程变成全线重点控制工程。其提出退场申请，严重影响整个标段的施工形象。

由于分包合同不能正常履约，分包商经营亏损，工人工资不能及时发放，很可能产生矛盾，如果事态严重，可能上升到国际群体事件，潜在风险较大。

三、应对的管理办法和控制措施

（一）合同谈判和签订

合同签订前，应做细分包商合同谈判工作，召开指定分包商专题会议，并进行现场踏勘，把工程的难点和特点介绍给分包商。为更好的服务于指定分包商，总包方针对项目难易程度介绍和交底，让对方对铁路工程特性有更深入的认识。在合同谈判时，要据依法合规，尽可能将风险评估的相关内容，约定到具体条款中。指定分包一般具有较强的政治因素和特性，谈判难度大，周期长，为此，为推动指定分包工作的开展，可采用“求同存异”方式，原则上达成一致意见的先签订框架协议，意在表明态度和政治立场。再经过合同条款细节谈判，双方意见统一后，签订正式分包合同。

施工阶段设专门机构帮扶。成立专门的工区（段），配备各专业组成的团队进行指导帮扶，选派具有铁路施工经验担任负责人，管理费用由总包方主动承担。同时成立督导小组对施工生产过程中问题进行协调督导。

总之，总包方要提前介入，做好帮扶和支持工作，真正当成自己的事情来办。

做好技术支持。分包商施工经验欠缺，技术力量薄弱，总包方要及时进行安全及技术交底，并定期组织现场管理及技术人员进行培训学习。如针对A公司隧道技术薄弱问题，现场工区对其就进行了安全及技术交底64次，组织现场培训学习9次。对B公司的路基施工标准进行技术交底5次，专项技能培训18次。

资源支持。对分包方施工生产中缺管理人员、材料、设备等情况进行积极帮扶，除了无偿提供测量、试验、各专业技术人员外，前期自购材料大多都由总包分进行借调；同时也主动为分包方成本控制分忧解难，对钢模台车、栈桥、潜孔钻机、仰拱模板、混凝土的供应及钢结构的加工、吊车等给予先期周转和调拨支持。

管理支持。总包方组织专人与地方政府、设计院对接沟通，帮助分包方在征地拆迁、设计变更和施工电力供应等方面开展工作。针对分包方现场存在问题，各层级管理机构及时召开相关专题会议，对现场发现问题和存在的隐患协调解决。根据统计，各层级管理机构（建设方、监理单位、设计院、电建指挥部等）共召开专题会议17次，总分包方下发函件、通知、联系单等共计207份。共同协助分包方推进施工生产工作。

资金支持。在资金方面施工总承包单位多方筹措落实，通过暂缓应扣材料款、返还保证金、代付工资等方式解决资金困难，保障其农民工工资的发放，消除影响稳定因素的隐患。

（二）中途退场应对

为妥善解决存在的政府分包方退场的风险问题，尽快恢复施工生产，应本着“大局为重、平稳过渡、影响最小”的原则，防止发生国际性群体事件，维护企业品牌及信誉，确保顺利实现各项施工既定目标。

总包方应立即启动分包方中途退场应急预案。将相关情况正式上报发包方、两国项目管理组，以及前方、后方单位所属各层管理机构。根据退场应急预案，按时间节点制定实施方案，从如何有效谈判和如何快速平稳清退两个方面入手，深入研究，制定详细的处理措施。第一时间将不能正常履约分包商清除出场。

快速恢复生产。指定分包方剩余施工任务由原总包方接手承担，由其负责退场谈判和后续施工组织。尽最大可能减少损失、尽快组织恢复施工，保证按工期要求完成施工任务。指定分包剩余施工任务最好由原总包方接手，由其组织后续施工，尽快恢复生产，保证按工期要求完成施工任务。资金保障成为解决剩余工程的瓶颈。总包方要讲政治、讲大局、讲国企责任，采用各种方式解决资金应急问题，落实好剩余工程补充资金，防止资金断供。落实好后续施工，严把新增劳务工进场关，组织好培训工作，在确保工期和质量基础上，扭转指定分包段剩余工程的被动局面。

收集好赔偿资料。总包方务必收集好资料，据实上报发包方和项目管理组，做好后期索赔补偿的准备。积极向发包方汇报分包方退场提出的诉求，协商指定分包方退场的方法和步骤，力争取得业主更多的理解和支持。谈判中涉及退场补偿费用（若有）及后续赶工费用。

（三）分包管理经验和风险防控

该项目为初步设计招标，不确定因素较多。在合同履行过程中，一旦分包方发生自身难以承受的风险，都将会给整个项目顺利实施带来影响，若风险处理不当，总包方将是最大受害者。如该项目指定分包商A因施工经验不足、对总包方提供的施工总承包合同清单的不信任、对有关条款及现场实际不了解、对项目具体实施的评估不准确、在履约过程中发现项目成本费用与预期估算理解有较大的偏差，致使无法顺利履约，最终选择退场，并提出弥补损失的无理要求。因此，除了分包合同的有关条款要经过专业法务部门的把关外，建议最好签订三方合同，即发包人、总包方及指定分包商。合同要明确约定三方的责权利，特别是计量付款、工期、安全质量等条款，要对发包人的责任义务进行约定，并切实可行，避免增加总包方风险。

国际工程项目一般只能开具工程所在国银行保函，虽对总包方有一定的兑付风险，但有总比没有强，保函的比例也不应低于合同总价款的10%。或者在合同签署前要缴纳不少于5%的履约保证金，既检验指定分包商资金实力、诚信程度、抗风险能力，又降低了总包方成本控制风险。

在合同执行期间，总包方与指定分包方会产生大量的管理记录，如技术交底、检查通知、变更指令、施工过程、材料调拨等，这些文件资料管理工作要制度化、程序化、具体化、书面化，以时间为组分类管理，确保各项资料不留文字漏洞，为以后总包方对外索赔准备好充足的支撑资料。

做好文件翻译及公正。国际工程项目一般会在合同中约定双方往来文件语言文种，当出现不一致时以何种语言为准。该项目指定分包合同约定以中文为准，但作为老挝分包方，其部分资信资质资料、当地监管部门信函等都以老挝文或附带中文翻译件呈现。为避免因翻译不准确、理解有偏差等造成的索赔风险，对于此类文件要同时提供公证机构的证明文件，尤其是资信资质资料。

明确指定分包方的权利与义务。由于标准合同文本中发包人、总包方之间关系存在诸多不一致的地方，发包人常常利用其有利地位要求总包方无条件接受，而指定分包又具有其政府来源的特殊性，总包方无法有效行使拒绝权，使得总包方对指定分包控制力减弱，常常存在不服从或打折扣、选择性接受总包方管理，项目管理指令往往难以落实，导致施工不畅工期延误。因此，为严肃和均衡各方的责权利，在确保总包方免除因分包合同所涉及的全部责任和义务的前提下，给指定分包方更多的权利范围，允许指定分包方与发包人、设计、监理等单位进行直接对接，其将承担更大的责任和义务，能有效避免总包方管理而导致的指定分包商推卸责任及索赔事件发生。

指定分包方熟悉当地政治人文环境、市场经济环境、法律环境及良好的语言沟通优势，这些优势是总包方所欠缺或不了解、不熟悉的地方。因此在指定分包范围划分时，除发包人与总包方合同有明确约定外，可选择一些技术难度相对较低、与属地政府或监管部门对接较多、征拆难度相对较复杂的段落进行分包，一方面利用其优势可使施工得以顺利推进；另一方面也能在其能承受的范围内，最大限度地减少总包方的履约风险。

四、结语

政府指定分包存在较大的履约和管理风险，合同谈判时要依法合规、据理力争，尽可能将风险约定在条款中；合同执行时要严格行使各方的权利和义务，形成定期向发包方的报告制度，有效规避总包方监管及履约责任；积极落实发包方的政策要求，取得理解和支持，及时规避风险和化解矛盾，推动项目顺利实施。总之，总承包方与分包方应持互利互惠态度，建设诚信合作的关系，才能确保国际工程顺利实施，努力实现双赢局面。

参考文献

[1] 余创华. 指定分包法律问题浅议 [J]. 法治与社会，2008 (14)：279.

[2] 卢泽宇. 国际工程项目分包管理的风险与控制 [J]. 管理观察，2014 (36)：66-68.

浅谈中老铁路建设安全管理工作

石东元　冯永忠　邢家宁/中国水电十四局中老铁路项目部

【摘　要】 中老铁路项目是国家“一带一路”的重点项目，是中老友谊标志性工程。由于老挝当地人员安全意识薄弱，同时受语言不通，生活习俗不同，对新技术的安全特性认识不足等一系列影响，对安全管理工作带来极大挑战。如何有效的预防减少安全生产事故发生，将事故控制在最低限度，本文根据中老铁路实际情况，有针对性地提出了安全管理的措施及安全管理的一些具体做法。

【关键词】 铁路施工　安全管理　中老铁路

一、中老铁路概况

中老铁路连接中国昆明和老挝万象，铁路全长1000多km，为电气化客货混运铁路。中国段正线全长508.53km，老挝境内全长414km；中老铁路是中国与老挝之间通行的一条铁路，也是泛亚铁路中线的重要组成部分，它有助于解锁老挝陆路交通困局、促进经济发展。

二、中老铁路安全生产管理的意义及影响

（一）中老铁路施工安全管理的意义

中老铁路是中老两党、两国决策和推动的重大战略合作项目，是联通中老两国的重要基础设施，是泛亚铁路的重要组成部分，吸引着全世界人民的目光。安全管理是铁路工程建设中最重要的管理内容之一，由于铁路工程在医疗、技术相对落后的老挝，工期长，参建人员多为当地人，且人员分散，安全意识薄弱，潜在安全风险极大，若发生安全事故，势必会影响工程的进展和效益，更会影响到企业的声誉和发展，安全管理不仅是对施工人员生命、财产的负责，同时也是为企业、国家品牌的负责，所以安全管理在生产施工中只能加强，不能削弱。

（二）安全事故对企业形象的影响

铁路施工过程中，安全生产是第一位的，没有安全就没有一切。只有安全生产才能树立良好的企业形象，安全事故不仅对家庭带来难以磨灭的伤痛，同时对企业将造成巨大的经济损失，同时安全事故又被社交媒体所关注，对企业的社会形象存在严重的影响。中老铁路工程地处老挝，在国际方面备受关注，任何一项安全事故都能造成国际影响，将会对企业及国家品牌形象造成不可估量的损失。

三、中老铁路工程安全管理现状

（一）中老铁路工程安全生产管理特点

中老铁路施工线路长，周期长，多数施工区域位于无人区，交通不便，老挝当地医疗、技术相对落后，在施工过程中面临的安全隐患种类繁多，各种危险源之间的相互关系错综复杂。就施工阶段而言主要存在以下风险：①施工人员对现场安全隐患不做防范、安全意识薄弱；②应急管理体系和能力建设不足；③施工现场发现的安全隐患不整改或整改不彻底；④施工现场“三违”现象普遍存在；⑤机械设备养护、维修不到位。

（二）中老铁路安全生产管理原则

（1）施工现场必须做到以全员安全生产责任制落实为原则。有生产就有安全隐患，这不可避免，所以现场施工人员、管理人员要时时刻刻对安全进行管理，履行岗位安全职责，及时发现安全隐患，果断采取防范措施，对于“三违”情况人人进行制止，人人进行管理，相互监督，切实做到管理个人，管理他人。所以在生产过程中，必须建立健全全员安全生产责任制。

（2）安全第一原则。“安全为了生产，生产必须安全”。要始终将安全生产放在首要位置，对发现安全隐患不整改的单位，即使生产进度等其他方面优秀，若忽

视安全生产工作，最终考核仍然不合格。

（3）全员、全方面管理机制原则。施工生产过程中必然存在安全隐患，可能会引发伤亡事故，所以生产过程中，必须针对安全隐患进行管理，避免人员伤亡。安全管理不只是安全部门一个部门管理，“四个责任体系”因针对现场安全隐患，共同管理、治理，落实职责，确保人员安全，实现“零伤亡”的安全目标。

（4）事故处理“四不放过”的原则。事故原因分析不清不放过；事故责任者和群众没受到教育不放过；没有整改预防措施不放过，事故责任者和责任领导不处理不放过。

（三）中老铁路工程施工安全管理内容

（1）安全会议。根据安全例会制度的要求，施工单位应坚持召开周、月安全例会、季度安委会，会议除传达贯彻上级有关部门各种文件精神外，通报分析安全生产形势，研究部署安全管理工作，认真探讨下一步工作重点及控制措施；同时针对安全管理工作中存在的突出问题，采取召开专题会形式进行解决。

（2）安全防护。安全防护是安全管理的头等大事，不重视安全防护工作等于失职。中老铁路施工中存在深基坑、桥梁施工、隧道台车等需要进行临边防护措施，对安全防护工作不予重视将带来较大的事故隐患。安全管理工作就是对安全保护的管理，保护个人，保护他人，同时安全管理工作也是发现隐患并及时消除隐患，时时刻刻与安全隐患进行斗争的过程。

（3）安全教育。施工单位应始终坚持“以人为本”的工作理念，认真贯彻安全标准化要求，为提高各级人员安全素质、掌握安全知识，根据不同层次和不同岗位人员，组织有针对性的培训工作，并对培训效果进行评估和改进。同时根据实际需要，定期进行复训考核。从业人员未经安全教育培训合格，不得上岗作业。新入场从业人员上岗前应按规定经过三级安全培训教育。针对老挝员工要对相关安全管理内容进行准确翻译，岗前安全教育培训学时和内容应符合中国和老挝当地的有关规定，在新工艺、新技术、新材料、新设备设施投入使用之前，施工单位应对有关从业人员进行专门的安全生产教育培训，确保其掌握相应的安全操作、事故预防和应急处置能力，真正的提高施工人员安全意识与安全技能，从而有效杜绝安全事故的发生。

（4）安全风险管控。施工单位应对现场作业活动、设备设施、生产物资、地质环境、职业病危害场所存在的安全风险进行全面、系统的辨识，建立安全风险辨识清单、确定安全风险等级及施工现场不可接受风险，制定并落实相应的安全风险控制措施（包括工程技术措施、管理控制措施、个体防护措施等），在重大危险源现场设置明显的安全警示标志和警示牌，对安全风险进行告知、预防，形成风险分析报告。后续施工项目部定期对重大危险源进行检查监控、对应急救援器材、设备、物资进行检查，并保障其完好和方便使用。根据施工进展加强重大危险源的日常监督管控，从而使危险源始终处于可控状态。

（5）隐患排查治理。对施工现场安排专人进行现场监督管理，同时安全检查组织机构，围绕安全管理的薄弱环节和高风险环节组织开展综合安全大检查，通过手机、广播、微信、隐患排查系统等平台对隐患排查、报告、治理、销账等过程进行电子化管理和统计分析，对排查出的隐患进行分级管控，明确各级人员责任，各级隐患的整改要求。施工单位责任部门组织有关人员按照有关规定应对治理情况进行评估、验收，整改情况经确认后，逐一进行销号，每季度对安全隐患进行分析，针对经常出现的安全隐患加大管理力度，从而有效地减少安全隐患。同时鼓励、发动职工发现和排除事故隐患，鼓励社会公众举报。对发现、排除和举报事故隐患的有功人员，应给予物质奖励。

（6）应急管理。施工单位应制定下发《应急管理办法》，编制下发应急预案，建立与作业现场相适应的应急专家小组和应急抢险救援队伍，确定人员名单、职责分工和联系电话，确保应急机构运行有效，同时与老挝当地政府应急主管部门、专业应急救援队伍建立联系机制，并签订应急救援服务协议。同时加大应急救援物资储备，开展应急演练。持续对应急预防与准备、应急监测预警、应急处置与救援等应急准备和应急能力进行评估。切实提高施工单位应急处置能力。

四、中老铁路工程安全管理存在的问题及应对措施

中老铁路工程是中老两国重要的施工工程，由于施工作业在老挝境内，客观条件原因，设备、医疗、物资等资源相对于国内比较匮乏，是安全控制的重点，必须进行安全专项整治与建立机制相结合，推动安全生产管理创新。

但现阶段施工情况看，仍存在着少数管理人员对安全管理工作重要性认识不足，概念不清，施工人员不清楚自身安全岗位职责，缺乏安全防护意识的问题，给工程施工带来了一些安全隐患。因此，提出以下应对措施。

（一）安全费用达标

中老铁路老挝段受条件限制，交通、医疗水平、医疗设施不强，一旦发生安全事故，很难得到及时有效的治疗。安全费用投入必须满足国家要求，安全费用投入足额提取，施工现场应配备医疗室，从国内聘请专业医生，同时应建设值班室，值班室内配置应急电话簿，一旦发生事故可以迅速有效通知项目部，为防止电话占线，值班室于工区管理应配备专用频道对讲机，保证通

信顺畅。

（二）科学合理编制安全制度

根据国家、老挝当地及公司要求，科学、精心编制安全制度，可以从源头控制各项安全隐患。这就要求做好以下几点：一是加强对编制完成后的制度进行培训学习，让所有人了解制度，运用制度；二是严格落实安全制度和措施，实施标准化管理。对现场发生的问题，有据可查，合法合规，同时根据管理实际不断完善安全制度，细化各项安全制度，进一步提高施工安全的有效性和科学性，确保工程施工过程的安全。

（三）推行标准化手册

为贯彻落实《安全生产法》，规范施工单位的安全生产活动，提升的整体安全水平，采用系统化的思想，实现安全管理的长效机制，切实保护广大职工的生命安全和根本利益。施工单位应组织编制施工岗位及施工现场标准化手册。各部门应认真贯彻执行，切实实现施工单位安全管理工作的流程化、程序化管理。

（四）牢固树立安全意识

在施工过程中，坚持“安全第一、预防为主、综合治理”的原则，坚持对新进场人员进行三级安全入场教育，做到一人一档，待考核合格后方可上岗作业，特种作业人员必须持证上岗，每日上班前坚持组织召开班前会活动，分析总结上一班施工作业时存在的安全隐患问题，如何避免等。要求每个作业面必须配置专职安全员，专职安全员应持证上岗，保证项目安全目标的实现。根据中老铁路施工实际情况，在危险部位有针对性地设置、悬挂明显的安全的双语警示标志。安全警示标志的类型、数量应当根据危险部位的性质不同，设置不同的安全警示标志。

（五）加强设备管理

由于老挝实际情况，设备采购、使用、保养是一大难题，所以提高设备质量和设备的科技含量是加强安全管理的又一重要措施。施工单位应设立物资设备部作为施工设备的主管部门，配备满足要求的专（兼）职管理人员，做到设备安全管理网络健全。在设备购买过程中必须严格把关，必须采购具有生产（制造）许可证、产品合格证，并在进入施工现场前进行验收。同时建立“四有”设备台账，并每月动态更新，定期开展设备物资安全检查工作，及时整改消除检查发现的各种安全隐患，确保进场设备程序合法合规、安全性能时刻满足施工安全要求。

五、结语

安全管理是一项必须长期坚持不懈、不容疏忽的重要工作。要做好国外项目安全管理，就需要切实健全落实全员安全生产责任制，制定与属地国人员相适应的安全培训计划，加大安全投入，推行安全建设标准化，做实安全检查，进一步落实安全风险管控和隐患排查治理，双重预防机制构建工作，加强设备进场验收与维护，储备好应急物资，全面提升安全管理水平，确保铁路项目的安全生产。

参考文献

［1］ 吉金芳. 电力建设项目安全风险辨识评价与应用［J］. 城市建设理论研究：电子版，2014（36）：9752－9753.

［2］ 杨孝礼. 浅谈职业病危害严重企业对职业健康的管理［J］. 化工管理，2017（27）：83.

［3］ 张旭东. 浅谈铁路安全管理［J］. 商情（财经研究），2008（2）：146.

征 稿 启 事

各网员单位、联络员：

广大热心作者、读者：

《水利水电施工》是全国水利水电施工技术信息网的网刊，是全国水利水电施工行业内刊载水利水电工程施工前沿技术、创新科技成果、科技情报资讯和工程建设管理经验的综合性技术刊物。本刊宗旨是：总结水利水电工程前沿施工技术，推广应用创新科技成果，促进科技情报交流，推动中国水电施工技术和品牌走向世界。《水利水电施工》编辑部于2008年1月从宜昌迁入北京后，由全国水利水电施工技术信息网和中国电力建设集团有限公司联合主办，并在北京以双月刊出版、发行。截至2019年年底，已累计发行72期（其中正刊48期，增刊和专辑24期）。

自2009年以来，本刊发行数量已增至2000册，发行和交流范围现已扩大到120多个单位，深受行业内广大工程技术人员特别是青年工程技术人员的欢迎和有关部门的认可。为进一步增强刊物的学术性、可读性、价值性，自2017年起，对刊物进行了版式调整，由杂志型调整为丛书型。调整后的刊物继承和保留了原刊物国际流行大16开本，每辑刊载精美彩页6～12页，内文黑白印刷的原貌。本刊真诚欢迎广大读者、作者踊跃投稿；真诚欢迎企业管理人员、行业内知名专家和高级工程技术人员撰写文章，深度解析企业经营与项目管理方略、介绍水利水电前沿施工技术和创新科技成果，同时也热烈欢迎各网员单位、联络员积极为本刊组织和选送优质稿件。

投稿要求和注意事项如下：

（1）文章标题力求简洁、题意确切，言简意赅，字数不超过20字。标题下列作者姓名与所在单位名称。

（2）文章篇幅一般以3000～5000字为宜（特殊情况除外）。论文需论点明确，逻辑严密，文字精练，数据准确；论文内容不得涉及国家秘密或泄露企业商业秘密，文责自负。

（3）文章应附150字以内的摘要，3～5个关键词。

（4）文章体例要求如下：

1）技术类文章，正文采用西式体例，即例“1”“1.1”“1.1.1”，并一律左顶格。如文章层次较多，在“1.1.1”下，条目内容可依次用“(1)”“①”连续编号。

2）管理类文章，正文采用中式体例，文章层级一般不超过4级；即例“一”“(一)”“1”“(1)”，其他要求不变。

（5）正文采用宋体、五号字、Word文档录入，1.5倍行距，单栏排版。

（6）文章须采用法定计量单位，并符合国家标准《量和单位》的相关规定。

（7）图、表设置应简明、清晰，每篇文章以不超过8幅插图为宜。插图用CAD绘制时，要求线条、文字清楚，图中单位、数字标注规范。

（8）来稿请注明作者姓名、职称、工作单位、邮政编码、联系电话、电子邮箱等信息。

（9）本刊发表的文章均被录入《中国知识资源总库》和《中文科技期刊数据库》。文章一经采用严禁他投或重复投稿。为此，《水利水电施工》编委会办公室慎重敬告作者：为强化对学术不端行为的抑制，中国学术期刊（光盘版）电子杂志社设立了“学术不端文献检测中心”。该中心将采用“学术不端文献检测系统”（简称AMLC）对本刊发表的科技论文和有关文献资料进行全文比对检测。凡未能通过该系统检测的文章，录入《中国知识资源总库》的资格将被自动取消；作者除文责自负、承担与之相关联的民事责任外，还应在本刊载文向社会公众致歉。

（10）发表在企业内部刊物上的优秀文章，欢迎推荐本刊选用。

（11）来稿一经录用，即按2008年国家制定的标准支付稿酬（稿酬只发放到各单位联系人，原则上不直接面对作者，非网员单位作者不支付稿酬）。

来稿请按以下地址和方式联系。

联系地址：北京市海淀区车公庄西路22号A座

投稿单位：《水利水电施工》编委会办公室

邮编：100048

编委会办公室：杜永昌

联系电话：010-58368849

E-mail：kanwu201506@powerchina.cn

全国水利水电施工技术信息网秘书处

《水利水电施工》编委会办公室

2020年10月30日